高等职业教育园林类专业系列教材

U0677011

SketchUp 2016
辅助园林景观设计 第2版

FUZHU YUANLIN JINGGUAN SHEJI

主　编　邵李理　金　鑫　仝婷婷
副主编　徐茂明　林少妆　郑　颖
　　　　代彦满　谭　璐

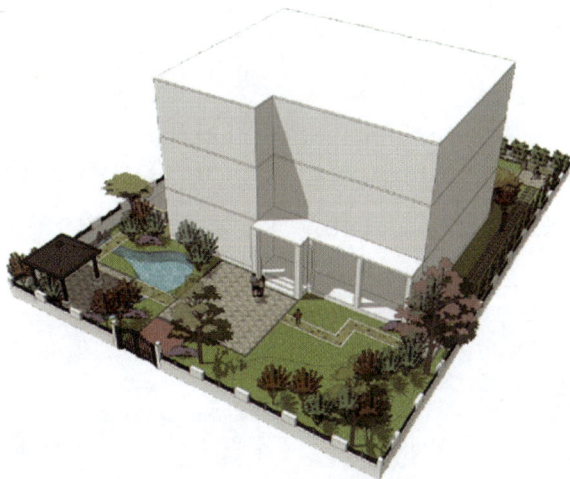

重庆大学出版社

内容提要

本书是高等职业教育园林类专业系列教材之一,采用"基础操作讲解+实际案例分析"的形式,全书分为四部分:SketchUp 2016 软件介绍、SketchUp 2016 基础操作、单体建模案例、整体场景建模实战。

第一部分为 SketchUp 2016 软件介绍,主要介绍软件的界面特色和功能作用;第二部分为 SketchUp 2016 基础操作,结合案例操作,详细介绍工具菜单以及操作过程;第三部分选取常用的园林小品案例进行操作,由浅入深,从简单的单体案例,到复杂的园林建筑等案例,包括景观桥、中式景观亭、新中式花架、特色水景等案例;第四部分引入不同类型的园林实战项目作为切入点,其中包括别墅庭院景观、社区公园景观、居住区景观案例等,由 CAD 方案底图开始,导入 SketchUp 2016 一步步创建模型,从而熟悉模型建立的流程,同时提高模型建立的效率。

本书内容丰富,专业案例可操作性强,同时涵盖了园林项目中的各种类型。本书配有数字资源和电子教案,数字资源包括全书所有案例的 skp 模型文件、案例所用的 CAD 底图 dwg 文件以及素材文件,可扫描前言二维码查看,并从电脑上进入重庆大学出版社官网下载。本书还有 21 个视频微课,可扫书中二维码学习。

本书既可作为高职学生的教学用书,也可作为本科院校的教学用书。同时适合作为园林行业设计人员或相关建筑、规划、室内等行业从业人员的参考用书。

图书在版编目(C I P)数据

SketchUp 2016 辅助园林景观设计 / 邵李理,金鑫,仝婷婷主编.--2 版.--重庆:重庆大学出版社,2021.9(2024.8 重印)
高等职业教育园林类专业系列教材
ISBN 978-7-5689-0939-6

Ⅰ.①S… Ⅱ.①邵… ②金… ③仝… Ⅲ.①园林设计—景观设计—计算机辅助设计—应用软件—高等职业教育—教材 Ⅳ.①TU986.2-39

中国版本图书馆 CIP 数据核字(2021)第 151612 号

SketchUp 2016 辅助园林景观设计
第 2 版
主 编 邵李理 金 鑫 仝婷婷
副主编 徐茂明 林少妆 郑 颖 代彦满 谭 璐
策划编辑:何 明

责任编辑:何 明 版式设计:莫 西 何 明
责任校对:邹 忌 责任印制:赵 晟

*

重庆大学出版社出版发行
出版人:陈晓阳
社址:重庆市沙坪坝区大学城西路 21 号
邮编:401331
电话:(023)88617190 88617185(中小学)
传真:(023)88617186 88617166
网址:http://www.cqup.com.cn
邮箱:fxk@cqup.com.cn(营销中心)
全国新华书店经销
重庆长虹印务有限公司印刷

*

开本:787mm×1092mm 1/16 印张:12 字数:301千
2018 年 2 月第 1 版 2021 年 9 月第 2 版 2024 年 8 月第 8 次印刷
印数:22 001—25 000
ISBN 978-7-5689-0939-6 定价:56.00 元

编委会名单

主　任　江世宏

副主任　刘福智

编　委（按姓氏笔画为序）

卫　东	方大凤	王友国	王　强	宁妍妍
邓建平	代彦满	闫　妍	刘志然	刘　骏
刘　磊	朱明德	庄夏珍	宋　丹	吴业东
何会流	余　俊	陈力洲	陈大军	陈世昌
陈　宇	张少艾	张建林	张树宝	李　军
李　璟	李淑芹	陆柏松	肖雍琴	杨云霄
杨易昆	孟庆英	林墨飞	段明革	周初梅
周俊华	祝建华	赵静夫	赵九洲	段晓鹃
贾东坡	唐　建	唐祥宁	秦　琴	徐德秀
郭淑英	高玉艳	陶良如	黄红艳	黄　晖
彭章华	董　斌	鲁朝辉	曾端香	廖伟平
谭明权	潘冬梅			

编写人员名单

主　编　邵李理　湖南生物机电职业技术学院

　　　　金　鑫　长沙环境保护职业技术学院

　　　　仝婷婷　长沙环境保护职业技术学院

副主编　徐茂明　上海卜筑景观设计有限公司

　　　　林少妆　揭阳职业技术学院

　　　　郑　颖　重庆城市管理职业学院

　　　　代彦满　三门峡职业技术学院

　　　　谭　璐　成都农业科技职业学院

总　序

　　改革开放以来,随着我国经济、社会的迅猛发展,对技能型人才特别是高技能人才的需求在不断增加,促使我国高等教育的结构发生重大变化。据2004年统计数据显示,全国共有高校2 236所,在校生人数已经超过2 000万,其中高等职业院校1 047所,其数目已远远超过普通本科院校的684所;2004年全国招生人数为447.34万,其中高等职业院校招生237.43万,占全国高校招生人数的53%左右。可见,高等职业教育已占据了我国高等教育的"半壁江山"。近年来,高等职业教育逐渐成为社会关注的热点,特别是其人才培养目标。高等职业教育培养生产、建设、管理、服务第一线的高素质应用型技能人才和管理人才,强调以核心职业技能培养为中心,与普通高校的培养目标明显不同,这就要求高等职业教育要在教学内容和教学方法上进行大胆的探索和改革,在此基础上编写出版适合我国高等职业教育培养目标的系列配套教材已成为当务之急。

　　随着城市建设的发展,人们越来越重视环境,特别是环境的美化,园林建设已成为城市美化的一个重要组成部分。园林不仅在城市的景观方面发挥着重要作用,而且在生态和休闲方面也发挥着重要作用。城市园林的建设越来越受到人们重视,许多城市提出了要建设国际花园城市和生态园林城市的目标,加强了新城区的园林规划和老城区的绿地改造,促进了园林行业的蓬勃发展。与此相应,社会对园林类专业人才的需求也日益增加,特别是那些既懂得园林规划设计,又懂得园林工程施工,还能进行绿地养护的高技能人才成为园林行业的紧俏人才。为了满足各地城市建设发展对园林高技能人才的需求,全国1 000多所高等职业院校中有相当一部分院校增设了园林类专业,其招生规模得到不断扩大,与园林行业的发展遥相呼应。但与此不相适应的是适合高等职业教育特色的园林类教材建设速度相对缓慢,与高职园林教育的迅速发展形成明显反差。因此,编写出版高等职业教育园林类专业系列教材显得极为迫切和必要。

　　通过对部分高等职业院校教学和教材的使用情况的了解,我们发现目前众多高等职业院校的园林类教材短缺,有些院校直接使用普通本科院校的教材,既不能满足高等职业教育培养目标的要求,也不能体现高等职业教育的特点。目前,高等职业教育园林类专业使用的教材较少,且就园林类专业而言,也只涉及部分课程,未能形成系列教材。重庆大学出版社在广泛调研的基础上,提出了出版一套高等职业教育园林类专业系列教材的计划,并得到了全国20多所高等职业院校的积极响应,60多位园林专业的教师和行业代表出席了由重庆大学出版社组织的高等职业教育园林类专业教材编写研讨会。会议上代表们充分认识到出版高等职业教育园林类专业系列教材的必要性和迫切性,并对该套教材的定位、特色、编写思路和编写大纲进行了认真、深入的研讨,最后决定首批启动《园林植物》《园林植物栽培养护》《园林植物病虫害防治》《园林规划设计》《园林工程》等20本教材的编写,分春、秋两季完成该套教材的出版工作。主编、副主编和参加编写的作者,是全国有关高等职业院校具有该门课程丰富教学经验的专家和一线教师,且他们大多为"双师型"教师。

本套教材的编写是根据教育部对高等职业教育教材建设的要求,紧紧围绕以职业能力培养为核心设计的,包含了园林行业的基本技能、专业技能和综合技术应用能力三大能力模块所需要的各门课程。基本技能主要以专业基础课程作为支撑,包括8门课程,可作为园林类专业必修的专业基础公共平台课程;专业技能主要以专业课程作为支撑,包括12门课程,各校可根据各自的培养方向和重点打包选用;综合技术应用能力主要以综合实训作为支撑,其中综合实训教材将作为本套教材的第二批启动编写。

本套教材的特点是教材内容紧密结合生产实际,理论基础重点突出实际技能所需要的内容,并与实训项目密切配合,同时也注重对当今发展迅速的先进技术的介绍和训练,具有较强的实用性、技术性和可操作性三大特点,具有明显的高职特色,可供培养园林规划设计、园林工程施工与管理、园林植物生产与养护、园林植物应用以及园林企业经营管理等高级应用型人才的高等职业院校的园林技术、园林工程技术、观赏园艺等园林类相关专业和专业方向的学生使用。

本套教材课程设置齐全、实训配套,并配有电子教案,十分适合目前高等职业教育"弹性教学"的要求,方便各院校及时根据园林行业发展动向和企业的需求调整培养方向,并根据岗位核心能力的需要灵活构建课程体系和选用教材。

本套教材是根据园林行业不同岗位的核心能力设计的,能够满足高职学生根据自己的专业方向参加相关岗位资格证书考试的要求,如花卉工、绿化工、园林工程施工员、园林工程预算员、插花员等,也可作为这些工种的培训教材。

高等职业教育方兴未艾。作为与普通高等教育不同类型的高等职业教育,培养目标已基本明确,我们在人才培养模式、教学内容和课程体系、教学方法与手段等诸多方面还要不断进行探索和改革,本套教材也将会随着高等职业教育教学改革的深入不断进行修订和完善。

编委会

2006 年 1 月

再版前言

SketchUp 2016 是三维设计创作的优秀工具,于 2015 年 11 月正式发布,是一套直接面向设计方案创作过程的设计工具。它被比作电子设计中的"铅笔",被称为"草图大师"。使用 SketchUp 2016 建立三维模型,就像使用铅笔在图纸上作图一样,它的建模流程很简单,就是画线创造成面,然后推拉成型,这是建筑建模最常用的方法。在使用 SketchUp 2016 时,你可以专注于设计本身,不必为任何操作方面的问题而烦恼,因为其使用很简单。你可以自由地创建三维模型,还可以将你自己的制作发布到网络平台上和其他人分享。此外你也能从网络平台上得到想要的素材,以此作为创作的基础,获得灵感,学习知识。

全书以实际案例为重点,详细介绍 SketchUp 2016 的功能和操作技巧,内容循序渐进、由浅入深、图文并茂,通过案例操作讲解,希望能起到抛砖引玉的作用,同时激发创作设计的热情,感受 SketchUp 2016 的强大功能和无限的创意。

本书特点如下:

(1)内容全面、翔实　本书采用"基础操作讲解 + 实际案例分析"的形式,内容循序渐进,由浅入深,图文并茂。从最基础的软件界面的介绍,到每个工具栏、每个命令的讲解,然后穿插简单的案例进行操作演示,提高操作技能,最后就实际设计项目整体场景进行详细的操作流程分析,讲解建模的技能方法。

(2)案例类型齐全、专业性强　全书专业案例类型齐全,可操作性强,同时涵盖了园林项目中的各种类型,包括景观桥、亭廊、花架、跌水、景墙、树池、标识牌、建筑等单体案例,同时详细讲解了 3 个整体场景模型的创建流程,分别是别墅庭院景观、社区公园景观、居住区景观案例。案例来自实际设计工作中的具体项目,内容更加专业、实用。

（3）编写力量强　编写本书的老师都是从事教学工作的一线教师或者园林专业的设计人员，具有丰富的教学经验与项目设计经验，对技能、技巧、操作习惯等各方面都有其独到的见解。

（4）软件版本高、资源丰富　本书所采用的软件版本为 SketchUp 2016，软件版本运行稳定、快速，功能强大、可操作性强，上手简单快捷。本书配有数字资源和电子教案。数字资源提供所有案例的场景文件、组件模型、材质贴图等各种素材，可扫描本页二维码查看，并在电脑上进入重庆大学出版社官网下载。本书还有 21 个视频，可扫书中二维码学习。

本书自 2018 年 2 月出版以来，在全国各高职院校广泛使用，已多次重印，受到广大师生的欢迎。为进一步提高本教材质量。我们在第 1 版基础上对教材进行了修订。

本书编写任务如下：邵李理负责全书的统筹工作，具体编写任务如下：前言、内容提要、附录、参考文献、数字资源，仝婷婷、金鑫；第 1 章，仝婷婷、金鑫、林少妆；第 2 章，邵李理、金鑫、郑颖；第 3 章，邵李理、金鑫、徐茂明、代彦满、谭璐、林少妆；第 4 章，邵李理、徐茂明、郑颖。

由于编者水平有限，书中不妥之处敬请谅解，希望读者批评指正。

编　者

2021 年 6 月

目　录

基础知识篇

实践技能篇

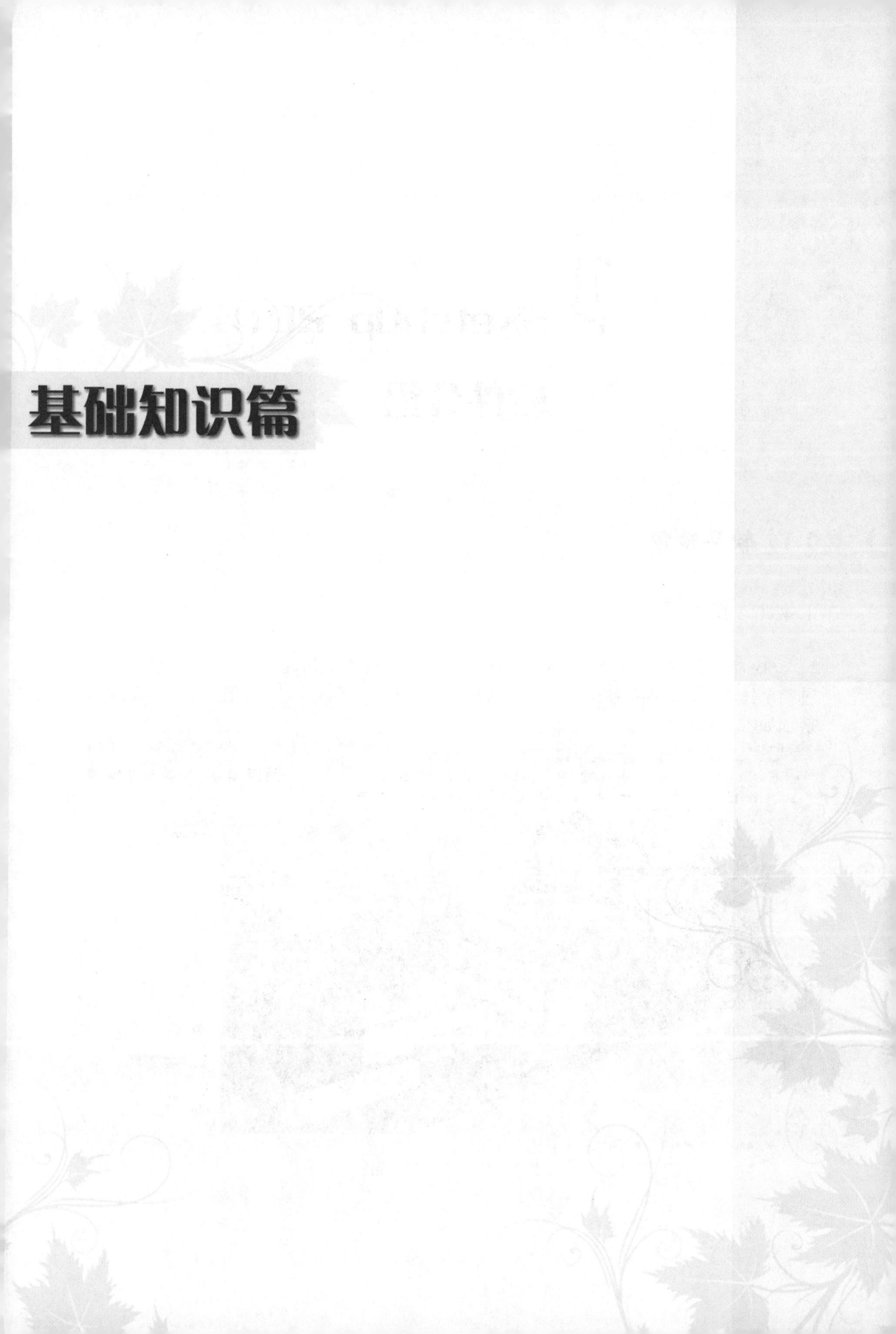

基础知识篇

1 SketchUp 2016 软件介绍

1.1 软件特色

1.1.1 操作便捷

SketchUp 2016 的界面简洁,视图简单直观,菜单功能完善、清晰。对于初学者来说,上手快速简单,经过一段时间的操作后,即可熟练操作。操作如同手握画笔在稿纸上手绘一般,其操作界面如图 1.1 所示。

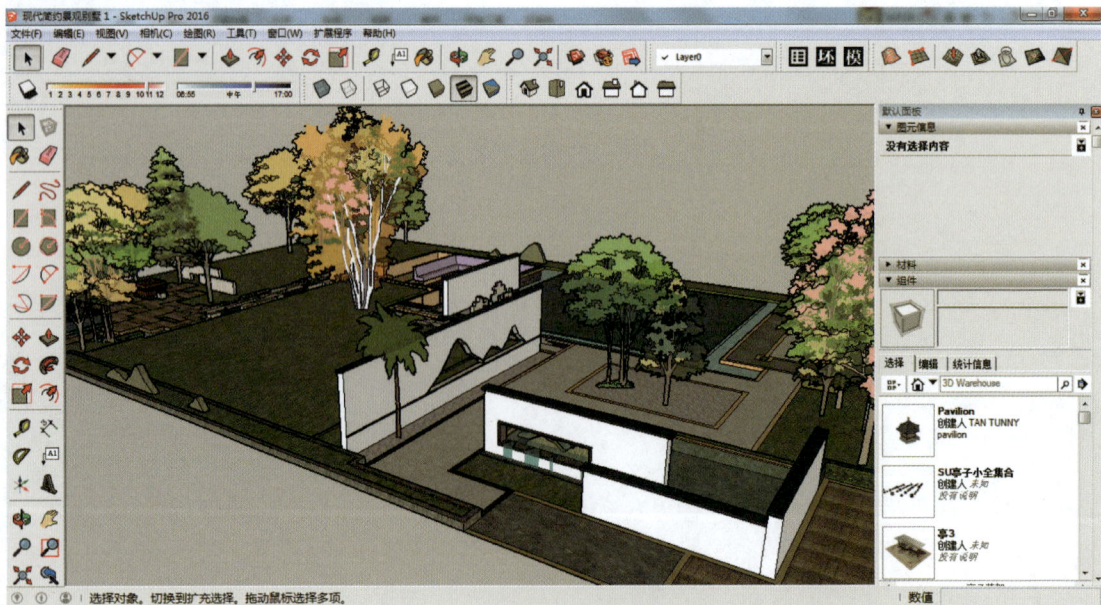

图 1.1 SketchUp 2016 操作界面

1.1.2 显示效果直观、多样

在运用 SketchUp 2016 进行模型创建时，可以实现"所见即所得"，也可以在不同样式风格中切换，同时可以观察模型的细节之处。而且，SketchUp 2016 可以满足不同专业的绘图需求，线框显示模式和阴影纹理显示模式如图 1.2、图 1.3 所示。

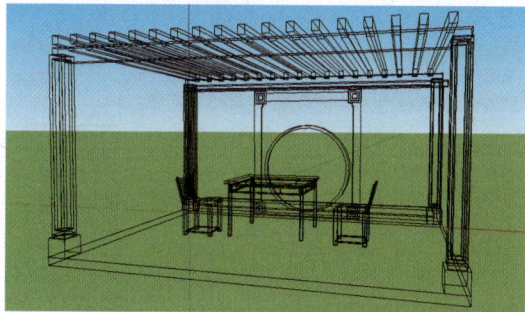

图 1.2 SketchUp 2016 线框显示模式

图 1.3 SketchUp 2016 阴影纹理显示模式

1.1.3 与其他软件衔接

SketchUp 2016 与 AutoCAD、PhotoShop、3DMax、Lumion、VRay 等软件之间可实现转换互通，以满足不同设计领域的需求。

1.2 界面介绍

当打开计算机上的 SketchUp 2016 图标启动程序后，即可看到 SketchUp 2016 的用户欢迎界面，如图 1.4 所示。

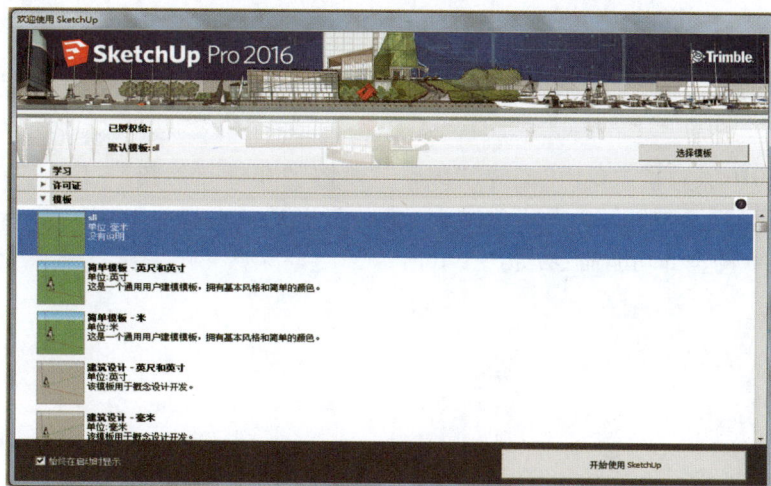

图 1.4 SketchUp 2016 欢迎界面

SketchUp 2016 用户欢迎界面主要有"学习""许可证""模板"3 个展开功能,其主要作用如下所述。

(1)学习   可以在展开面板中学习 SketchUp 2016 中基本工具的使用方法。

(2)许可证   单击展开可以在面板中输入用户名、授权码、序列号等正版软件的使用信息。

(3)模板   点开模板面板,可以根据绘图的需要选择 SketchUp 2016 模板,如图 1.4 所示,不同模板之间的主要区别在于单位的设置,可以选择不同的显示风格,也可设置自定义模板。

SketchUp 2016 默认的操作界面十分简洁,主要由标题栏、菜单栏、工具栏、状态栏、数值输入栏、绘图区和默认面板组成,如图 1.5 所示。

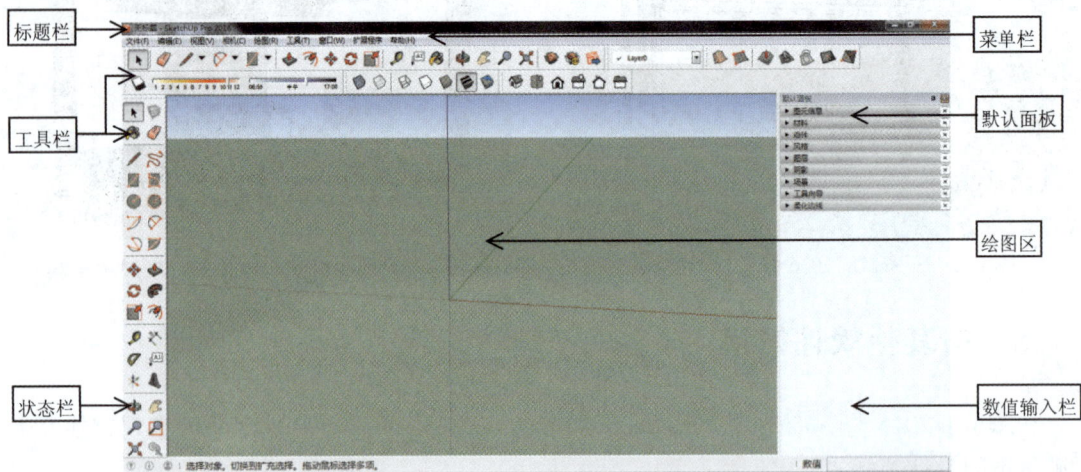

图 1.5   SketchUp 2016 默认操作界面

1.2.1　标题栏

SketchUp 2016 标题栏位于窗口最上方,主要显示文件名称、版本等信息。

1.2.2　菜单栏

SketchUp 2016 菜单栏主要由"文件""编辑""视图""相机""绘图""工具""窗口""扩展程序"(安装后显示)以及"帮助"9 大菜单构成。单击展开后可以显示对应的子菜单。菜单栏包括 SketchUp 2016 的全部功能命令,如图 1.6 所示。

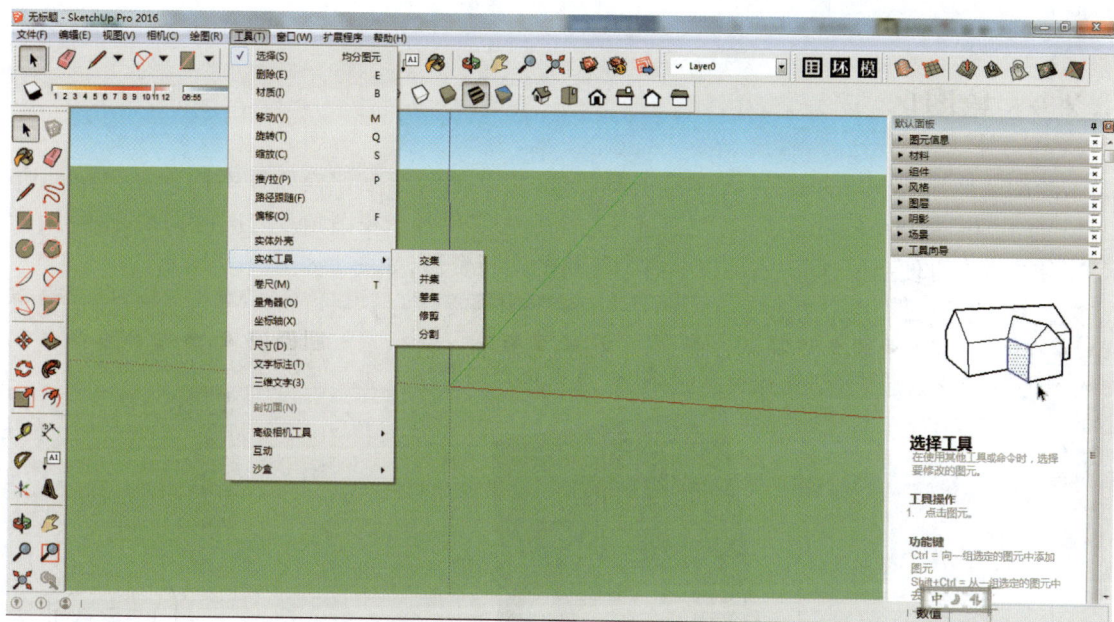

图1.6　SketchUp 2016 菜单栏

1.2.3　工具栏

在默认的 SketchUp 2016 界面中只有横向的主工具栏,可以通过单击"视图"→"工具栏"命令,在弹出的工具栏菜单中选择显示或者关闭某个工具栏。勾选的工具栏则在界面中显示,没有勾选的工具栏则不显示,可以根据用户的操作习惯设置,如图1.7所示。

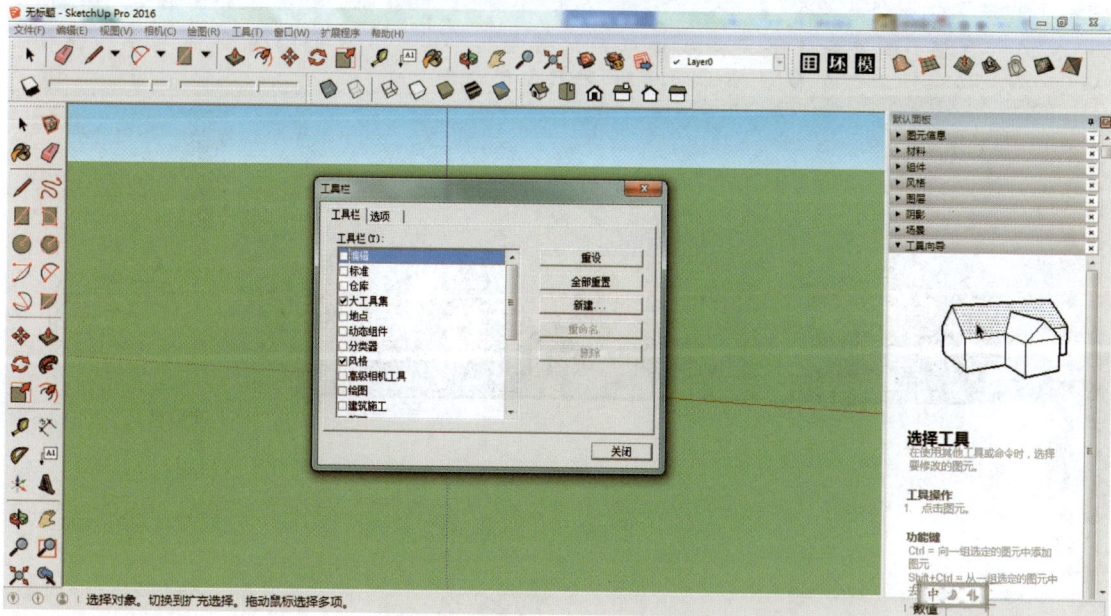

图1.7　SketchUp 2016 工具栏

1.2.4　绘图区

绘图区是 SketchUp 2016 界面中的主要部分,与其他的三维建模软件不同的是,SketchUp 2016 的绘图区是单一视图显示,需要通过其他命令来实现各个视图角度之间的切换,这种设置可以使初学者方便上手,同时也可以节省计算机的运行资源,如图 1.8、图 1.9 所示。

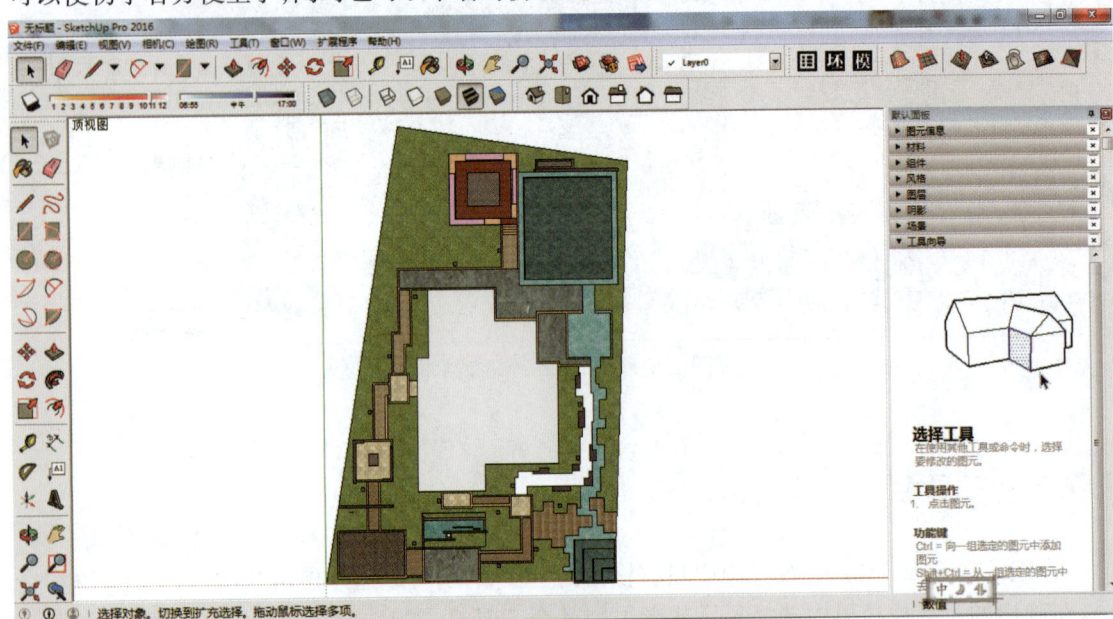

图 1.8　俯视图视角

图 1.9　立面图视角

1.2.5　状态栏

状态栏位于 SketchUp 2016 界面的左下方,当进行任何一步操作时,状态栏都会出现相对应的文字提示,如图 1.10 所示。

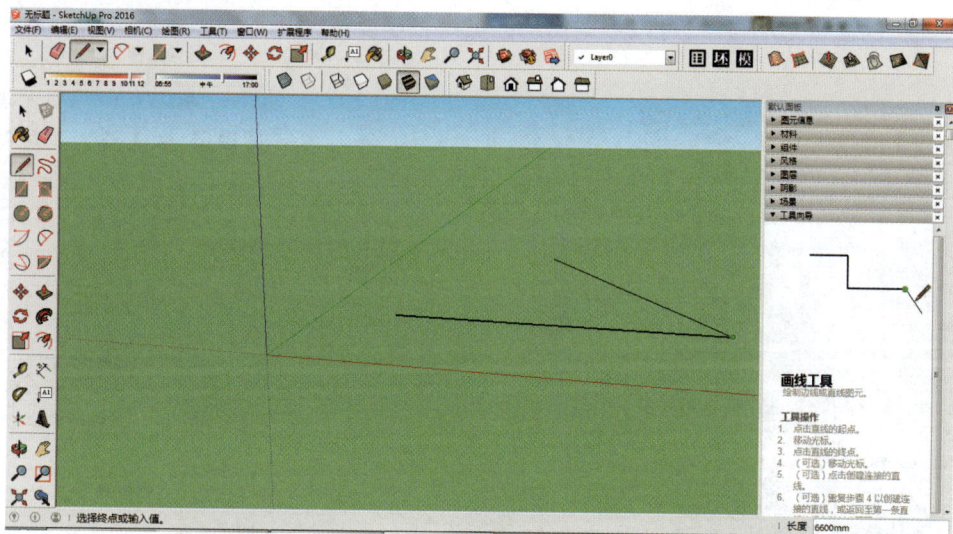

图 1.10　状态栏

1.2.6　数值输入栏

数值输入栏位于 SketchUp 2016 界面的右下方,在进行精确的模型创作时,可以直接输入数值,以确定图形的长度、宽度、半径、角度、个数等信息,如图 1.11 所示。

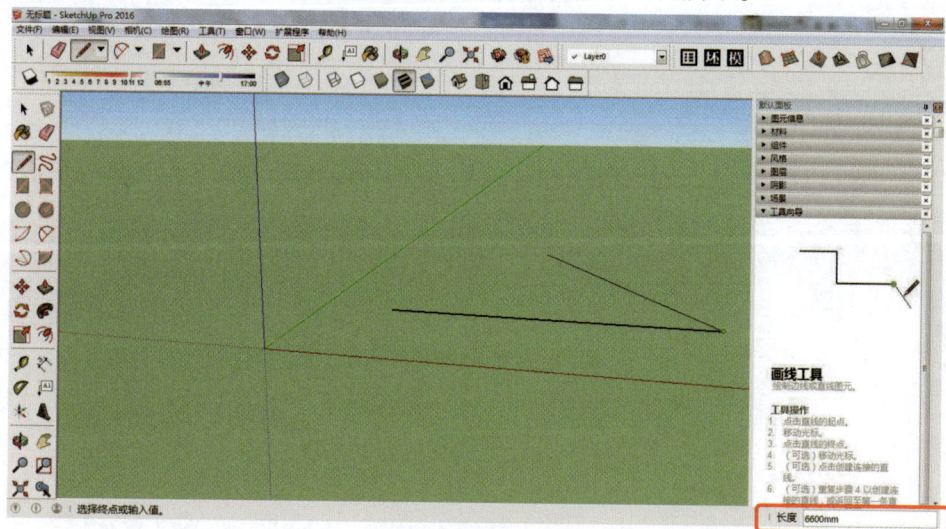

图 1.11　数值输入栏

1.2.7　默认面板

　　默认面板可以看成 SketchUp 2016 操作过程中的补充菜单信息，通过单击菜单栏中的"窗口"→"默认面板"命令，可以显示或者隐藏图元信息、材料、组件等面板。勾选的面板则在右侧显示，没勾选的面板则不显示，可以根据用户的操作习惯设置，如图 1.12 所示。

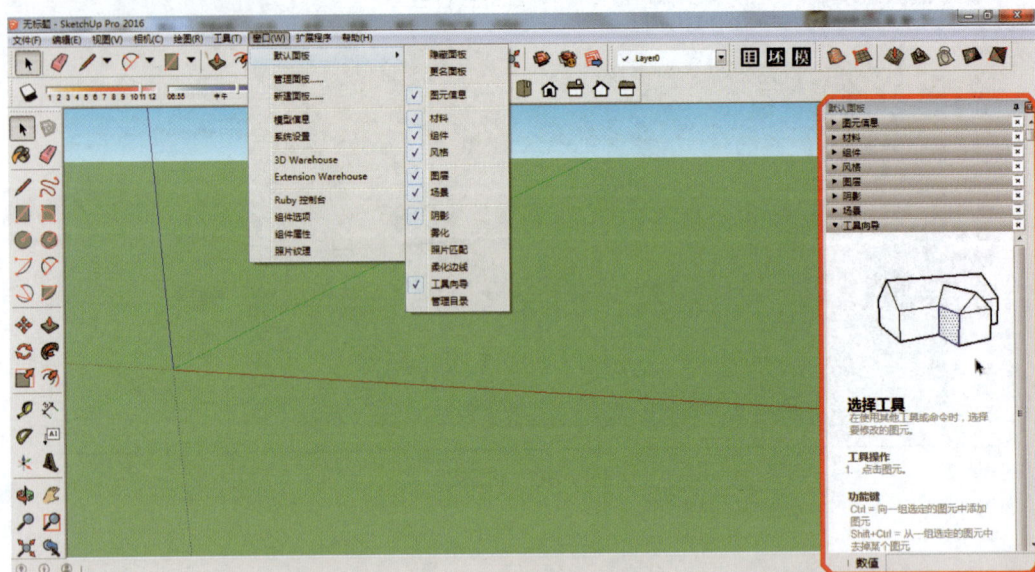

图 1.12　右侧默认面板

2 SketchUp 2016 基础操作

2.1 视图操作

视图操作

在 SketchUp 2016 中,使用者可以通过切换、缩放、旋转、平移等操作从各个角度观察模型,以确定模型的创建位置或观察当前模型的细节效果。

勾选菜单栏中"视图"→"工具栏"→调出"相机"工具栏,如图2.1所示。

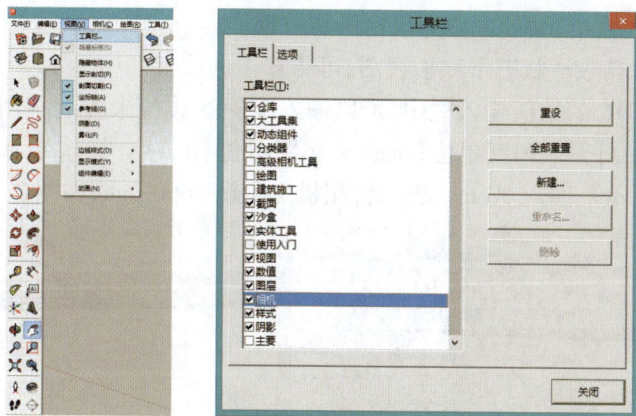

图2.1　工具栏窗口

"相机"工具栏包含了9个工具,分别为"环绕观察"工具 、"平移"工具 、"视图缩放"工具 、"缩放窗口"工具 、"充满视窗"工具 、"上一视图"工具 、"定位相机"工具 、"绕轴旋转"工具 、"漫游"工具 ,如图2.2所示。

图2.2　相机工具栏

2.1.1 环绕观察

(1)基础用法　单击"环绕观察"工具 ,按住鼠标左键在视图中拖动,模型会随之旋转,用户也可直接按住鼠标中键拖动鼠标使用该工具。"环绕观察"工具的主要目的就是从各个角度观察模型,以便进行三维绘制。

(2)快捷操作

①在"环绕观察"工具状态下双击,可以使双击的位置移动至视图中央,便于以后操作。

②按住 Shift 键使用"环绕观察"工具,可以将其转化为"平移"工具。

2.1.2 视图平移

单击视图"平移"工具 ,按住鼠标左键在视图中拖动,模型会随之移动,也可以同时按住 Shift 键和鼠标中键,同时拖动鼠标使用该工具。"平移"工具能将模型从视图中一个位置拖到另一处,而不改变其大小、方向等。

2.1.3 视图缩放

(1)基础用法 单击"视图缩放"工具 ,鼠标指针变成放大镜形状。按住鼠标左键在视图中上下拖动,模型会随之改变大小,向上拖动鼠标,模型放大,向下拖动鼠标,模型缩小。

(2)快捷操作

①激活"视图缩放"工具后,滚动鼠标滚轮也可以对视图进行缩放,向前滚动滚轮视图放大,向后滚动滚轮视图缩小,缩放中心为鼠标所在位置。

②"视图缩放"工具激活状态下双击视图,可将双击的位置居中显示。

③在 SketchUp 2016 的数值输入栏中,可以输入准确的数值来控制视图的透视角度或者相机焦距,数值控制框中可输入角度单位(deg)和焦距单位(mm)。如输入 30 deg 表示将视角设置为30°,如图 2.3 所示。输入 60 mm 表示将相机焦距设为 60 mm,如图 2.4 所示。

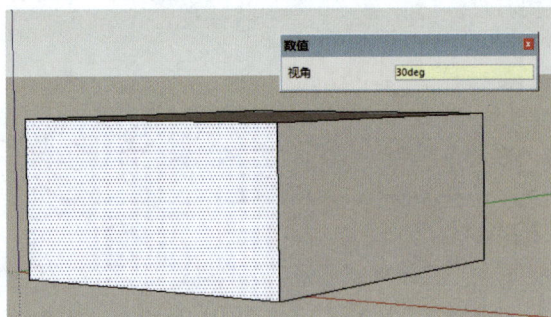

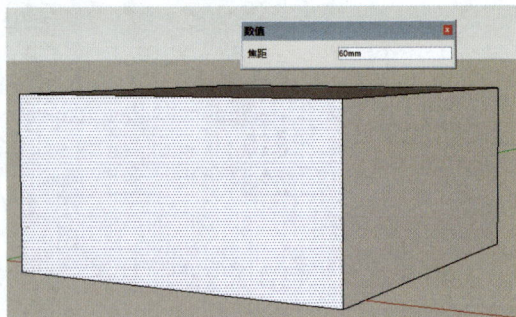

图2.3　视角为30°   图2.4　焦距为 60 mm

2.1.4 缩放窗口

单击"缩放窗口"工具 ,按住鼠标左键在视图中绘制一个选区,然后释放鼠标左键,可将所选区域充满整个视图。

2.1.5 充满视窗

使用"充满视窗"工具 可以调整视点与模型的距离,使整个模型在保证完全显示的前提下,最大化地显示在视窗中。

2.1.6 上一视图

单击"上一视图"工具 ,可恢复环绕观察、视图平移、视图缩放等操作产生的视图变化。

2.1.7 定位相机

"定位相机"工具 用于放置相机位置,激活该工具后在视图中的合适位置单击,可得到人视角的大概视图。SketchUp 2016 界面右下角的数值控制框显示的是视点高度,在十进制单位状态下,默认的视点高度为 1.676 m,用户可根据需要输入高度。

"定位相机"工具有下述两种使用方法。

(1)鼠标单击 这种方法使用的是当前的视点方向,适合于只需要人眼视角的视图。通过单击鼠标左键,将相机放在所点取的位置上,并按默认设置显示视点高度。

(2)单击并拖动鼠标 这种方法可以让用户准确地设置相机的位置和视线。激活"定位相机"工具后,在需要设置相机(人眼)的位置单击鼠标左键,然后拖动至模型中想要观察的点,再松开鼠标。

设置好"定位相机"后会自动激活"绕轴旋转"工具 ,让用户可以从该点向四处观察。通过右下角数值框的数值设置,可以控制视点高度,一般视图视点高度控制在 0.8 ~ 2.0 m,与人的视点相符。

2.1.8 绕轴旋转

"绕轴旋转"工具 是以相机的位置为观察的固定点,转动镜头观察模型的各个方向,可用来观察当前视点下模型各个方向的展示效果。

激活"绕轴旋转"工具后,鼠标光标变成眼睛形状,在视图中合适位置按住鼠标左键并拖动,视图可以根据鼠标移动的方向转动。在后下角数值控制框中输入数值可调整视点高度。在"绕轴旋转"工具激活的状态下,按下鼠标中键,可切换到"环绕观察"工具。

2.1.9　漫游

　　激活"漫游"工具后,鼠标指针变成脚印形状,此时在视图中单击,可以按设置的视点高度在模型中漫步。

　　(1)基础用法

　　①激活"漫游"工具,在视图窗口合适位置单击鼠标左键,光标变成"+"字符号。

　　②按住鼠标左键不放,拖动鼠标,视图会随之移动,向上移动为前进,向下移动为后退,向左移动为左转,向右移动是右转。脚印符号距离"+"字光标越远,视图移动越快。

　　(2)快捷操作

　　①按住 Shift 键移动鼠标,可以垂直或者水平移动视图。

　　②按住 Ctrl 键移动鼠标,可以快速移动视图,该功能在大场景中应用较为广泛。

　　③激活"漫游"工具后,键盘上的方向键也可控制视图的移动,其移动方向与鼠标的效果一致。

　　(3)快速旋转视点　　在"漫游"工具下,按住鼠标中键可切换到"绕轴旋转"工具,快速旋转视点。

2.1.10　切换视图

　　打开素材库中的"01 建筑"文件。

　　SketchUp 2016 主要通过"视图"工具栏 6 个视图按钮进行快速切换,单击某按钮可切换至相应的视图,如图 2.5—图 2.10 所示。

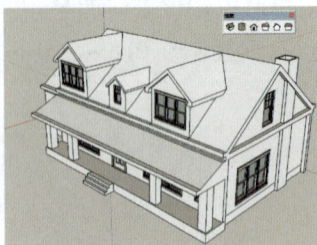

图 2.5　等轴视图

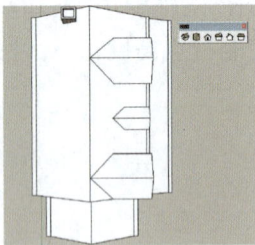

图 2.6　俯视图

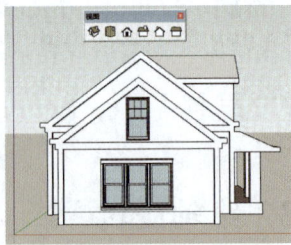

图 2.7　前视图

图 2.8　右视图

图 2.9　后视图

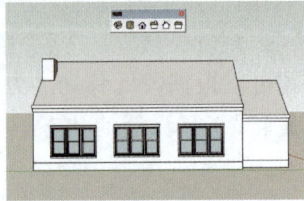

图 2.10　左视图

注意:SketchUp 2016 默认设置为"透视显示",因此所得到的平面、立面视图都非绝对的投影效果,执行"相机"→"平行投影"菜单命令即可得到没有透视角度的视图显示,如图 2.11—图 2.13 所示。

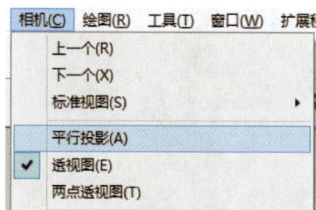
图2.11　调整为平行投影图

图2.12　平行投影下的右视图

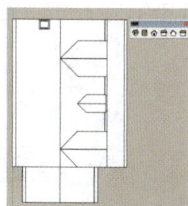
图2.13　平行投影下的俯视图

选择操作

2.2 选择操作

"选择"工具，快捷键为空格键。用于给其他工具命令指定操作的实体，使用"选择"工具选取物体的方式有下述5种。

2.2.1 点选

点选分为单击、双击、三击3种方式。

（1）单击　在物体一个面上单击,该面被选中,如图2.14所示。

（2）双击　在一个面上双击,面及面所在的边线均被选中,如图2.15所示。

（3）三击　在一个面上三击(鼠标左键连续单击3次),可以选中与这个面相连的所有面(组和组件不包括在内),如图2.16所示。

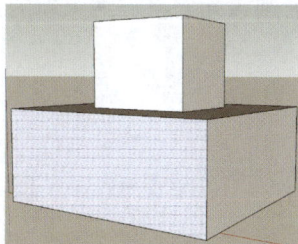
图2.14　单击面

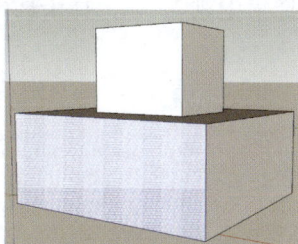
图2.15　双击面

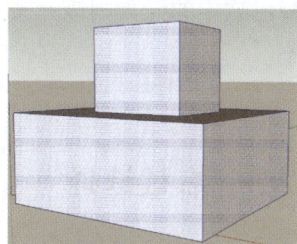
图2.16　三击面

注意:双击和三击针对的是面和线,而不是组或组件。

2.2.2 框选

框选有两种方式,具体如下所述。

①按住鼠标左键由左向右下或者右上方拖曳,框选框是一个实线的矩形,所谓正选,只有完全被框住的元素才会被选中,如图 2.17 所示。正选未框住圆柱体的全部,因此圆柱体无法选中。

②按住鼠标左键自右向左下或左上拖曳,选框是一个虚线的矩形,所谓反选,所有被框在内的和选框有接触的元素均会被选中,如图 2.18 所示。

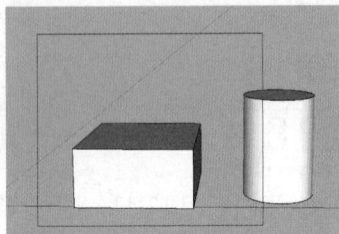

图2.17　从左至右按住鼠标左键　　　图2.18　从右至左按住鼠标左键

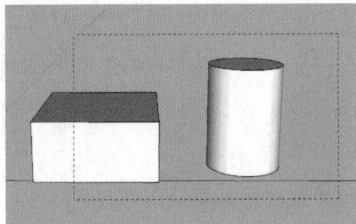

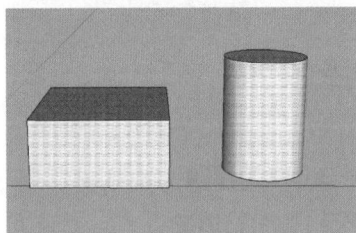

2.2.3　加减选择

(1)加选选择　按住 Ctrl 键,选择工具旁出现"＋",表示增加物体的选择。

(2)减选选择　同时按住 Ctrl 和 Shift 键,选择工具旁出现"－",表示减少物体的选择。

(3)交替选择　按住 Shift 键为物体的加减交替选择,选择工具旁出现"＋/－",表示如再选择已选中的元素则该元素将从选择集中剔除,如选择未选中的元素则该元素将被纳入新的选择集。

2.2.4　右键选择

处于选择工具状态时,右击物体,在弹出的右键菜单中选择"选择"命令,其子命令可以进行当前物体的扩展选择,包括"连接的平面""连接的所有项""在同一图层的所有项"。

2.2.5　取消选择

使用"选择"工具在绘图窗口的任意空白区域单击;或者使用菜单栏"编辑"→"全部不选",则表示视图中选择的物体全部取消选择。

2.3 工具栏操作

2.3.1 主要工具栏

主要工具栏中包括"选择""制作组件""材质""橡皮擦"4 种工具,如图 2.19 所示。

图 2.19 主要工具栏

1) 选择工具

"选择"工具的快捷键为空格,用于选择对象,上述章节已作了详细介绍。

2) 制作组件

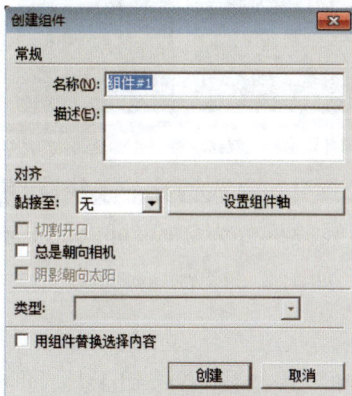

图 2.20 创建组建窗口

"制作组件"工具的快捷键为 G,可以将选择的对象创建为一个整体集合,以便在复杂的场景模型中选择、编辑和修改对象。选择的对象可以是单独的线、面或者标注、辅助线等,如图 2.20 所示。

3) 材质

"材质"工具是用来填充材质的,当输入快捷命令 B 时,光标会变成,从默认面板自动切换到材料面板。

4) 橡皮擦

(1)基础用法 "橡皮擦"工具的基本功能是用来删除线条、组件、文字、标注、参考线等对象的。按住鼠标按键在图元上拖动,松开鼠标按键后所有图元就会被删除。

(2)隐藏与柔化 当使用"橡皮擦"工具时,按住 Shift 掠过对象时,可以隐藏对象图元。当使用"橡皮擦"工具时,按住 Ctrl 掠过对象时,可以软化和平滑对象图元。当同时按住 Shift + Ctrl 时,则可以取消软化和取消平滑对象图元。

2.3.2 绘图工具栏

绘图工具栏

如图 2.21 所示,绘图工具栏包括了"直线""手绘线""矩形""旋转矩形""圆""多边形""圆弧""三点圆弧""扇形"等 10 种工具。这 10 种工具是创造平面图形的基本命令,再由平面图形转化为三维图形,因此,这些命令是 SketchUp 2016 三维建模的前提。

图 2.21 主要工具栏

1) 直线

"直线"工具的功能强大,可以控制鼠标直接绘制直线,也可以通过尺寸和坐标精确地绘制直线。

(1)基础用法 单击"直线"工具或者输入 L 快捷键,首先在绘图区域单击绘制直线起点,然后在绘图区域单击绘制直线终点,完成直线的绘制。当连续绘制直线相交闭合,产生一个完整的边界时,会自动生成一个面,完成封面。当在一个面中进行直线绘制时,只要与边界相连,即可将完整的面一分为二,完成破面。

单击"直线"工具或者输入 L 快捷键,首先在绘图区域单击绘制直线起点,然后通过鼠标给予直线一个方向,然后在右下角的数值输入栏中输入长度,单击回车完成直线绘制。

(2)捕捉与追踪　SketchUp 2016 默认情况下捕捉与追踪都已经设置好。当绘图时单击直线"直线"或者输入 L 快捷键,鼠标就能捕捉到端点、中点、交点等几何点,如图 2.22 所示。

另外,当绘图时单击"直线"工具或者输入 L 快捷键,将鼠标线放到直线的端点或中点,然后在垂直或水平方向移动鼠标,即可进行追踪,绘制出与目标直线平行的直线,如图 2.23 所示。

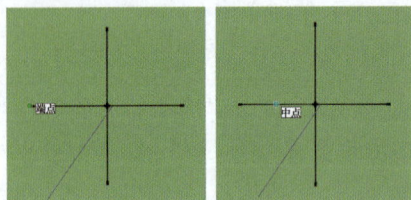

图 2.22　捕捉

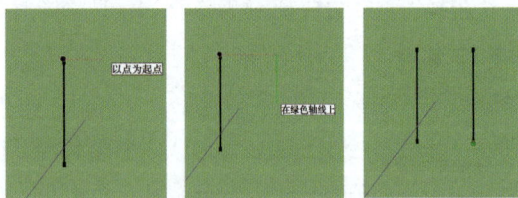

图 2.23　追踪

(3)拆分　SketchUp 2016 提供了快速平分线段的方法,即为拆分。首先选择一条线段,单击鼠标右键,在弹出的菜单中选择"拆分"命令。默认情况下,将线段拆分为 2 段,可以上下推动鼠标调动拆分数值,也可以在数值输入栏中直接输入拆分数值,如图 2.24 所示。

2)手绘线

"手绘线"工具是用来绘制随意、零乱的曲线。单击工具栏中的"手绘线"按钮工具,即可进行操作。

单击"手绘线"工具,然后在绘图区域单击确定手绘线的起点(按住鼠标左键不松),然后移动鼠标绘制所需的手绘线,最后松开鼠标左键完成绘制。当绘制过程中出现闭合的区域时,会自动生成一个面,如图 2.25 所示。

3)矩形

"矩形"工具使用频率较高,功能强大。通过确定矩形的两个角点来绘制矩形。可以控制鼠标直接绘制矩形,也可以通过尺寸精确地绘制矩形。

(1)基础用法　选择"矩形"工具或者输入 R 快捷键,在绘图区域内首先单击确定第一个角点,然后向任意方向拖动鼠标,单击确定第二个角点,完成矩形,同时系统会自动生成一个面,如图 2.26 所示。

图 2.24　拆分

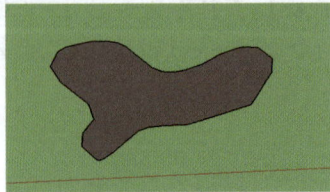

图 2.25　手绘线

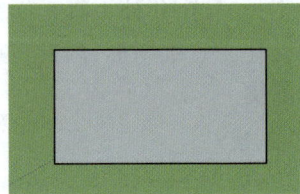

图 2.26　矩形

(2)精确绘制矩形　选择"矩形"工具或者输入 R 快捷键,在绘图区域内首先单击确定第一个角点,然后在数值输入栏中输入长宽数值"4000,6000",单击回车确定矩形的第二个角点,完成矩形,同时系统会自动生成一个面,如图 2.27 所示。

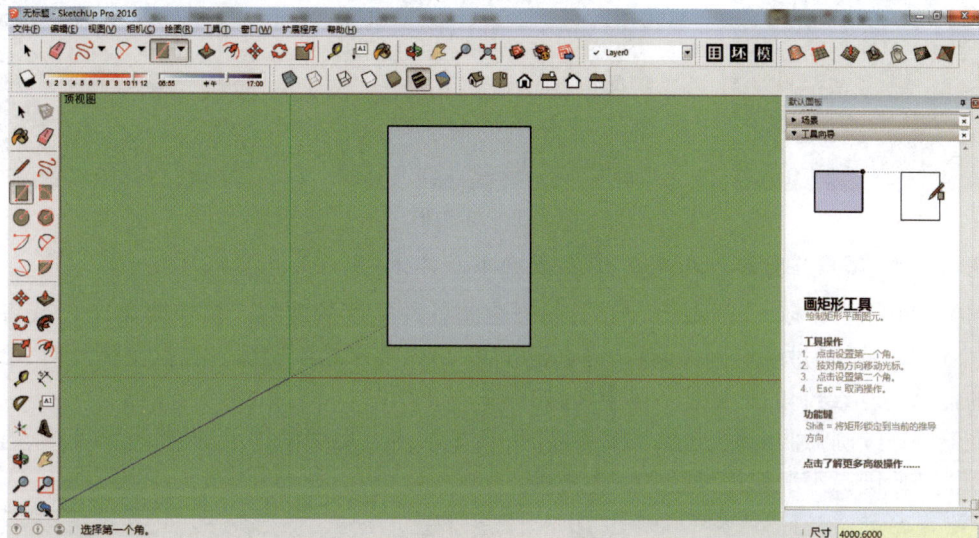

图 2.27　矩形

4)旋转矩形

"旋转矩形"工具用来绘制空间中任意方向的矩形,通过确定 3 个点来完成空间内的矩形绘制。首先单击工具栏中"旋转矩形" 工具,显示一个量角器,然后在任意位置单击确定第一个角点,在数值输入栏中输入数值,确定一条边线的长度,然后在数值输入栏中输入角度和长度,在空间上确定矩形的方向和另一条边线的长度,如图 2.28 所示。

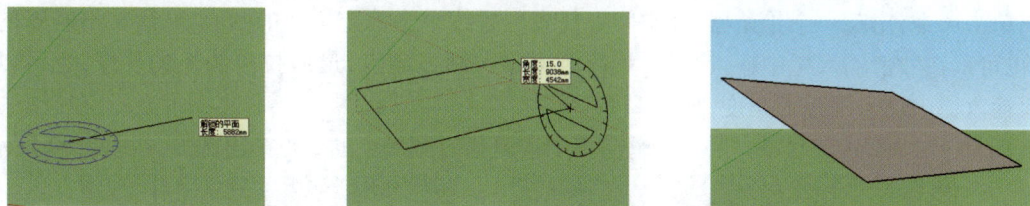

图 2.28　旋转矩形

5)圆

"圆"工具在使用时,先可以调整圆形的边数,然后确定圆心位置,随后在数值输入栏中输入数值,确定半径长度,完成圆形的绘制,如图 2.29 所示。

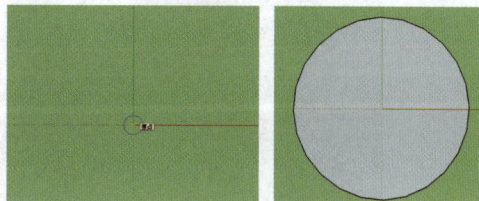

图 2.29　圆形

6)多边形

"多边形"工具的使用方法和圆形工具类似,单击工具后,先确定多边形的边数,然后确定多边形的中心点,再拉出多边形的内切(外切)圆半径,完成多边形的绘制,如图 2.30 所示。

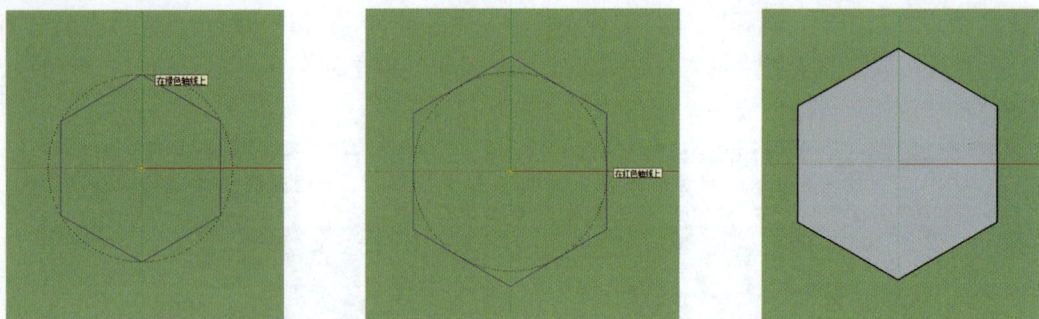

图2.30　多边形

7）"圆弧"工具 🖉、"圆弧"工具 ⊘、"三点画弧"工具 🖉

（1）"圆弧"工具 ⊘　"圆弧"工具 ⊘，用来绘制各种弧度的曲线。按快捷命令 A 或者单击"圆弧"工具 ⊘ 后，通过确定圆弧起点、终点，然后拉出弧度来绘制圆弧。在拉出弧度时，会出现半圆的提示，表示绘制的圆弧是一段半圆，如图 2.31 所示。

在绘制连续圆弧曲线时，拉出圆弧弧度时，会显示顶点切线的提示，圆弧也会变为天蓝色，表示和上一段圆弧平滑相连，如图 2.32 所示。

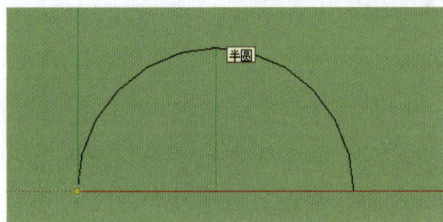

图2.31　圆弧(起点、终点、弧度)　　　　　　图2.32　两段圆弧

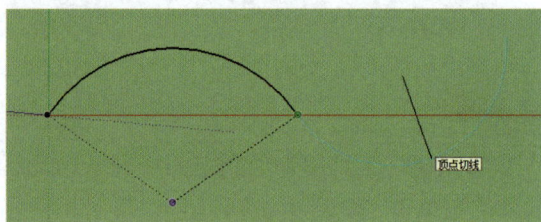

（2）"圆弧"工具 🖉　"圆弧"工具 🖉 通过确定圆心以及圆弧的起点、终点来完成圆弧的绘制。单击命令，出现一个量角器，在空间上任意位置线单击确定圆弧的圆心，然后拉出圆弧的半径，也可以在数值输入栏中输入半径，然后单击确定圆弧起点，最后拉出圆弧的长度，也可以在数值输入栏中输入圆弧的角度，如图 2.33 所示。

（3）"三点画弧"工具 🖉　"三点画弧"工具 🖉 是通过圆周上的 3 点画出圆弧，如图 2.34 所示。

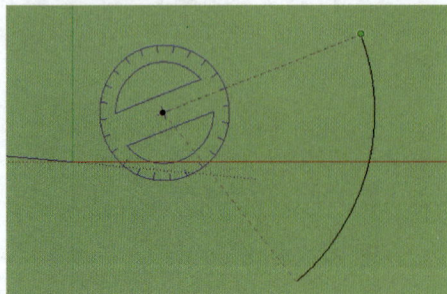

图2.33　圆弧(圆心、起点、终点)　　　　　　图2.34　三点画弧

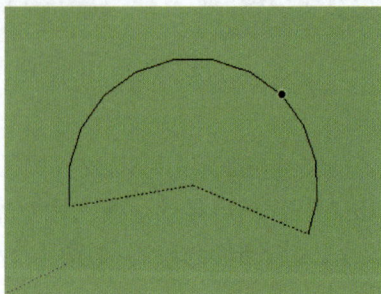

8）扇形

单击"扇形"工具 🖉，出现一个量角器，首先确定扇形圆心的位置，然后拉出扇形的半径，也可以在数值输入栏中输入半径，最后拉出扇形，也可以在数值输入栏中输入扇形的角度，如图 2.35 所示。

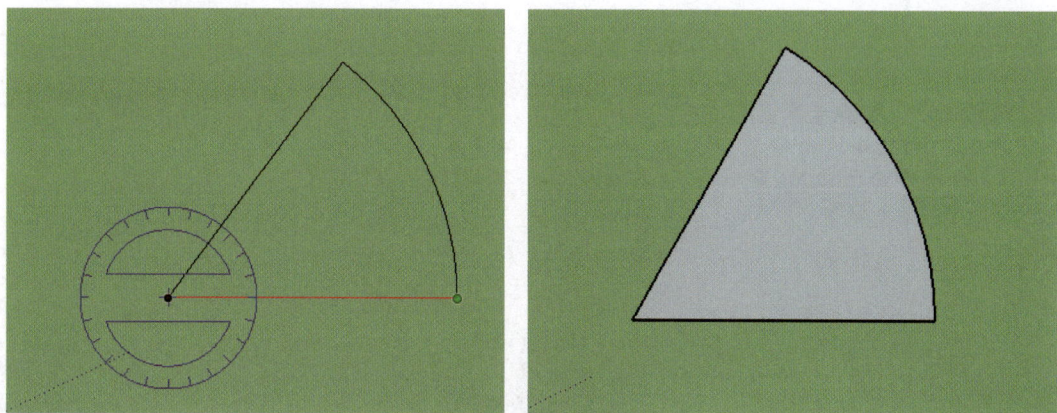

图 2.35　扇形圆弧

实例 1　镂空景墙

镂空景墙最终完成效果如图 2.36 所示。

①打开"窗口"→"模型信息"→"单位",调整格式为十进制,单位为 mm,精确度为 0 mm,如图 2.37 所示。

图 2.36　最终效果

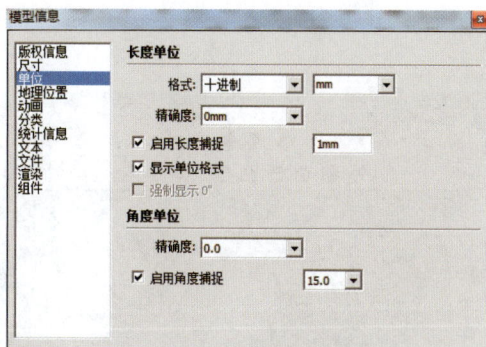

图 2.37　单位调整

②单击矩形命令 R,绘制 4000 mm,240 mm 的矩形,如图 2.38 所示。

③单击推拉命令 P,推高 300 mm,推出景墙的基础,填充"金属"→"铝材质",如图 2.39 所示。

④单击推拉命令 P,推高 1 500 mm,做出景墙墙身,填充颜色-A04 色,如图 2.40、图 2.41 所示。

⑤单击偏移命令 F,在顶面上向外偏移 30 mm,向上推拉 120 mm,做出景墙的压顶,如图 2.42、图 2.43 所示。

⑥双击选择压顶顶面中间的线和面,删掉多余的线。填充"石头"→"花岗岩材质",如图 2.44所示。

⑦在景墙墙身上中间偏左位置绘制半径为 500 mm 的圆。单击推拉命令 P,向后推拉 240 mm,将圆形推空,如图 2.45、图 2.46 所示。

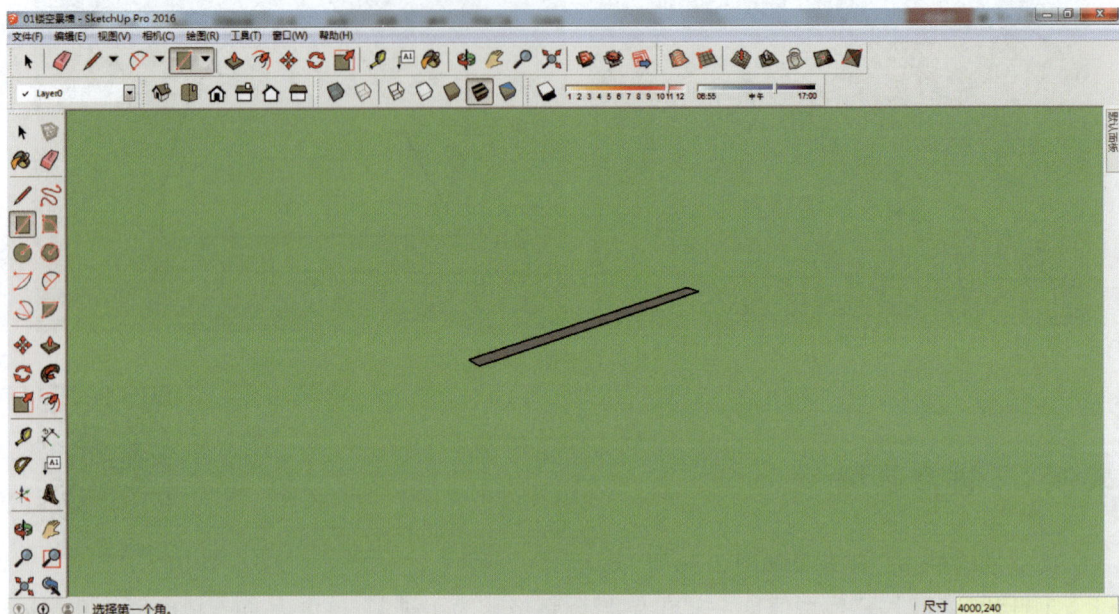

图2.38　创建矩形

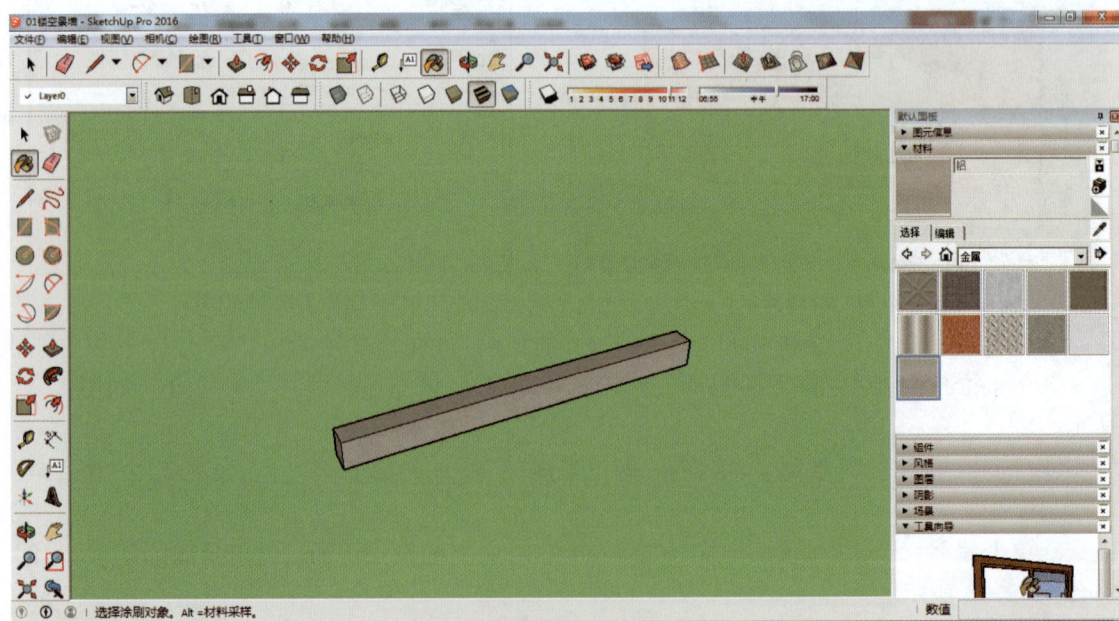

图2.39　推拉

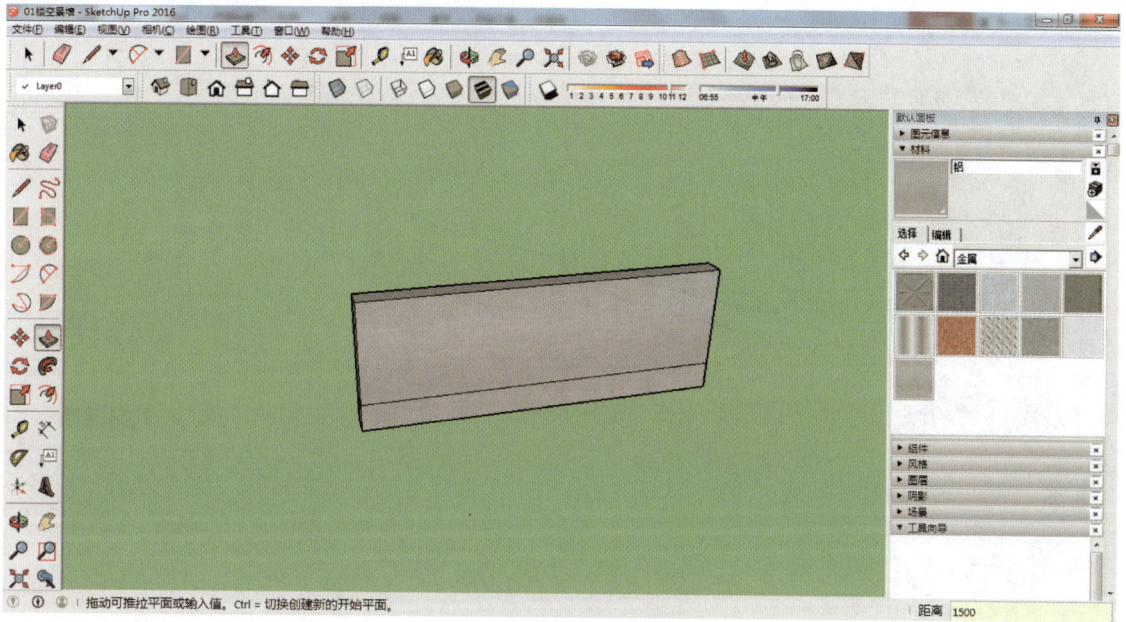

图2.40　推拉

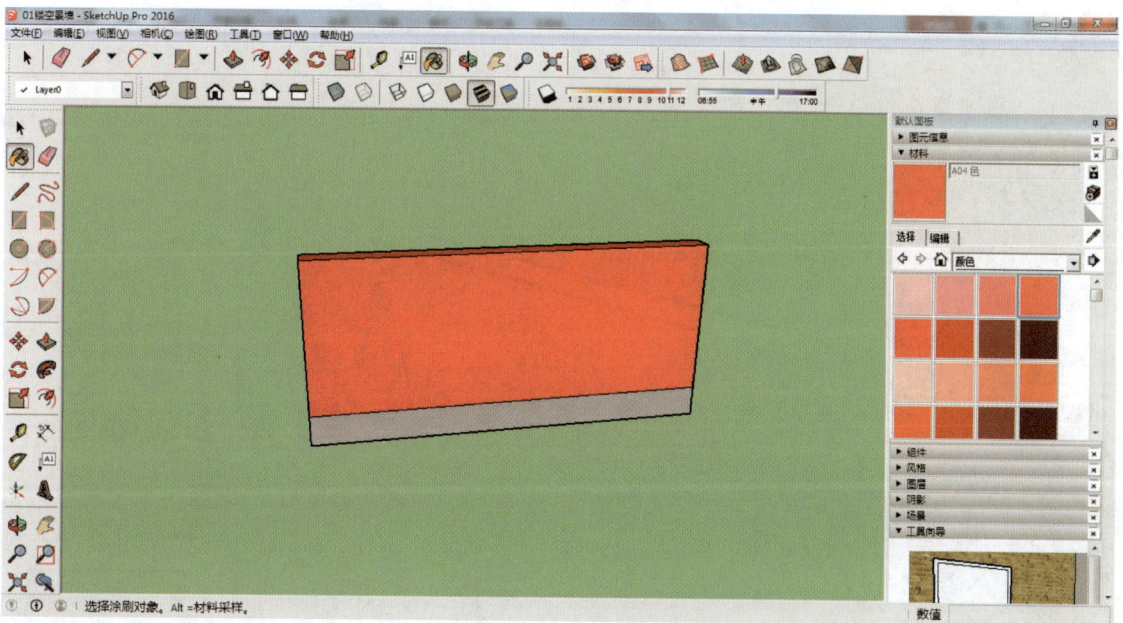

图2.41　填充材质

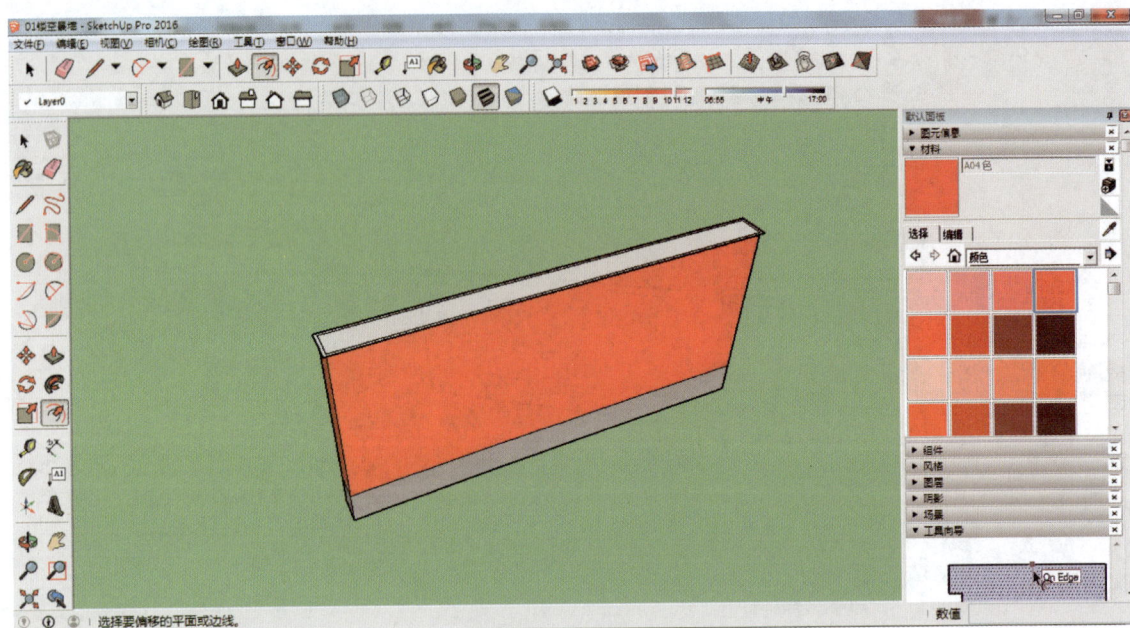

图2.42 偏移

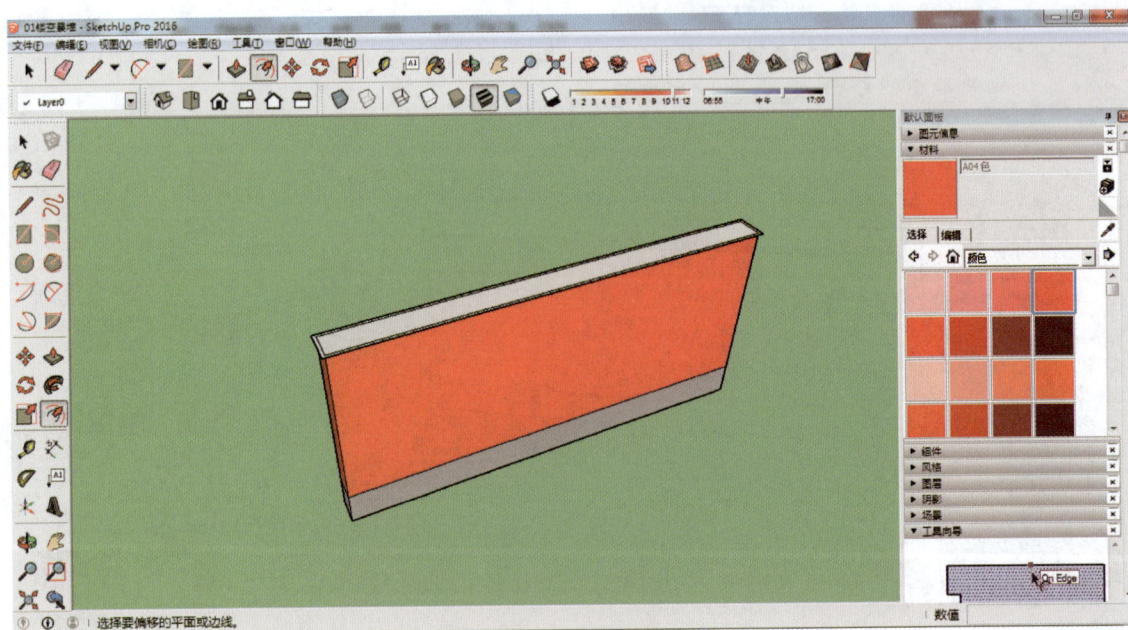

图2.43 推拉

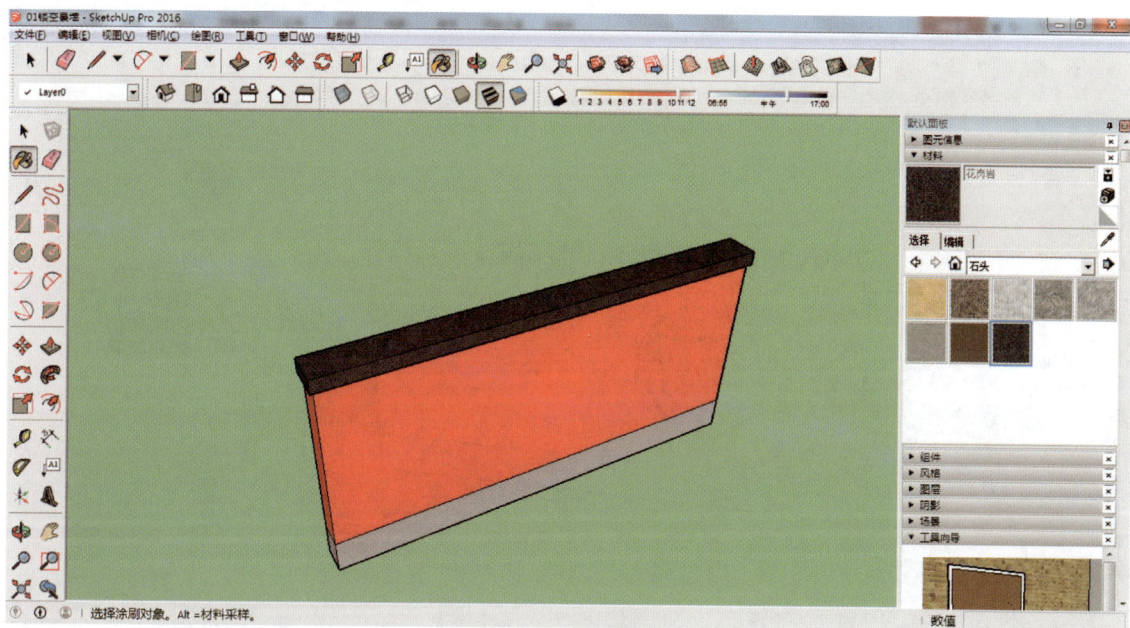

图2.44　填充材质

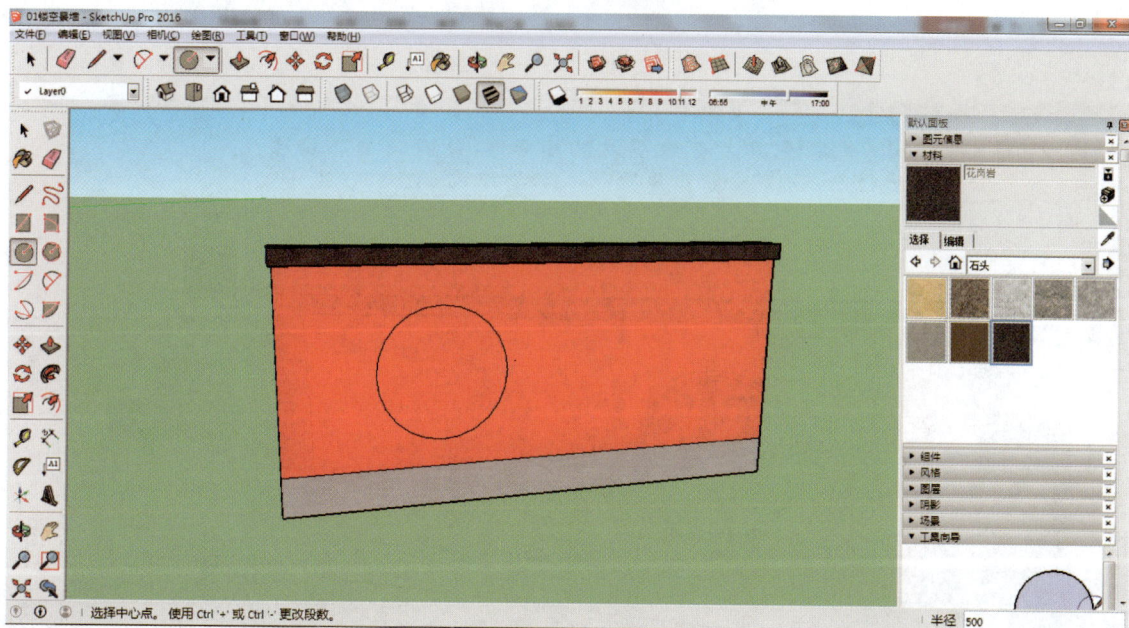

图2.45　绘制圆

　　⑧单击偏移命令 F,放在圆上,使圆形边线向外偏移 30 mm,然后向外推拉 30 mm,填充"石头"→"花岗岩材质",完成镂空景墙的绘制,如图2.47、图2.48 所示。

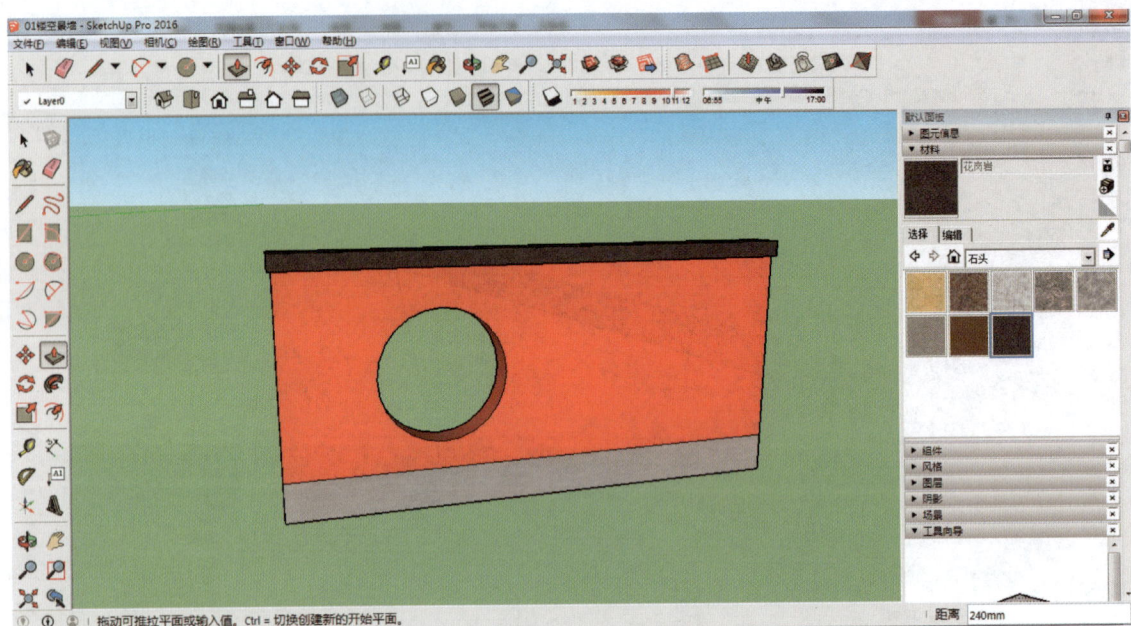

图2.46　推拉

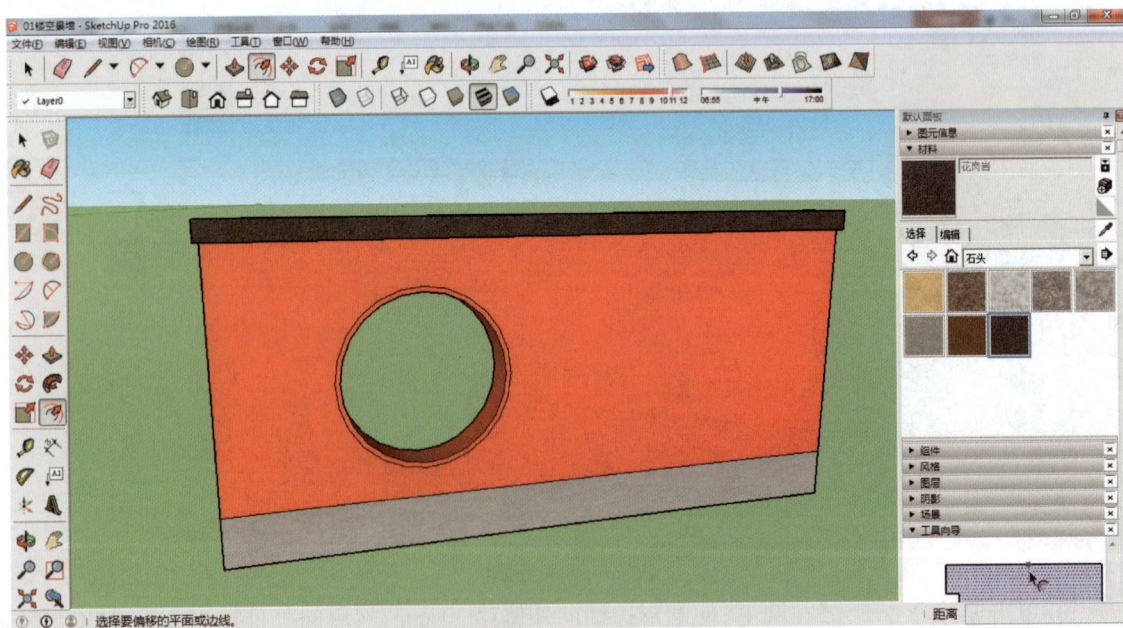

图2.47　偏移

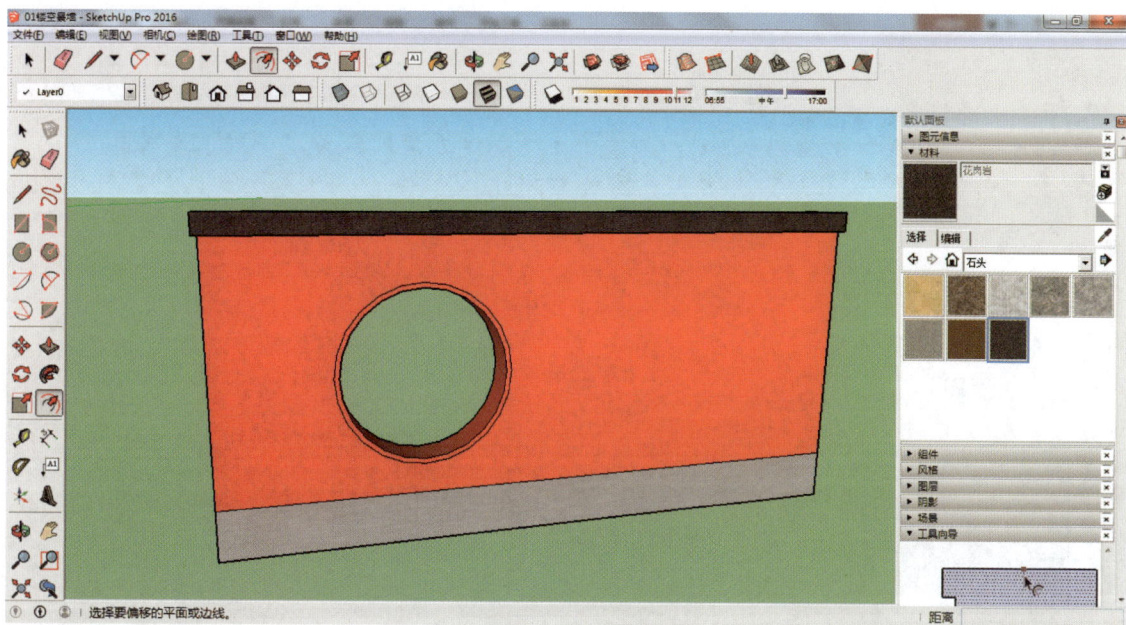

图 2.48　填充材质

实例 2　特色树池

特色树池最终完成效果如图 2.49 所示。

①打开"窗口"→"模型信息"→"单位",调整格式为十进制,单位为 mm,精确度为 0 mm,如图 2.50 所示。

图 2.49　最终效果

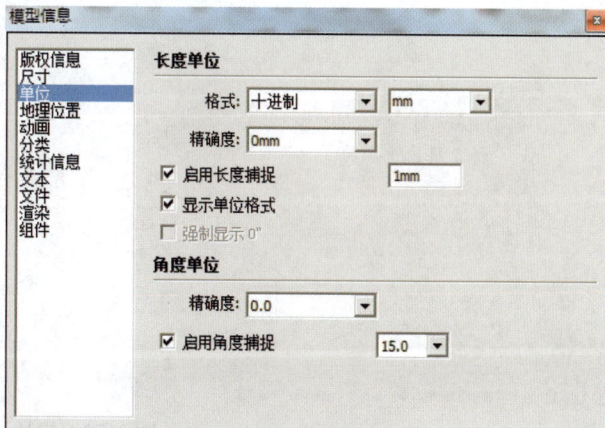

图 2.50　单位调整

②单击矩形命令 R,绘制 2 500 mm,2 500 mm 的正方形,如图 2.51 所示。

③单击推拉命令 P,向上推 400 mm,推出树池基础,如图 2.52 所示。

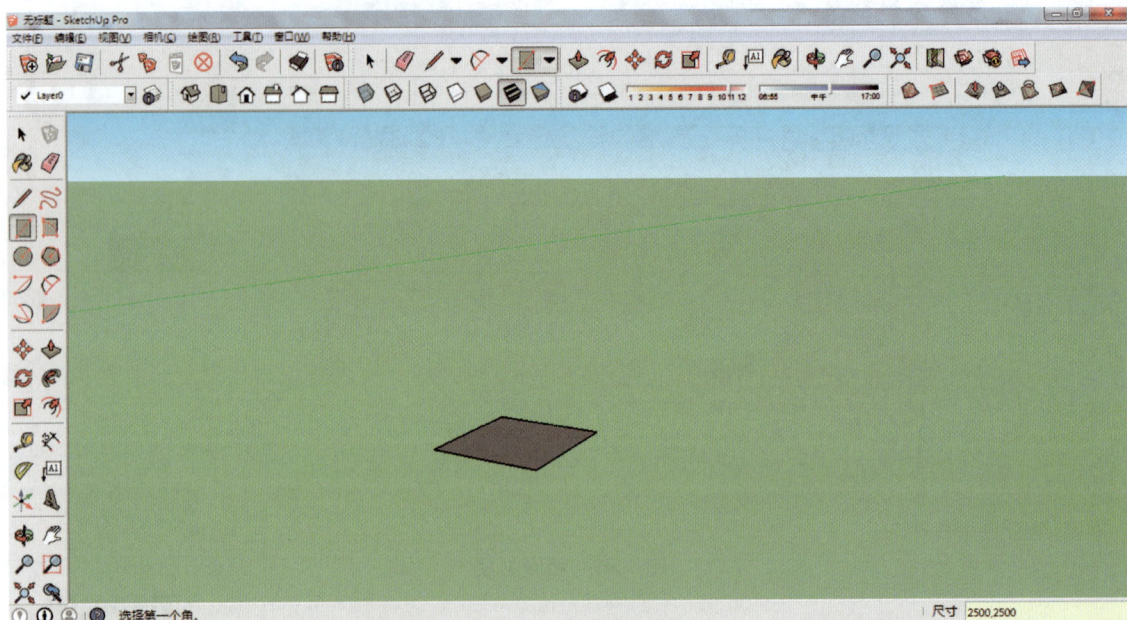

图 2.51　绘制矩形

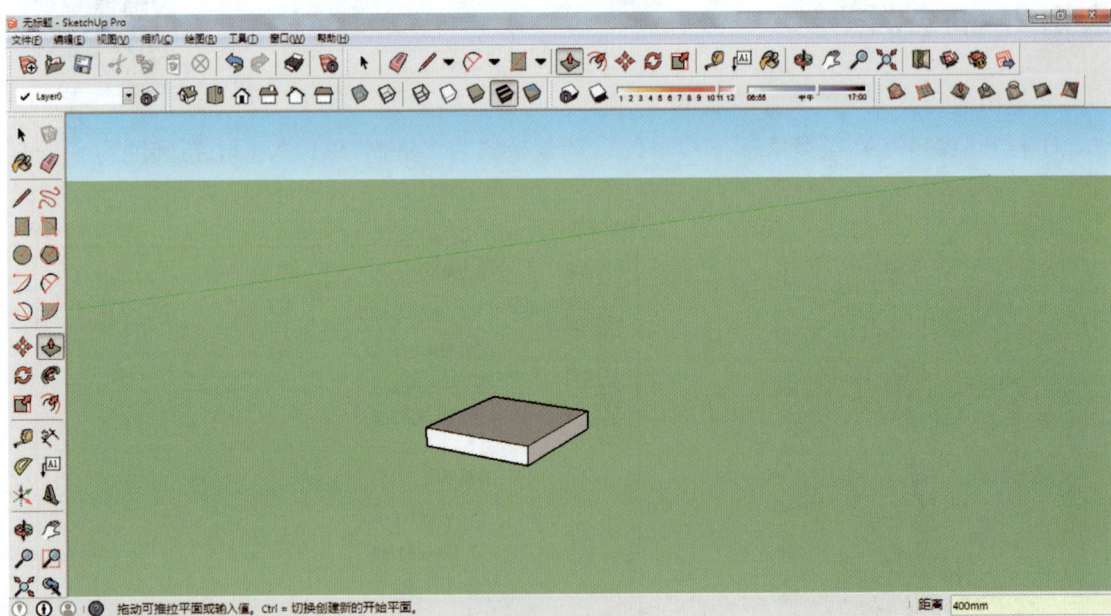

图 2.52　推拉

④单击偏移命令 F,向外偏移 100 mm,做压顶,如图 2.53 所示。

⑤单击推拉命令 P,先将外侧的面向上推拉 80 mm,然后将里面的面向上推拉 80 mm,如图 2.54 所示。

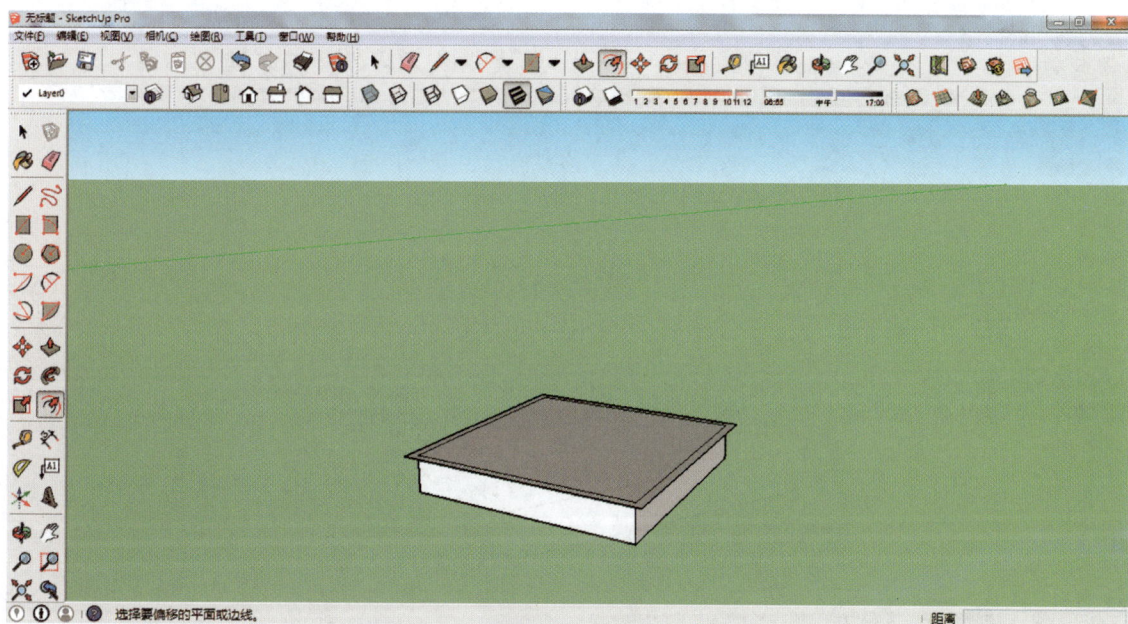

图 2.53　偏移

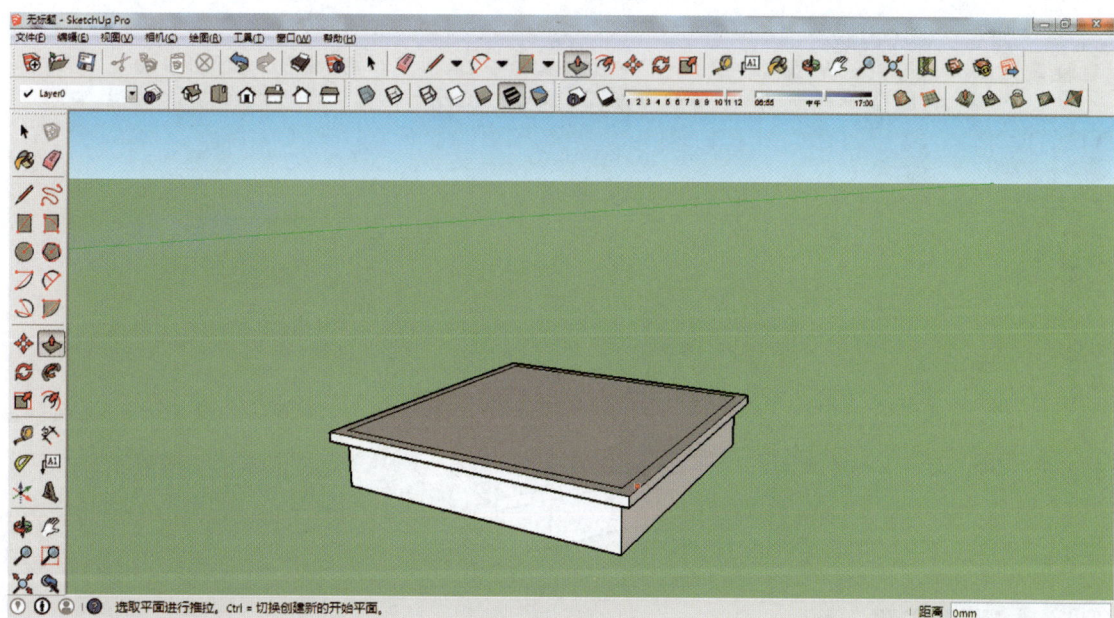

图 2.54　推拉

⑥单击橡皮擦命令 E，删除多余的线，如图 2.55 所示。

⑦单击偏移命令 F，向内偏移 350 mm，制作出坐凳面，如图 2.56 所示。

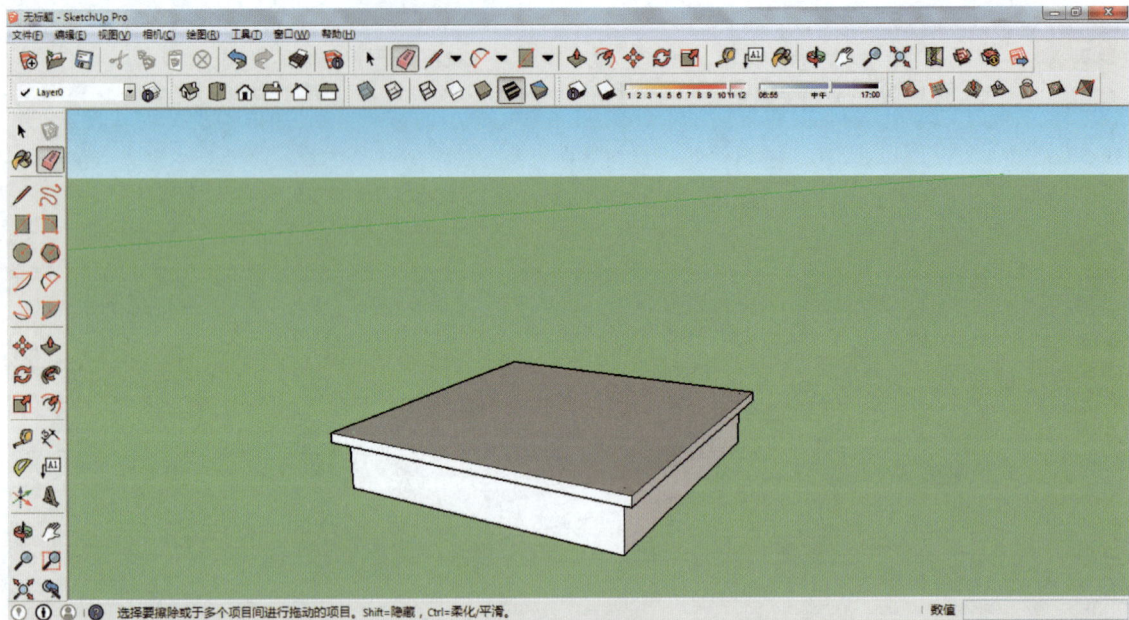

图 2.55　删除线

图 2.56　偏移

⑧单击推拉命令 P,将中间的面向上推拉 150 mm,制作出地被高度,如图 2.57 所示。

⑨单击材质命令 B,赋予基础、压顶、地被的材质,如图 2.58 所示。

⑩插入乔木组件,单击移动命令 M,放好位置,完成特色树池的绘制,如图 2.59 所示。

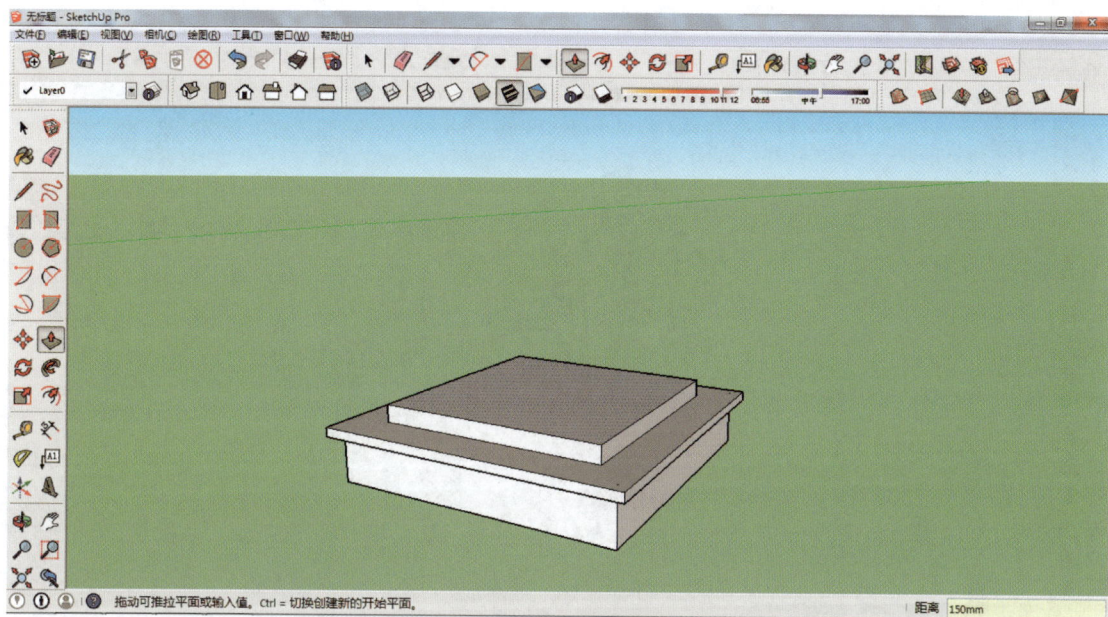

图2.57　推拉

图2.58　填充材质

2.3.3　编辑工具栏

编辑工具栏包括"移动""推拉""旋转""路径跟随""缩放""偏移"6个命令,通过这6个命令可以完成对物体的编辑和修改。

1)移动

"移动"工具可以对物体进行移动的操作,同时还可以移动复制、移动阵列该对象。单击编

编辑工具栏

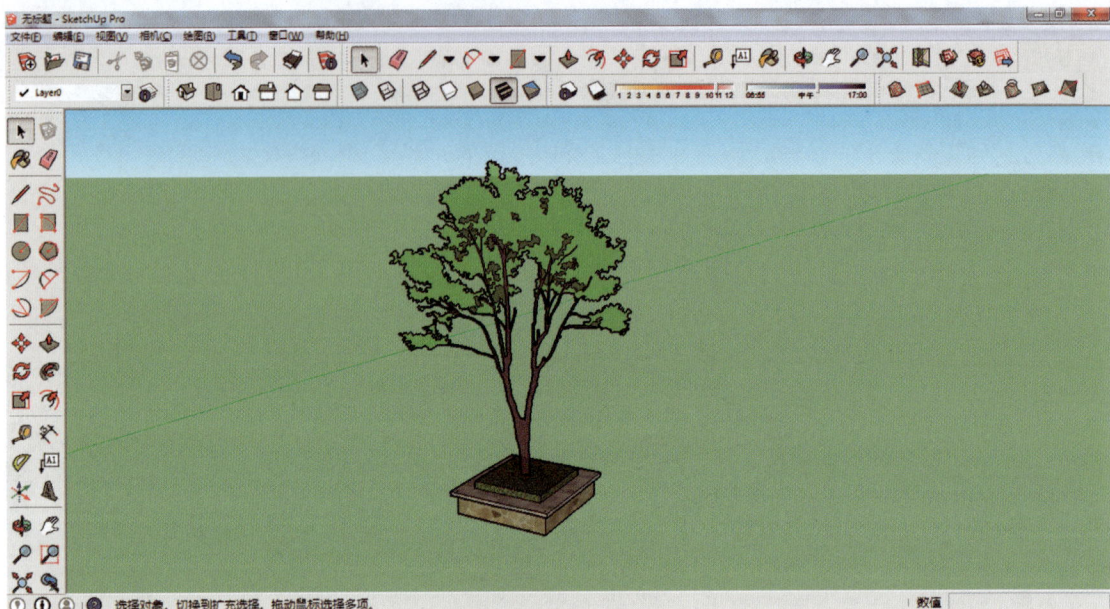

图2.59　插入组件

辑工具栏✛或者输入移动工具 M 都可进行操作。

（1）移动对象　打开素材库中的"03 实例二特色树池"文件。

选择该模型，单击"移动"工具✛或者输入快捷键 M，在树木组件里单击要移动的起始点，然后再控制手中鼠标方向则可任意控制移动方向，如图 2.60 所示。

将光标移动到目标点后，单击鼠标，则完成该组件的移动命令。也可进行精确移动，选择该模型，单击编辑工具栏✛或者输入移动工具 M，利用鼠标控制移动的方向，然后在数值输入栏中输入距离，单击 Enter 键完成移动命令操作，如图 2.61 所示。

图2.60　移动

（2）移动复制、移动阵列对象　与移动对象时一样，打开提供的树木组件模型，单击"移动"工具✛或者输入快捷键 M，此时按住 Ctrl 键，开始移动树木组件，此时移动树木则能保留原有树木，完成复制功能。

移动复制时还能进行精准的操作，控制鼠标再确定好移动方向，然后输入想要移动的距离数值，再按 Enter 键确定就能进行精准的移动复制，如图 2.62 所示。

在进行完前两步的移动复制后，还能在此基础上进行移动阵列。当完成移动复制后，不做其他操作，在数值输入栏中输入移动阵列个数"＊个数 n"的方式进行物体的移动阵列，这个方法能更快捷有效地进行连续复制阵列，如图 2.63 所示。

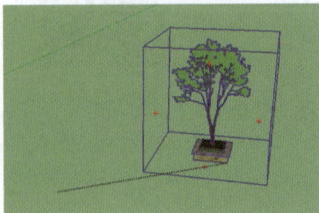

图2.61　精确移动

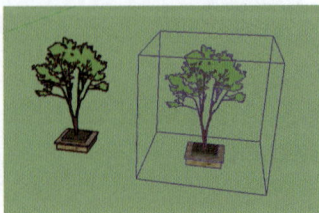

图2.62　移动复制

图2.63　移动阵列

    同时,还能输入移动阵列个数"/个数 n"的方式进行物体的移动阵列,首先确定好第一棵与最后一棵树的距离,输入数值数量"/n",在按 Enter 键确定后,就能快速进行移动阵列了,如图2.64、图2.65 所示。

图2.64   移动复制

图2.65   移动阵列

2)推拉

    "推拉"工具可以将一个二维平面生成三维立体,是在建立模型时使用频度较多的工具之一,单击"推拉"工具 ✥ 或者输入快捷键 P 进行操作。

    (1)基本操作   打开"窗口"→"模型信息"→"单位",调整格式为十进制,单位为 mm,精确度为 0 mm。单击"矩形"命令 R,绘制长宽均为 3 000 mm,3 000 mm 的正方形,如图2.66 所示。

    然后再单击"推拉"工具 ✥ 或者输入快捷键 P。将光标放置在正方形面上,然后任意拖动鼠标则可对该正方形的面进行推拉。如果想要对该正方形进行精确的推拉,则可在推拉时输入想要推拉的高度,如 800 mm,再按 Enter 键确定,如图2.67 所示。

    (2)推拉复制   单击"推拉"工具 ✥ 或者输入快捷键 P。如果想保留原有面进行推拉,可以在对该正方形的面进行推拉之前,按一下 Ctrl 键,将光标放置在正方形面上,则可以进行保留原有面的复制式的拉伸,如图2.68 所示。

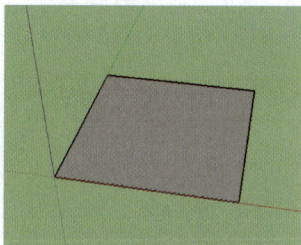

图2.66   绘制矩形

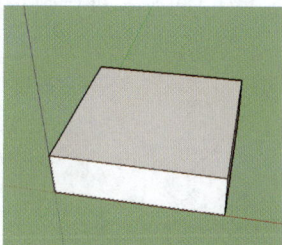

图2.67   绘制矩形

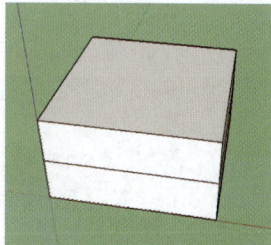

图2.68   推拉复制

    (3)双击推拉   双击推拉是同一数值高度快速推拉的小技巧,在完成了一个面的推拉后,双击鼠标左键即可快速进行同一高度的推拉效果,如图2.69 所示。同时,双击推拉也可和推拉复制结合使用。

3)旋转

    "旋转"工具可以对物体进行旋转操作,同时还可以旋转复制、旋转阵列该对象。单击编辑工具栏 ✿ 或者输入旋转工具 Q 进行操作。

    (1)基础操作   打开素材库中的"04 文化灯柱"组件模型。

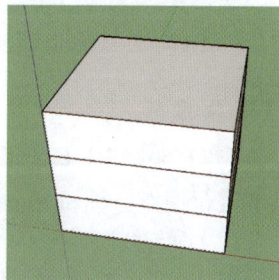

图2.69   双击推拉复制

    选择该文化灯柱模型,单击"旋转"工具 ✿ 或者输入快捷键 Q,光标变成一个量角器,通过控制鼠标来确定旋转的圆心,当量角器为绿色时,文化灯柱组件将垂直于绿轴进行旋转,而显示为红色或蓝色时,将分别垂直于红轴或蓝轴进行旋转,如果是以其他角度为圆心,则显示黑色,如图2.70 所示。

在进行旋转命令操作时,可以控制鼠标进行任意角度的旋转,如果需要进行精确的旋转,可以在右下角的数值输入栏中直接输入需要旋转的度数,再按 Enter 键确定,则完成该组件的旋转命令,如图 2.71 所示。

在旋转时,也可以根据需要旋转物体中的部分对象,前提条件是选择好对象。在选择好部分对象后,再根据上面的步骤进行旋转命令的操作,如图 2.72 所示。

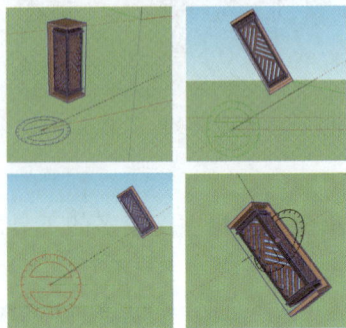

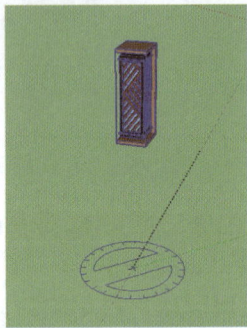

图2.70　旋转　　　　　　图2.71　精确旋转　　　　　　图2.72　部分旋转

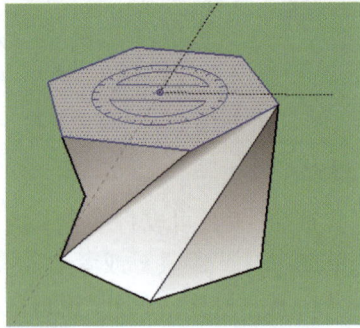

(2)旋转复制、旋转阵列对象　打开素材库中的"05 汽车"组件模型,单击"旋转"工具 或者输入快捷键 Q,控制鼠标确定旋转的圆心,此时,按一下 Ctrl 键,输入旋转角度数值60°,再按 Enter 键确定,则完成汽车组件的旋转复制,如图 2.73 所示。

中间不进行其他操作,直接以" * 数量 n"的格式输入需阵列对象的数量,再按下 Enter 键,完成旋转阵列功能。此操作和移动复制、移动阵列的方法相类似,如图 2.74 所示。

同时,在旋转阵列时还可以"/数量 n"的方式进行数目阵列。先旋转复制出最后一个组件,确定角度,输入"/数量 n",再按 Enter 键,就能以平均角度进行复制了,如图 2.75 所示。

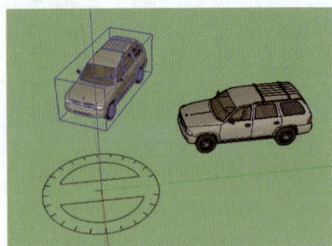

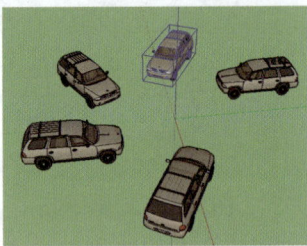

图2.73　旋转复制　　　　　图2.74　旋转阵列　　　　　图2.75　旋转阵列

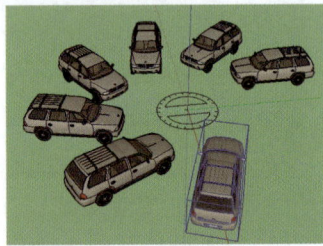

4)路径跟随

"路径跟随"工具能够利用一个路径和一个平面来生成一个三维物体。单击"路径跟随"工具 进行操作。SketchUp 2016 默认情况下路径跟随命令没有快捷键。

(1)面与线　绘制一个二维平面和一条线形,如图 2.76 所示。

单击"路径跟随"工具 ,再单击其中的二维平面,将光标移到线形旁边,线形上会出现一个红色捕捉点,该二维平面会根据线形上出现的点至线形下方端点的走势形成一个三维平面,如图 2.77 所示。

移动鼠标到线形端点确定其效果后单击确认,便能形成三维实体,如图 2.78 所示。

(2)面与面　绘制两个垂直的二维平面,单击"路径跟随"工具 ,单击选择一个平面,如图 2.79 所示。

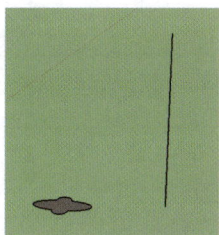

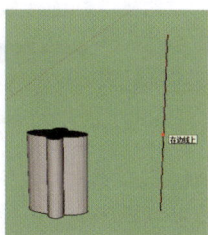

图2.76　绘制对象　　　图2.77　路径跟随　　　图2.78　完成效果　　　图2.79　绘制对象

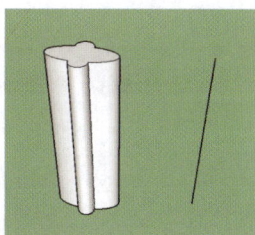

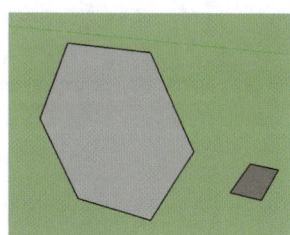

将该平面移至另一个平面内,跟随其捕捉一周,单击鼠标左键确认即可完成该命令,如图2.80所示。

5) 缩放

"缩放"工具可以对选中的对象进行x,y,z 3个轴向的等比缩放,同时还可以进行任意两个轴向的不等比缩放。单击"缩放"工具 或者快捷键S都可以进行操作。

(1)等比缩放对象　打开素材库中的"06室外座椅"组件模型。

图2.80　面与面的路径跟随

选择该模型,单击"缩放"工具 或者使用快捷键S,则该组件周围便会出现缩放的角点,如图2.81所示。

把光标放到任意一个角点上,角点便会变成红色,同时出现"等比缩放"的相关文字提示,按住鼠标左键进行拖动,光标向上则为放大,反之则为缩小,完成拖动后,便可完成对角点等比缩放,如图2.82所示。

另外,二维平面的组件进行缩放时,亦需选择四周的角点才能进行平面等比缩放,如图2.83所示。

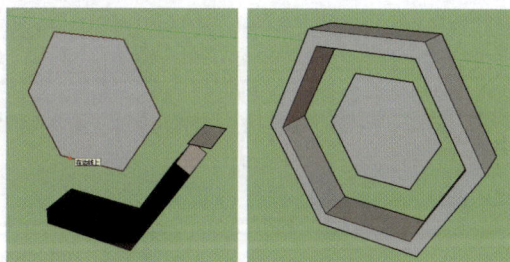

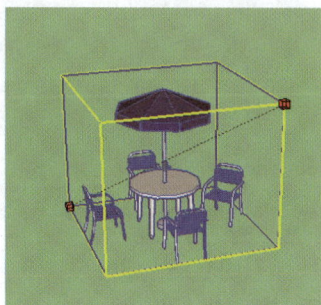

图2.81　角点　　　　图2.82　对角点等比缩放　　　图2.83　平面等比缩放

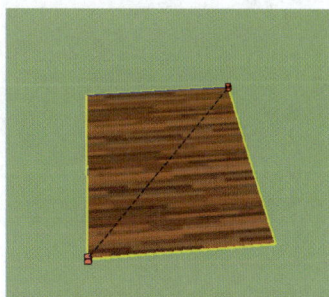

除此之外,确定缩放的角点后,输入比例,再按下 Enter 键确定后,能完成精确的等比缩放,如图2.84所示。

需要注意的是,数量小于1为缩小,反之则为放大,若输入数值为负值,则该对象比例会有所调整,还会发生镜像,如图2.85所示。

(2)不等比缩放对象　选择素材库中的"07儿童游乐组合"组件,单击"缩放"工具 或者快捷键S,选择网格边线中间的角点,便会出现"绿或蓝轴"或是类似的提示,如图2.86所示。

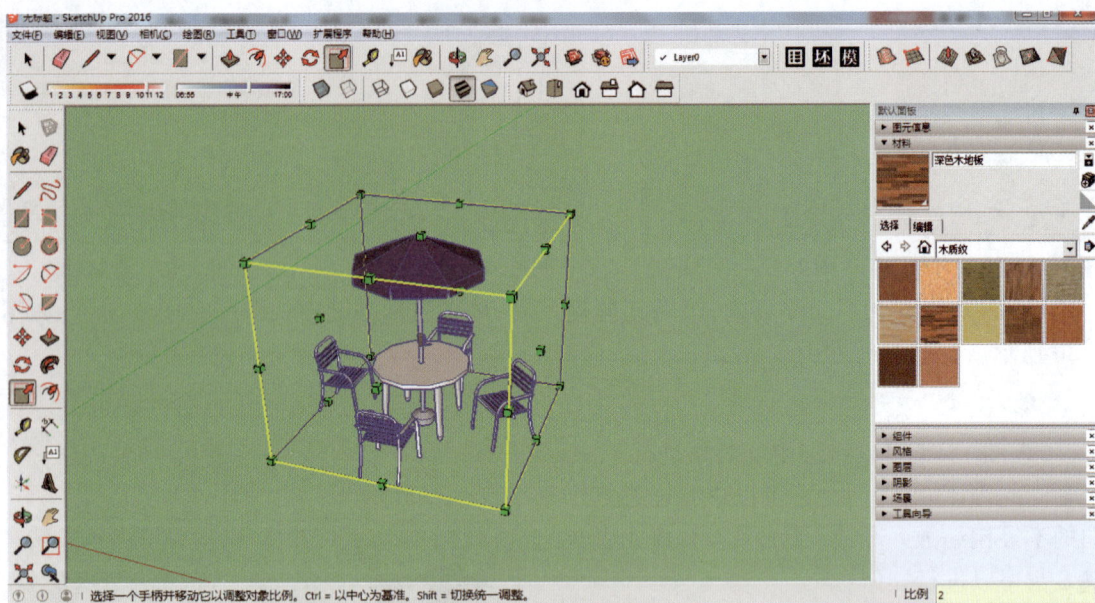

图2.84　精确缩放

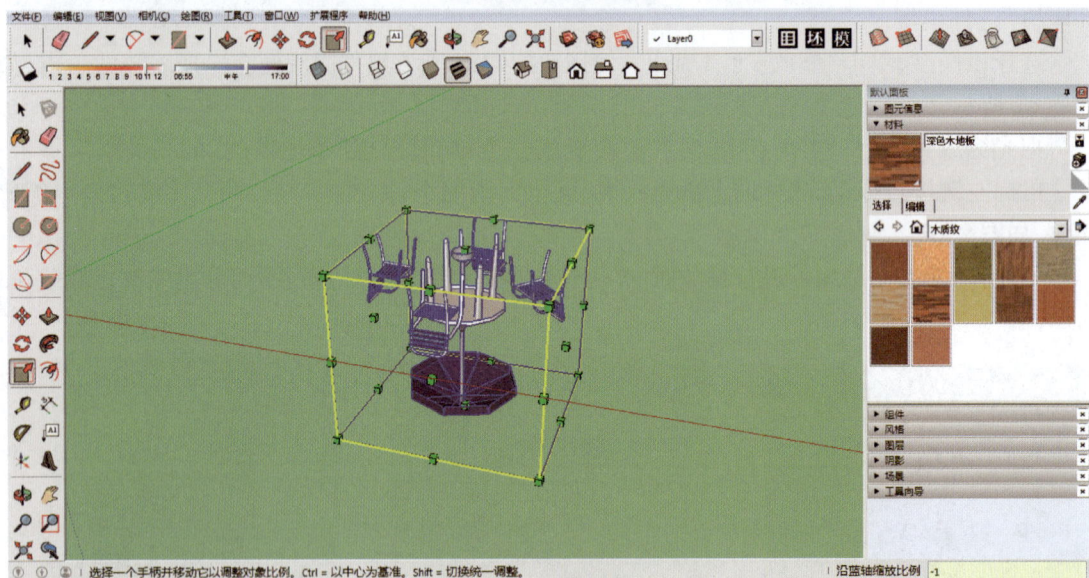

图2.85　镜像

确定角点,单击鼠标左键确定后,拖动光标进行缩放,确定其大小后单击鼠标便能完成缩放,如图2.87所示。

同时,选择任意一个位于面中心的角,还可以进行 x,y,z 其中的任意一个轴向上的不等比缩放,如图2.88所示。

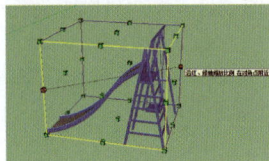

图2.86　角点缩放

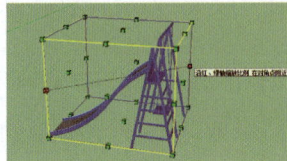

图2.87　边线角点缩放

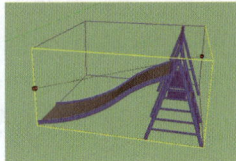

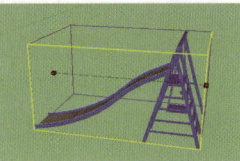

图2.88　面角点缩放

6）偏移

"偏移"工具可以对面和线进行偏移。单击"偏移"工具 🖋 按钮或者使用快捷键 F，都可以进行命令操作。

（1）基础操作　创建一个矩形平面，单击"偏移"工具 🖋 或者单击快捷键 F，将鼠标放在要偏移的面上，则在面的边线上会出现一个红色的偏移点，单击鼠标左键，可以向内或向外进行缩小或放大的偏移，如图2.89所示。

在需要的位置单击鼠标左键确定，完成偏移。如果需要进行精确距离的偏移，则先选择偏移对象，然后确定偏移方向后，在右下角的数值输入栏中输入数值，按 Enter 键确认完成偏移，如图2.90所示。

（2）偏移线　偏移线的操作只适用于两条或者两条以上的直线段，而且是首尾相连的线段，交叉的线段或者没相连的线段不适用。而弧线、自由曲线单独 1 条也可进行操作。操作时需要注意，应先选择对象线条，如图2.91所示。

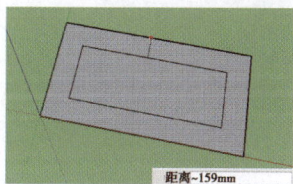

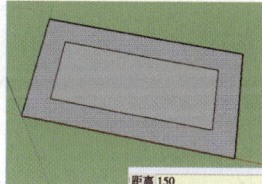

图2.89　向外偏移	图2.90　精确偏移	图2.91　偏移线

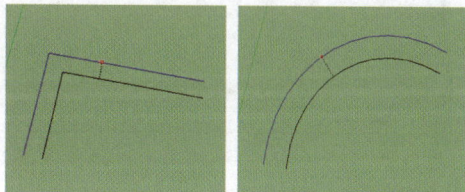

实例3　景观花钵组件

景观花钵组件最终完成效果如图2.92所示。

①打开"窗口"→"模型信息"→"单位"，调整格式为十进制，单位为 mm，精确度为 0 mm，如图2.93所示。

图2.92　最终效果	图2.93　单位调整

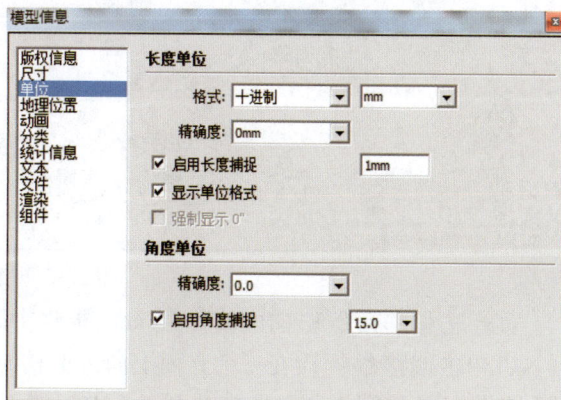

②单击矩形命令 R，绘制 800 mm，800 mm 的矩形，如图2.94所示。

③单击推拉命令 P，向上推高 30 mm，然后再单击偏移命令 F，向内偏移 30 mm，再将中间偏移出来的面推高 30 mm。单击材质命令 B，选择"石头"中的"卡其色拉绒石材"材质，填充材质

时按住 Ctrl 键单击鼠标左键,关联填充材质,完成基础的制作,如图 2.95、图 2.96 所示。

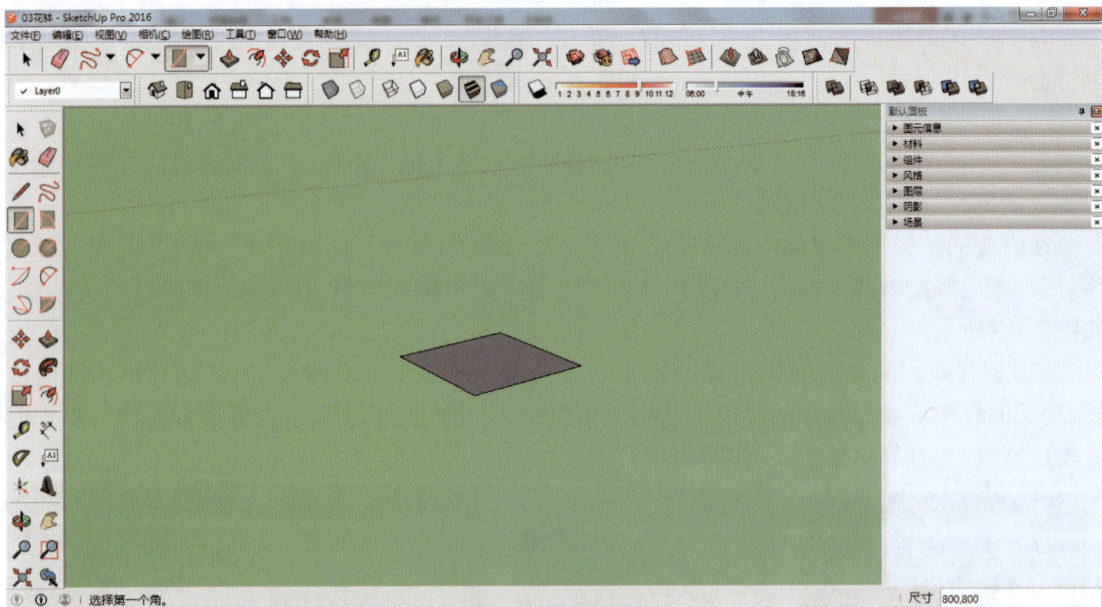

图 2.94　创建矩形

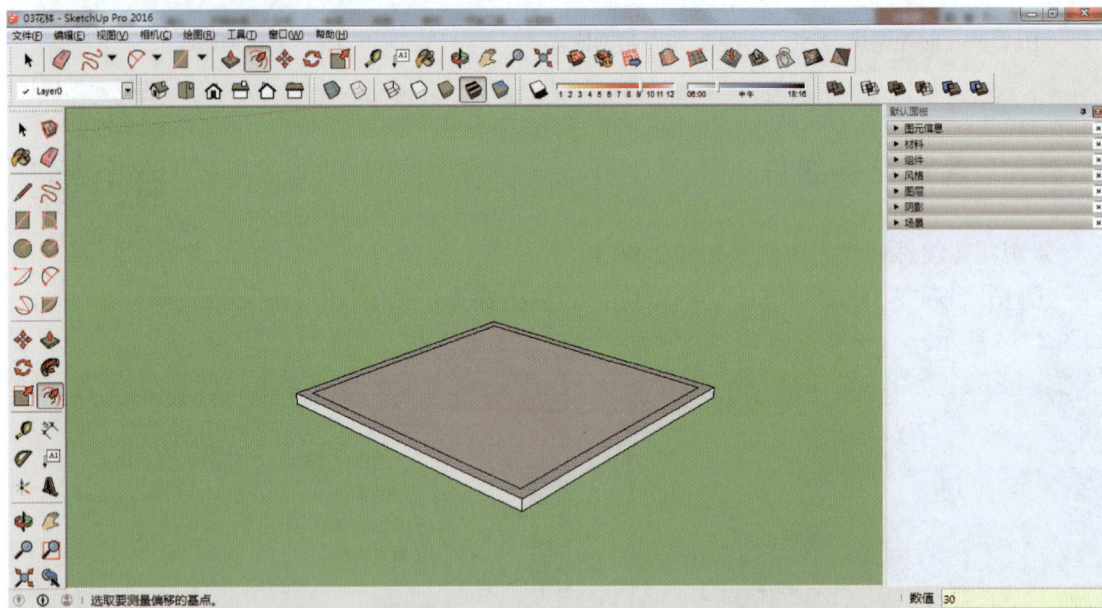

图 2.95　推拉偏移

④单击偏移命令 F,向内偏移 30 mm,再将中间偏移出来的面推高 600 mm,如图 2.97 所示。

⑤单击偏移命令 F,在一个立面上向内偏移 50 mm。然后在顶面做水平、垂直 2 条辅助线,找到旋转的几何圆心。双击选中立面上中间的面和边线,单击旋转命令 Q,按一下 Ctrl 键变成旋转复制,选择顶面辅助线的交点作为旋转的中心,旋转复制 90°,然后在数值输入栏中直接输入"＊4",旋转复制这个面,使得 4 个方向立面上都有这个面,如图 2.98、图 2.99 所示。

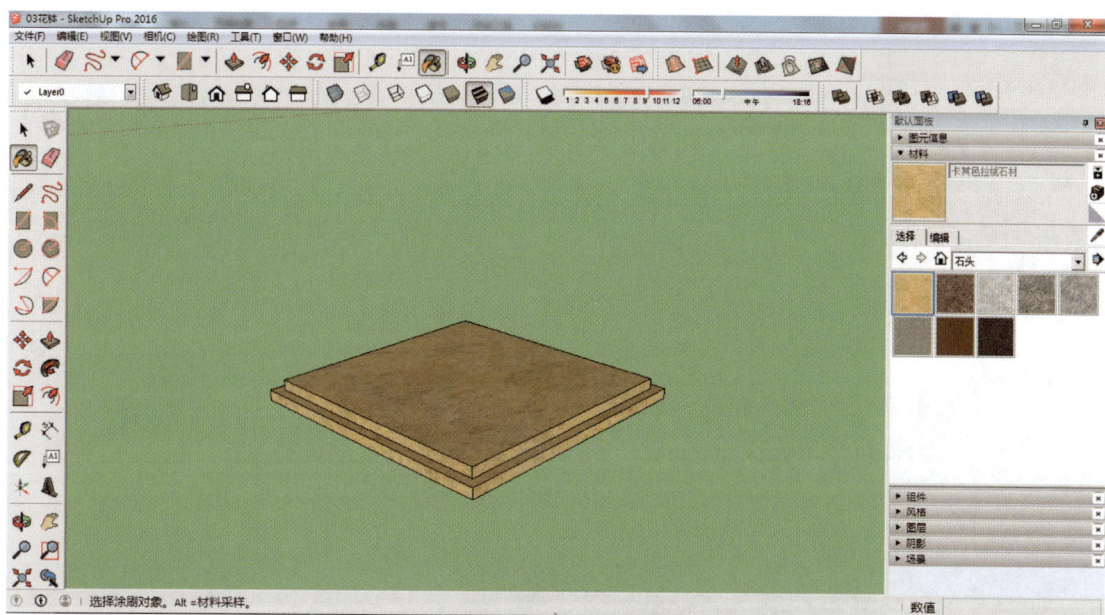

图 2.96　填充材质

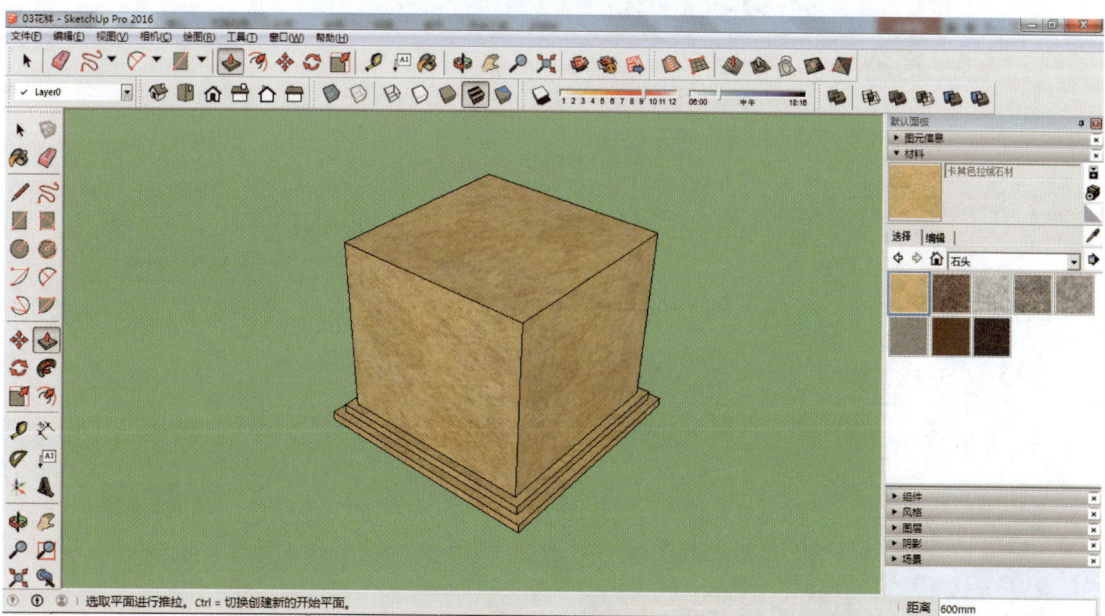

图 2.97　推拉

⑥单击推拉命令 P,将 4 个方向立面上的中间面向里推拉 50 mm,完成立面细节的绘制,如图 2.100 所示。

⑦单击偏移命令 F,将顶面向外偏移 30 mm,使用推拉命令 P 推高 30 mm,然后再使用偏移命令 F 和推拉命令 P,向外偏移推高一层出来。删除顶面上多余的线,然后选择"石头"中的"卡其色拉绒石材"材质,填材质时按住 Ctrl 键单击鼠标左键,关联填充材质,完成整个柱体的绘制,如图 2.101、图 2.102 所示。

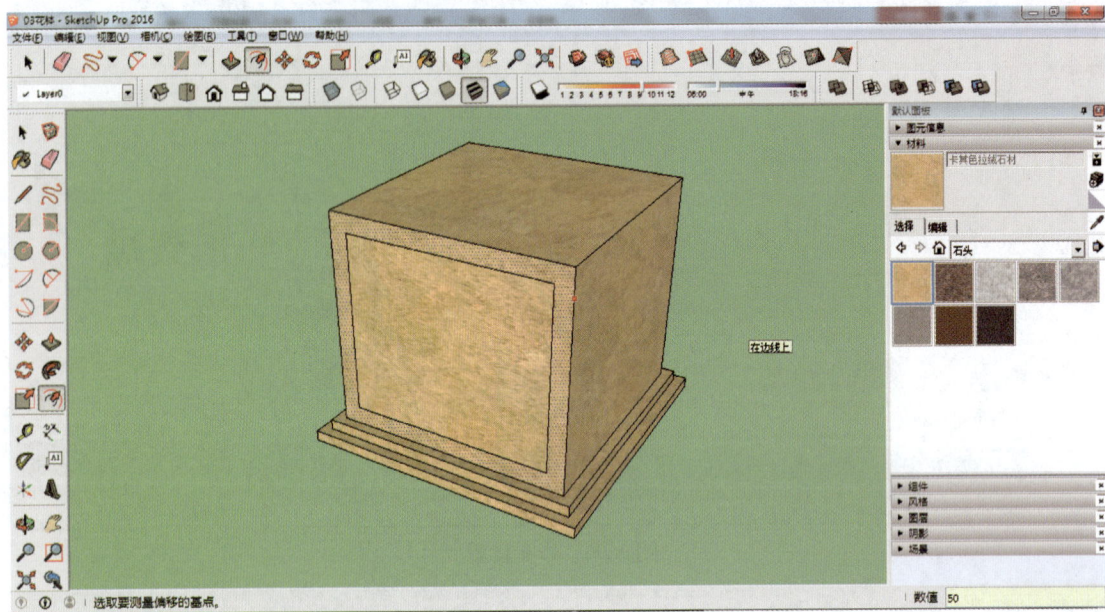

图2.98　偏移

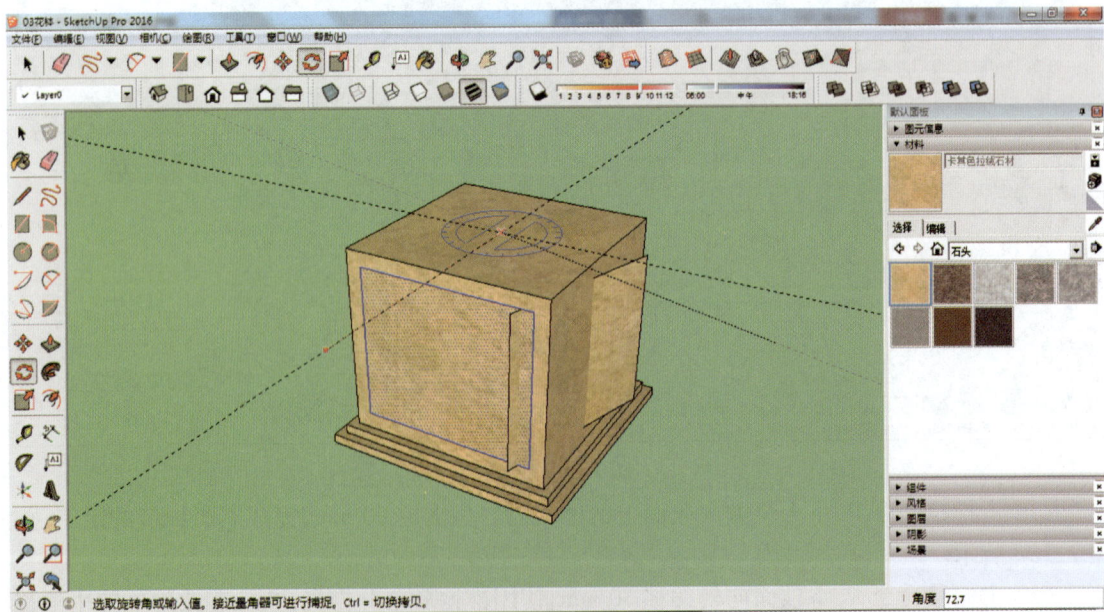

图2.99　旋转复制

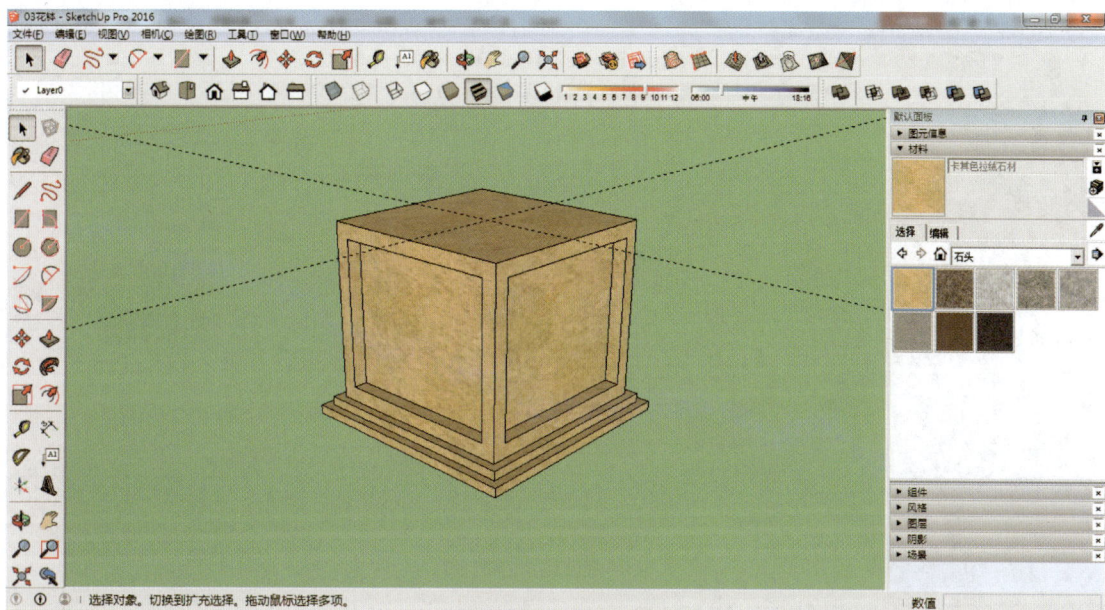

图2.100　向内推拉

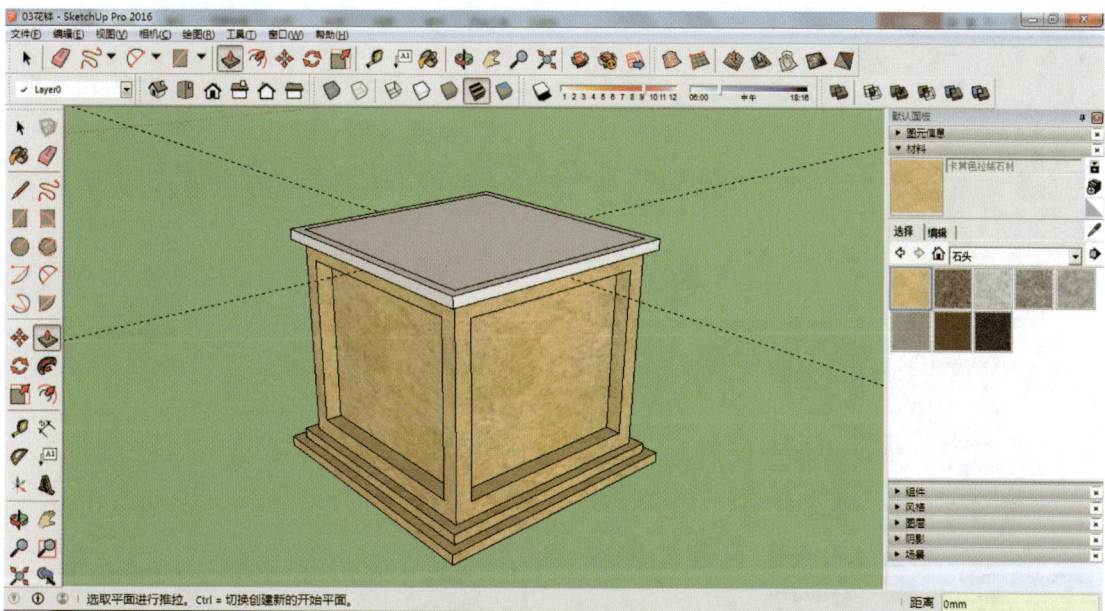

图2.101　第一层压顶

⑧单击圆命令 C,在平面画一个半径为 500 mm 的圆,然后以平面圆的圆心为圆心,在垂直绿轴(或者红轴)方向同样画一个半径为 500 mm 的圆,使 2 个圆大小一样,相互垂直,如图2.103所示。

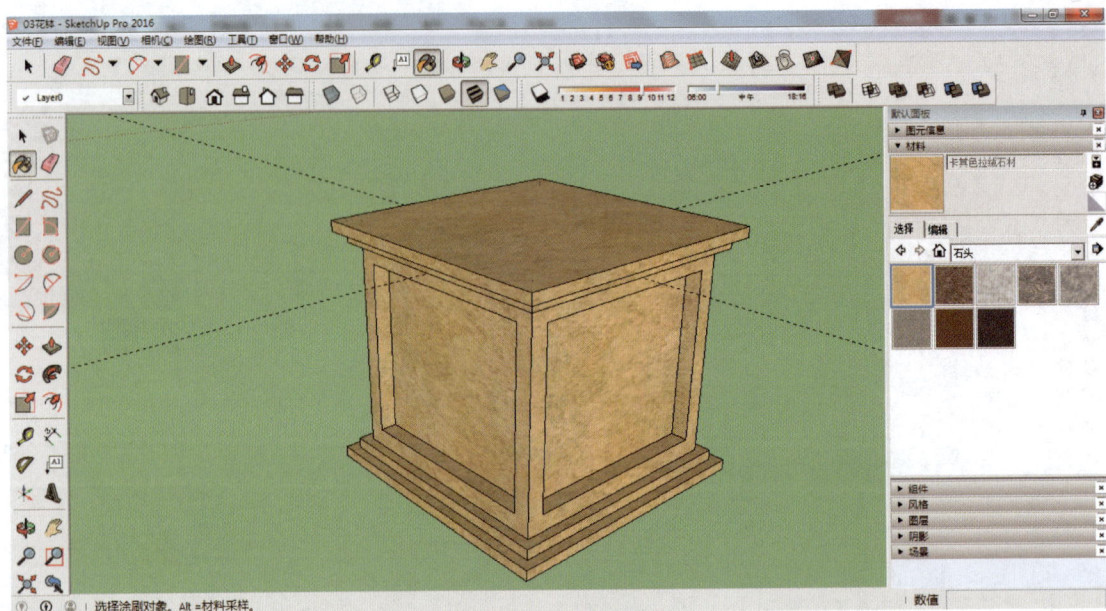

图 2.102　第二层压顶

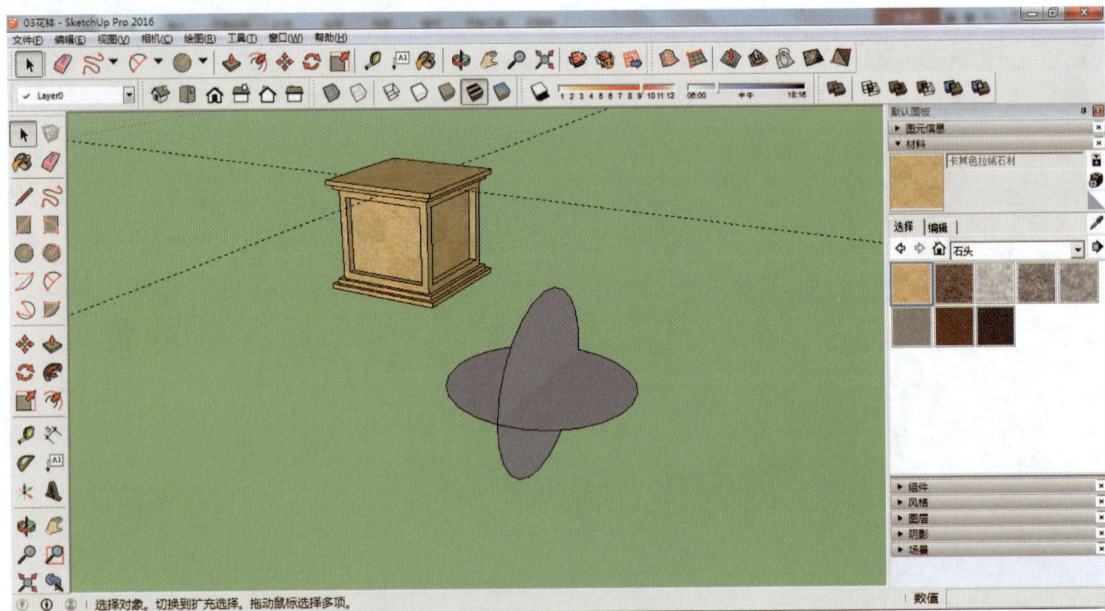

图 2.103　绘制圆

　　⑨单击直线命令 L,在垂直圆中间偏下的位置沿红轴(或者绿轴)画一条直线,将上面的半圆删掉。单击选择命令空格键,选择圆弧线向内偏移 50 mm,然后单击橡皮擦命令 E,删掉多余的线,得到图 2.105 所示效果,具体如图 2.104—图 2.106 所示。

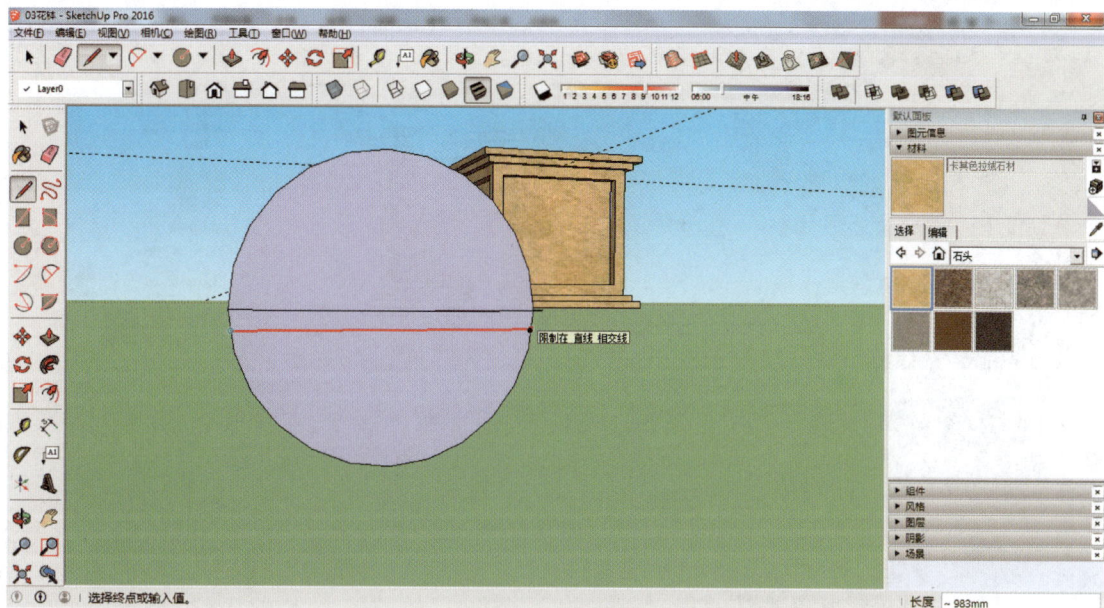

图2.104　绘制线

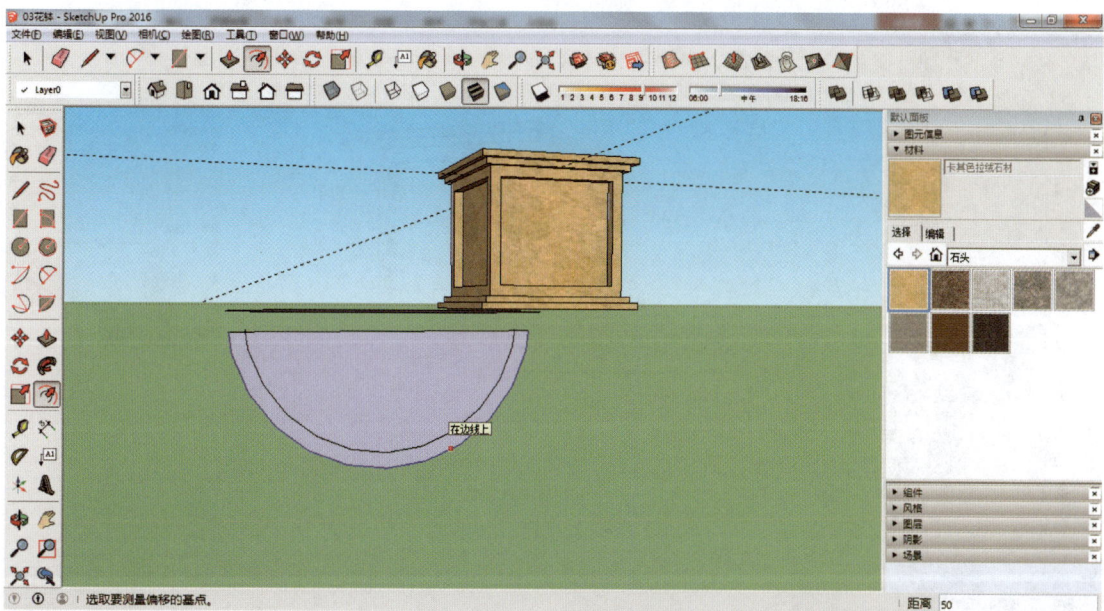

图2.105　偏移厚度

⑩选择平面上圆的边线,单击路径跟随命令,再单击弧形的立面,完成路径跟随动作。随后选择"石头"中的"卡其色拉绒石材"材质,填材质时按住 Ctrl 键点鼠标左键,关联填充材质,最后删掉平面上的圆,如图 2.107、图 2.108 所示。

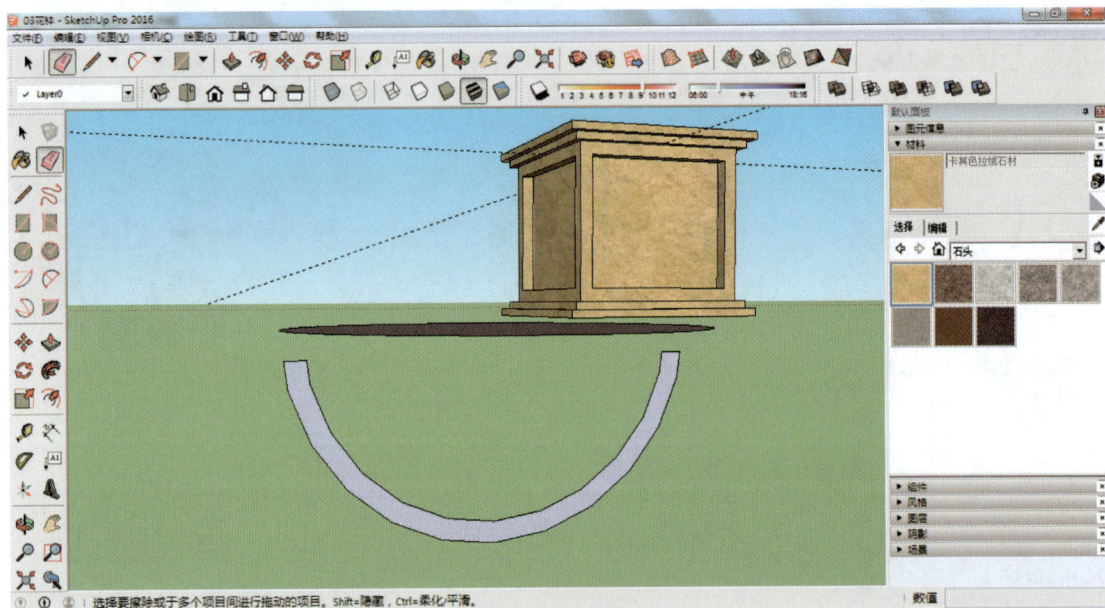

图2.106　删除

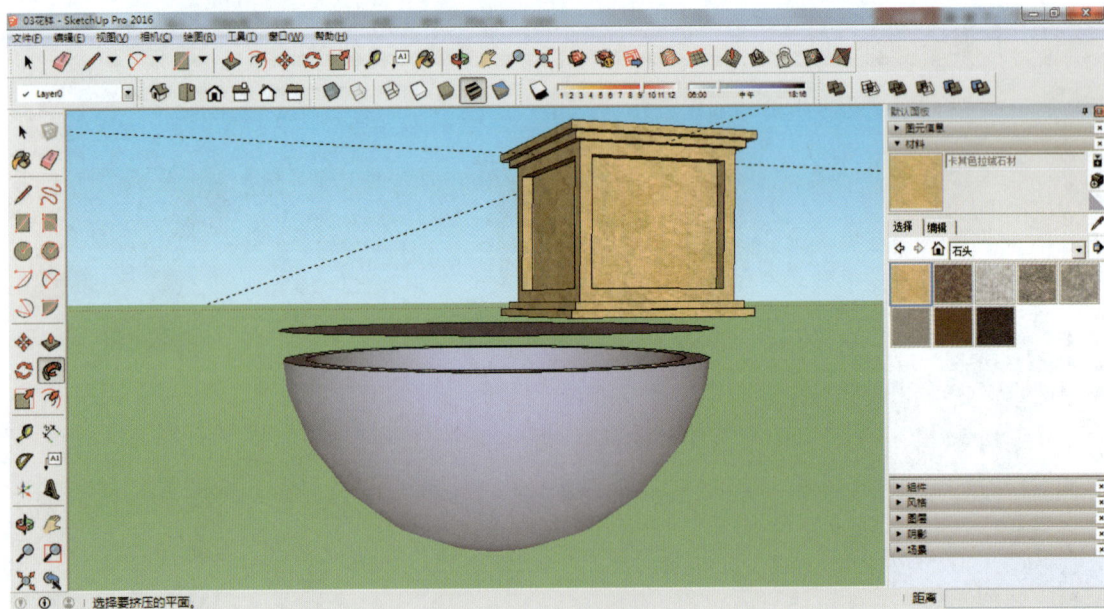

图2.107　路径跟随

⑪按下空格键回到选择命令下,三击花钵上的线或者面,选择整个花钵,单击制作组件 G,将花钵创建为一个整体组件。然后双击花钵组件,进入组件编辑,在花钵上添加细节,如图2.109所示。

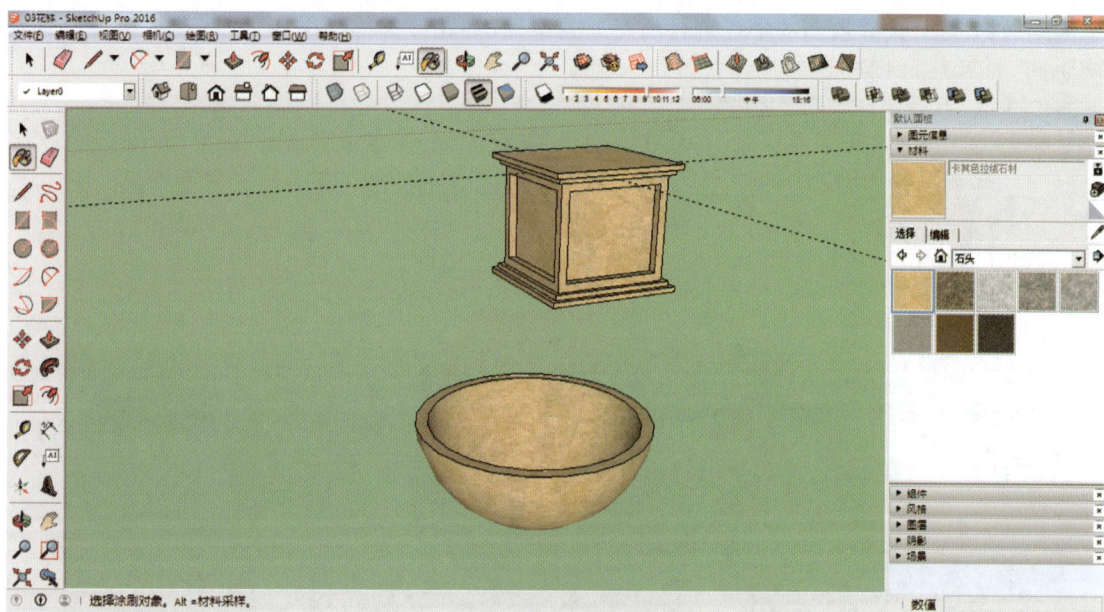

图2.108　填充材质

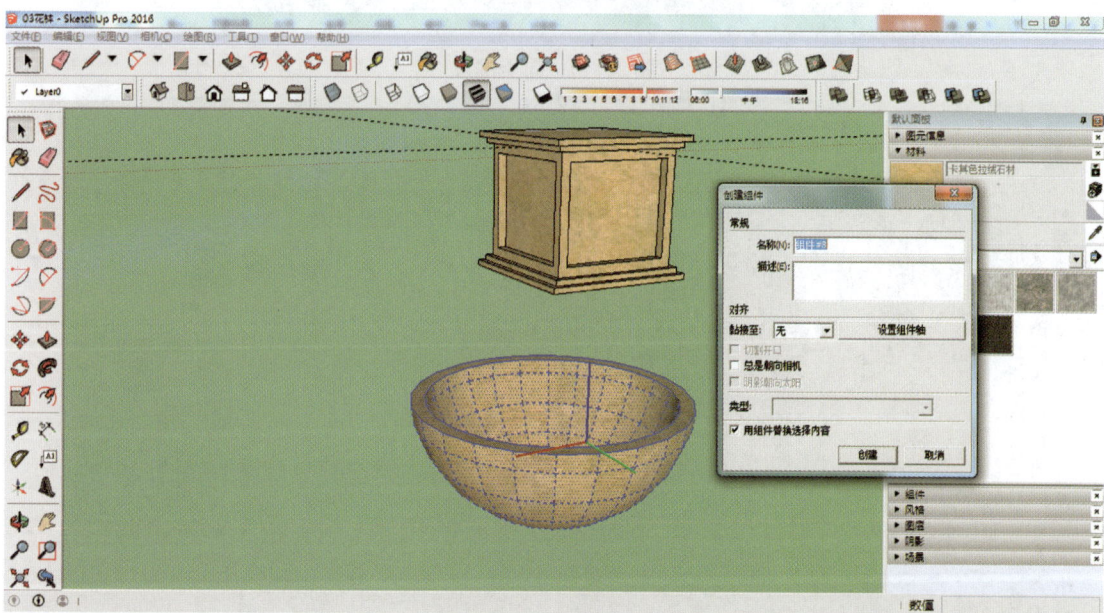

图2.109　创建组件

⑫单击推拉命令P,将花钵边缘向上推高50 mm,加个边缘细节;单击直线命令L,在花钵中间加个面,然后单击橡皮擦E,去掉那条多余的线;选择"园林绿化、地被层和植被"材质中的"深绿草色"材质,单击中间的面进行填充,如图2.110、图2.111所示。

⑬在素材库中调出"小草(橘红).skp"的素材,然后使用缩放命令S和移动命令M,把素材的大小、位置都调整好。在组件范围旁边单击,退出组件编辑,完成花钵细节制作,如图2.112所示。

⑭选择花钵组件,单击移动命令 M 将花钵移动到柱体上。移动的基点选择花钵最下面的点,移动到柱体顶面上时光标显示"在平面上",单击确定位置;进行局部调整;选择花钵组件,单击缩放命令 S,选择顶面的中点进行高度上的调整,将花钵整体高度压低,使花钵组件整体比例协调,如图 2.113 所示。

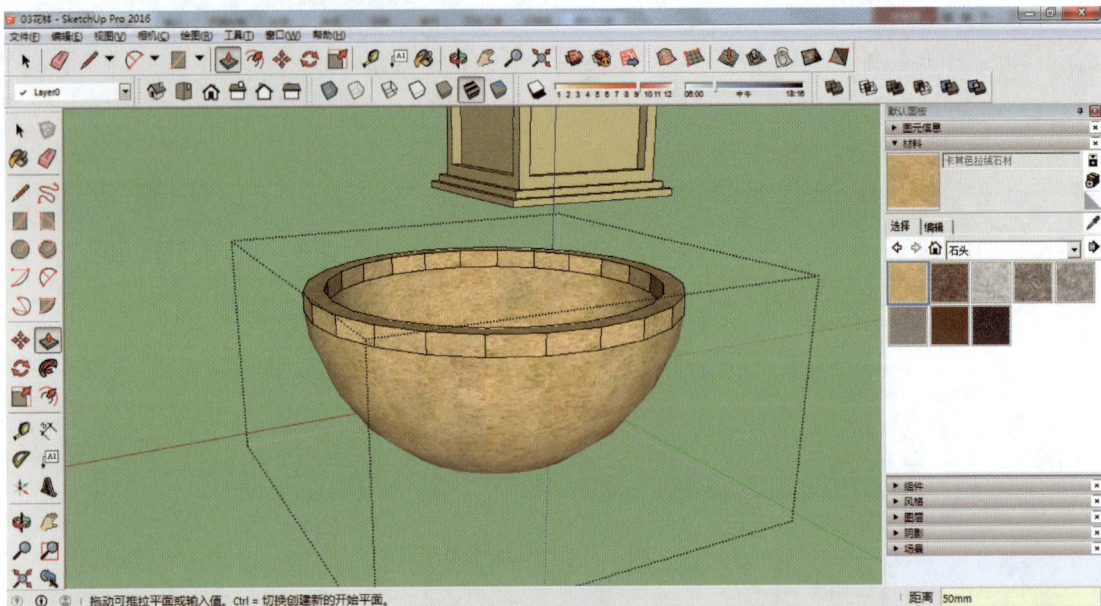

图 2.110　向上推拉

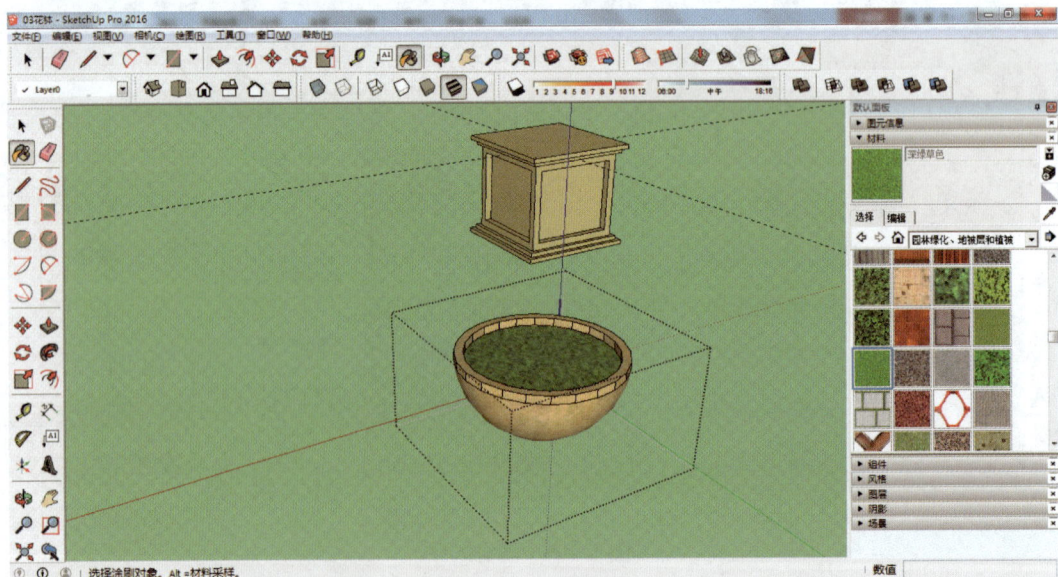

图 2.111　填充材质

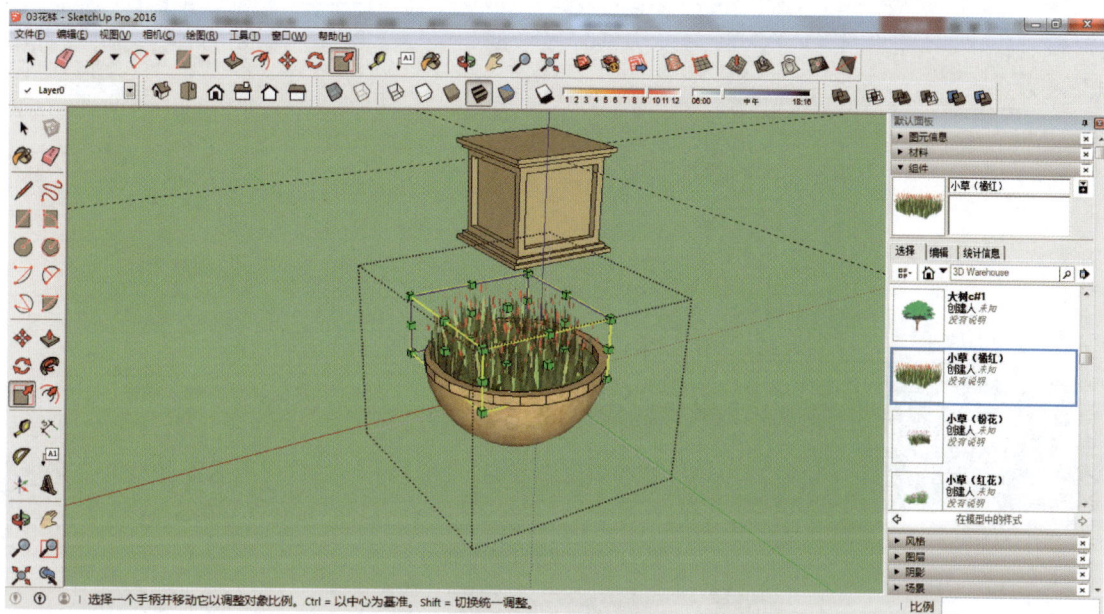

图 2.112　添加组件

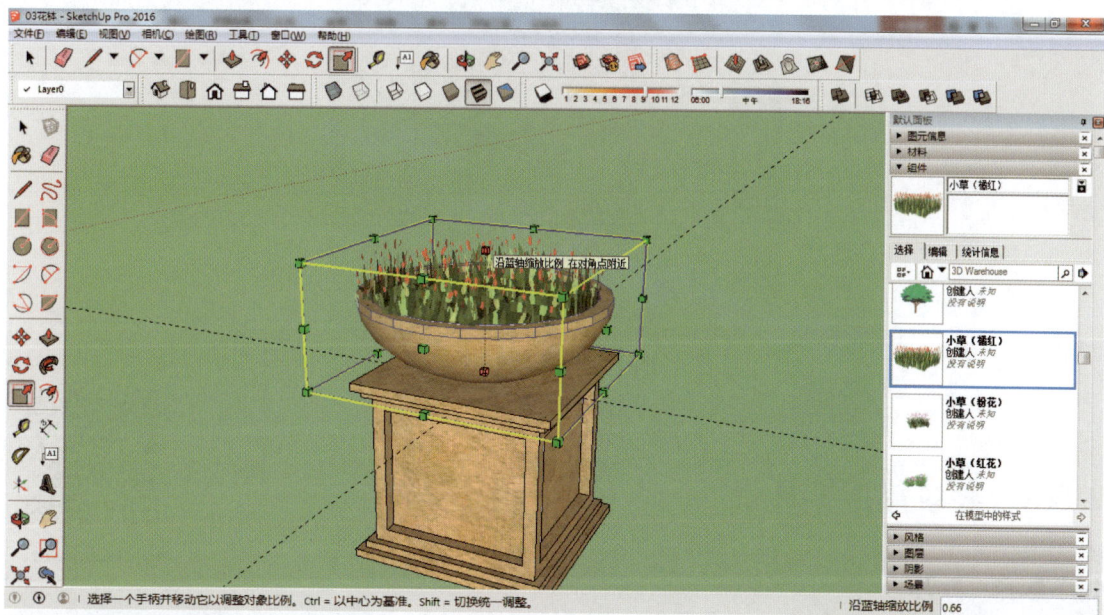

图 2.113　缩放大小

　　⑮单击编辑菜单,选择"删除参考线"选项,去掉所有的参考线,完成景观花钵组件绘制,如图 2.114、图 2.115 所示。

图2.114　删除参考线

图2.115　最终效果

2.3.4　建筑施工工具栏

建筑施工工具栏

1)"卷尺"工具

(1)测量距离　单击测量的起点,然后移动鼠标,单击测量终点,在数值输入栏中就会出现测量长度。

(2)创建参考线　"卷尺"工具最重要的功能就是创建参考线,即辅助线。单击快捷命令T,可以拉出参考线。而创建参考线的方法有3种。打开素材库中的"09景墙.skp"素材,如图2.116所示。

在线上面双击,则在此线条的位置上生成一条参考线,该参考线与线重合,同时贯穿整个屏幕。

在线上面单击,拉出参考线,可以在右下角的数值输入栏中输入精确的距离,该参考线与线平行,同时贯穿整个屏幕。

在线的端点上单击,拉出参考线,可以在右下角的数值输入栏中输入精确的距离,此时该参考线为线段,线段长度为输入距离。

(3)调整模型比例　"卷尺"工具T可以用来调整模型、组件的大小,使模型、组件调整为所需要的尺寸。此外,模型大小调整需要慎用,使用频度更多的是组件调整大小。

打开素材库中的"10 组合景墙.skp"场景模型,导入特色景墙.skp 组件,通过丈量可以知道,特色景墙的尺寸为 2 500 mm,500 mm,场景中景墙摆放位置的尺寸为 2 000 mm,400 mm,要将特色景墙精确缩放放入场景中,如图 2.117 所示。

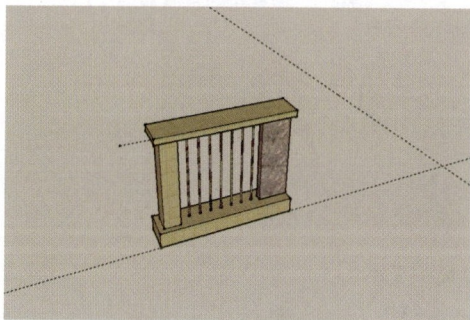

图2.116　创建参考线

图2.117　打开模型

双击进入特色景墙组件编辑,单击快捷命令 T,丈量景墙的长度,在数值输入栏中会出现景墙的长度 2 500 mm,如图 2.118 所示。

直接输入目标尺寸 2 000 mm,单击回车键确定,会弹出一个对话框,显示是否"调整激活组或组件的大小",单击"是",则组件被调整到长度为 2 000 mm 的大小。单击组件范围外部,退出组件编辑,如图 2.119 所示。

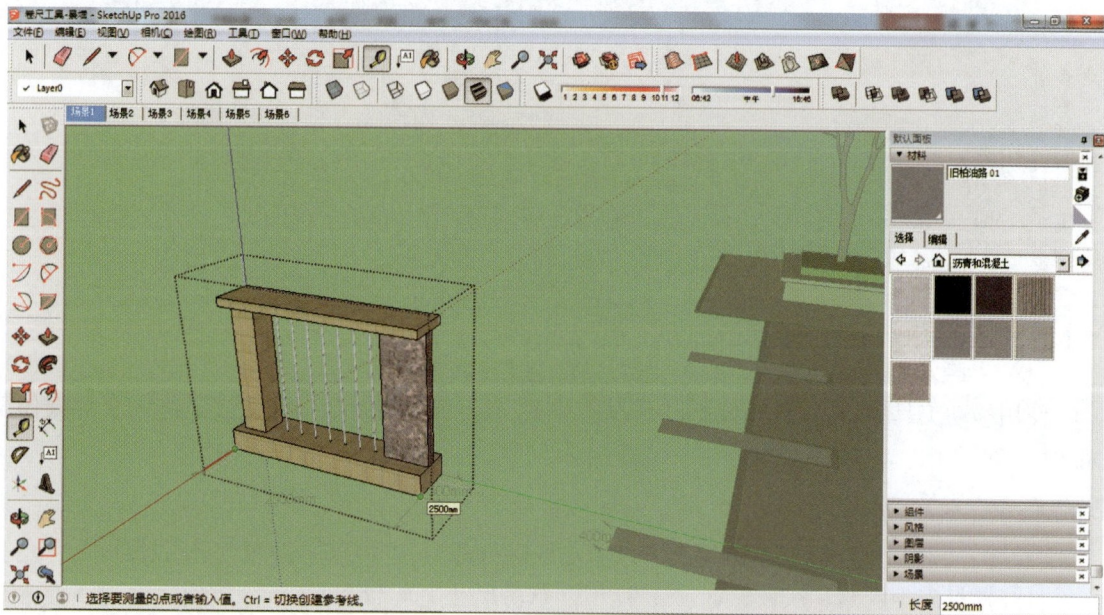

图2.118　组件丈量

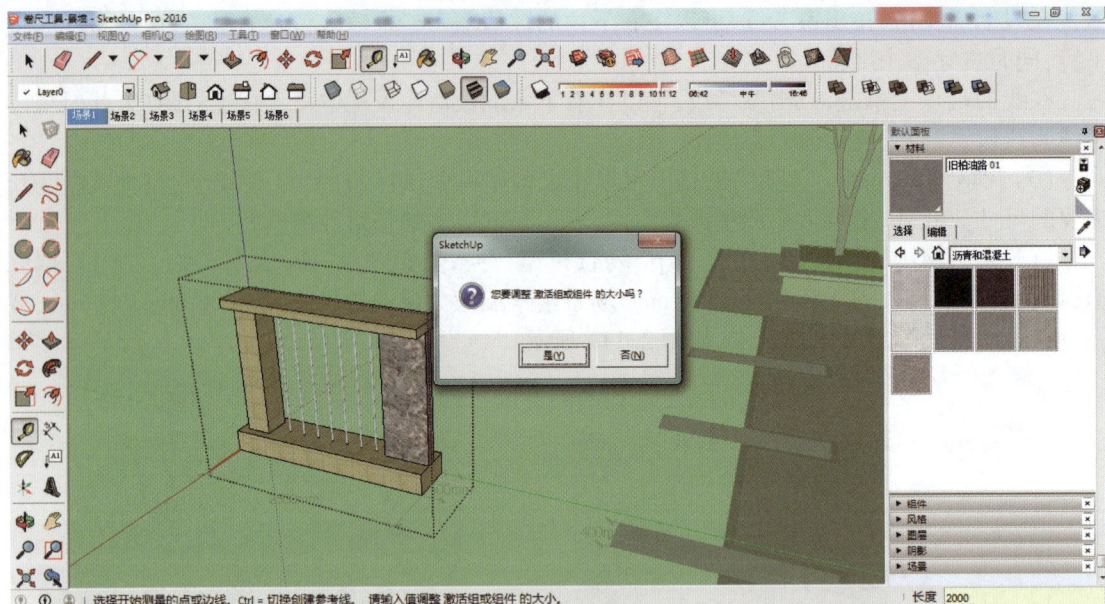

图 2.119   调整模型大小

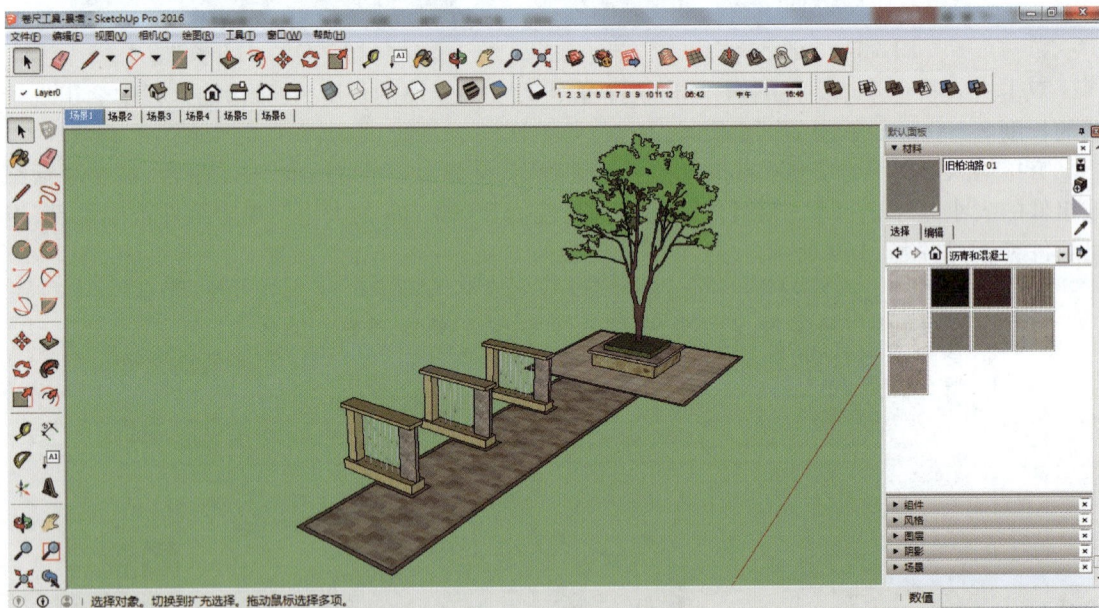

图 2.120   完成效果

使用移动工具 M,将特色景墙移动到对应位置,移动复制出来 2 个,完成最终效果的操作,如图 2.120 所示。

2)"尺寸"工具

"尺寸"工具用来绘制尺寸标注。可以单击线进行标注,也可以单击两点进行标注。

打开素材库中的"11 方形花架. skp"模型。单击尺寸工具命令,将鼠标放到底面边线上,当边线变为蓝色,向外拉出尺寸标注。此种方法适用于不是群组与组件的对象线条,如图 2.121 所示。

单击尺寸工具,在要标注的线的 2 个端点依次点击,然后拉出尺寸标注即可,如图 2.122 所示。

另外尺寸标注工具针对弧形线条可以标注半径,还可以移动已有的尺寸标注,如图 2.123 所示。

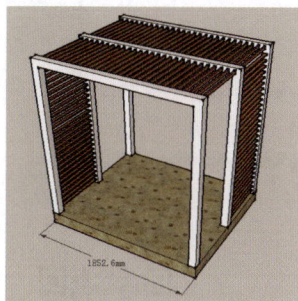

图 2.121　平面尺寸标注

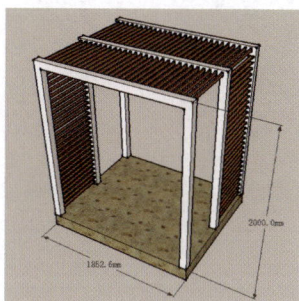

图 2.122　立面尺寸标注

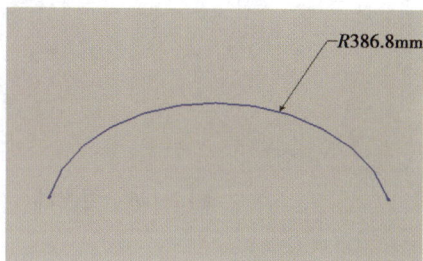

图 2.123　半径标注

3)"量角器"工具

"量角器"工具可以用来测量角度、创建辅助线。

单击"量角器"工具,在五边形的 1 个端点单击,水平向右拉出角度的起始边线,然后放在终点边线上,在右下角数值输入栏中显示所量角度数值。如果在终点边线上单击,即会生成一条以水平向右为起始线,角度为 108°的辅助线,即为创建辅助线的方法,如图 2.124 所示。

4)文字工具

通过"文字"工具来绘制文字标注。单击"文字"工具命令,在端点标注,显示的是端点的坐标;在边线上标注,显示的是线的长度;在面上面标注,显示的是面的面积;在组件上标注,显示的是组件名字。另外,所有文字标注拉出来都可以自定义标注内容。打开素材库中的"12 中式灯柱.skp"文件,如图 2.125 所示。

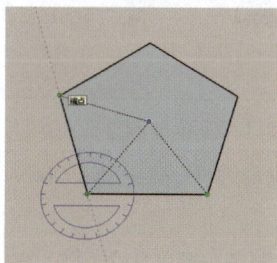

图 2.124　创建辅助线

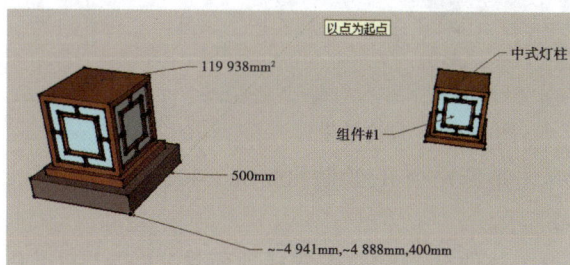

图 2.125　各种文字标注

5)"轴"工具

"轴"工具可以用来移动坐标轴,更改绘图坐标轴。首先将光标移至绘图区中的某点作为新的原点,单击可建立原点,再从原点移开光标以设置红轴的方向,单击接受方向。从原点移开光标以设置绿轴的方向,单击接受方向,如图 2.126 所示。

6)三维文字工具

可以使用任何字体来绘制立体三维文字组件,如图 2.127 所示。

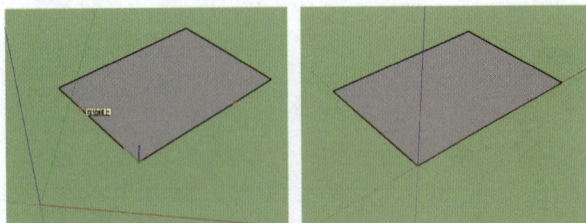

图2.126　更改轴

图2.127　三维文字

实例5 标识牌

实例4　标识牌

标识牌最终完成效果如图2.128所示。

①打开"窗口"→"模型信息"→"单位",调整格式为十进制,单位为mm,精确度为0 mm,如图2.129所示。

图2.128　最终效果

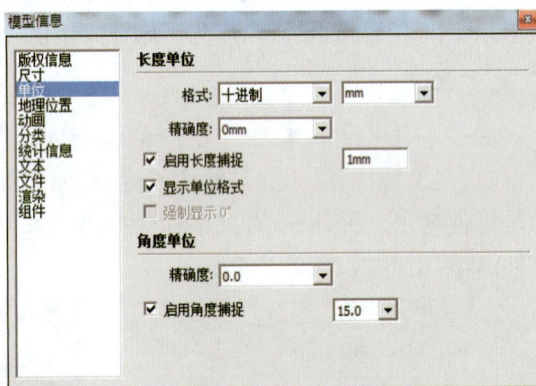

图2.129　单位调整

②单击矩形命令R,绘制600 mm,400 mm的矩形。单击推拉命令P,向上推拉600 mm,如图2.130所示。

③单击拉伸命令S,双击选择顶面,按住Ctrl键以几何中心做缩放,缩放0.70倍。填充自然石材材质。在材质编辑选项卡中调整石材纹理的大小,使材质大小适中,创建为组件,如图2.131、图2.132所示。

④使用卷尺工具T,在顶面拉出如图2.133所示尺寸的辅助线。

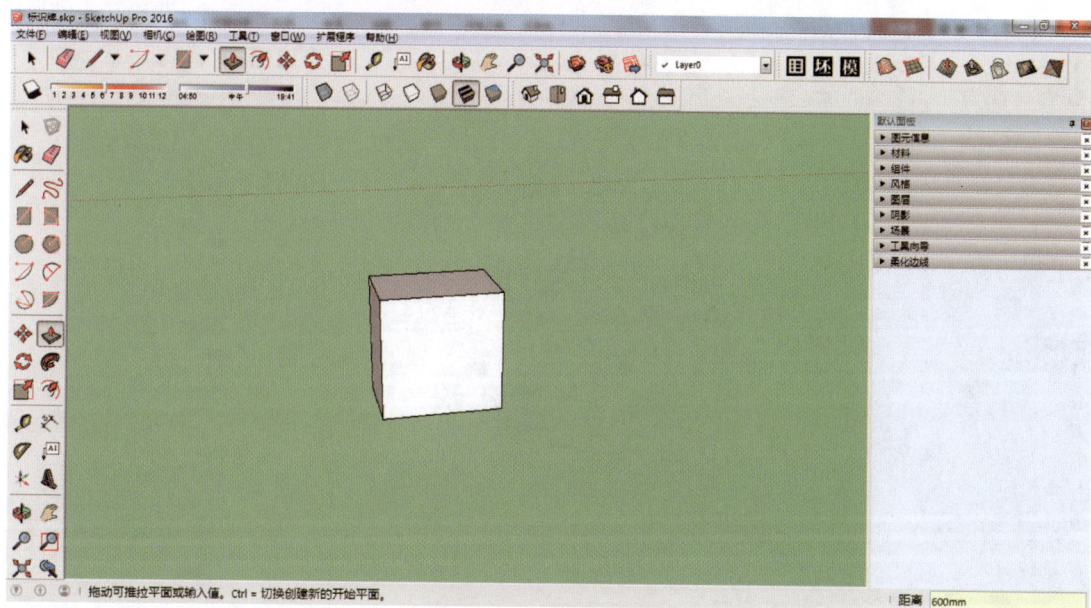

图2.130　绘制长方体

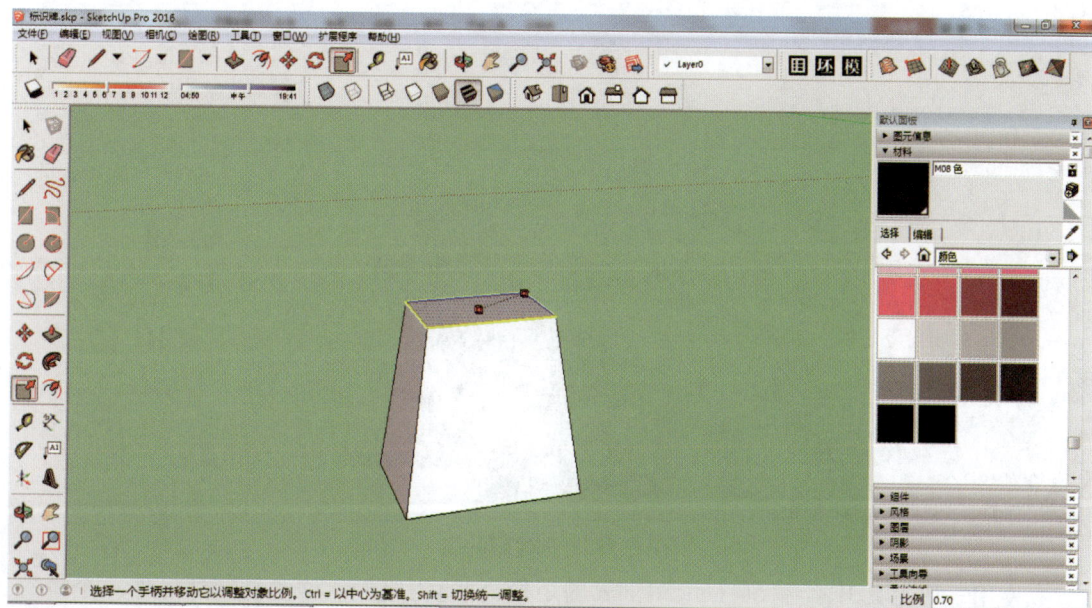

图2.131　顶面缩放

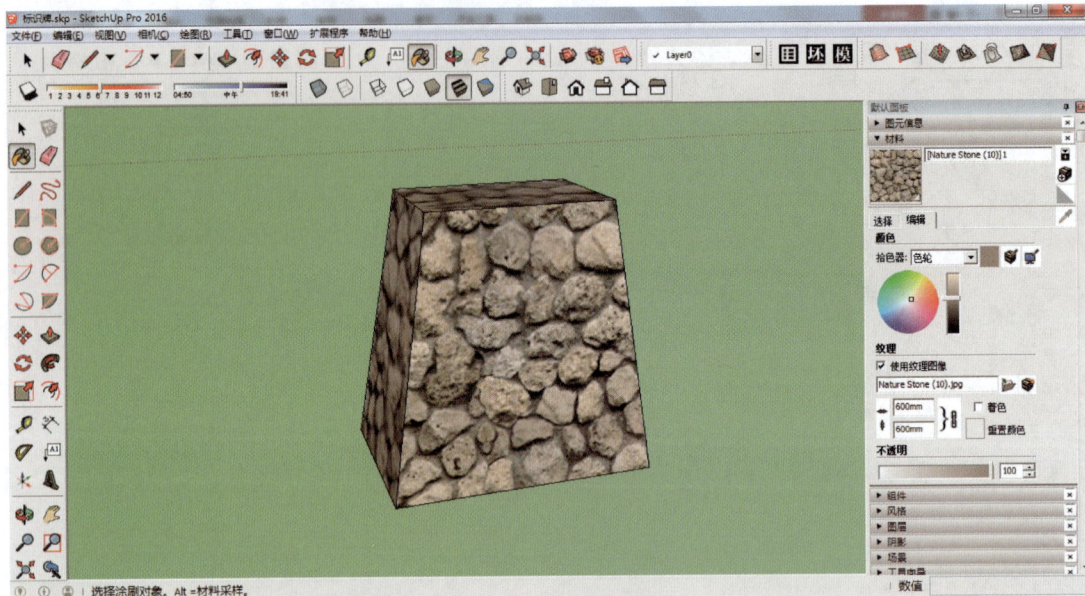

图 2.132　填充材质

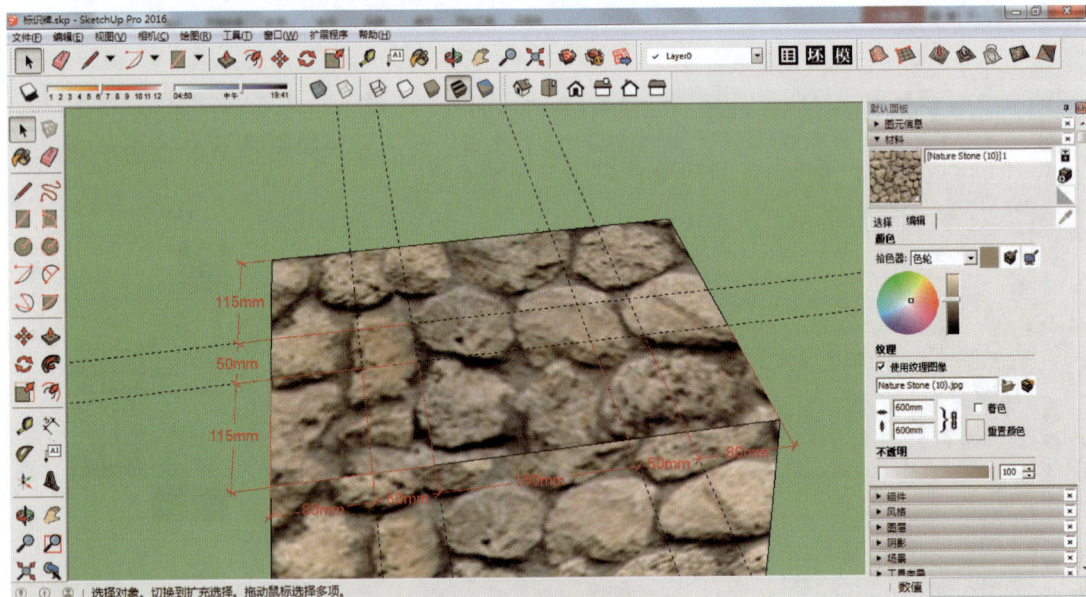

图 2.133　创建辅助线

　　⑤使用矩形工具 R,绘制 50 mm,50 mm 的矩形,创建为组件。移动复制到另外一个位置,在组件内推高 1 000 mm,然后填充木质纹材质,退出组件编辑,如图 2.134 所示。

　　⑥使用卷尺工具 T,在立面上作出如图 2.135 所示尺寸的辅助线。

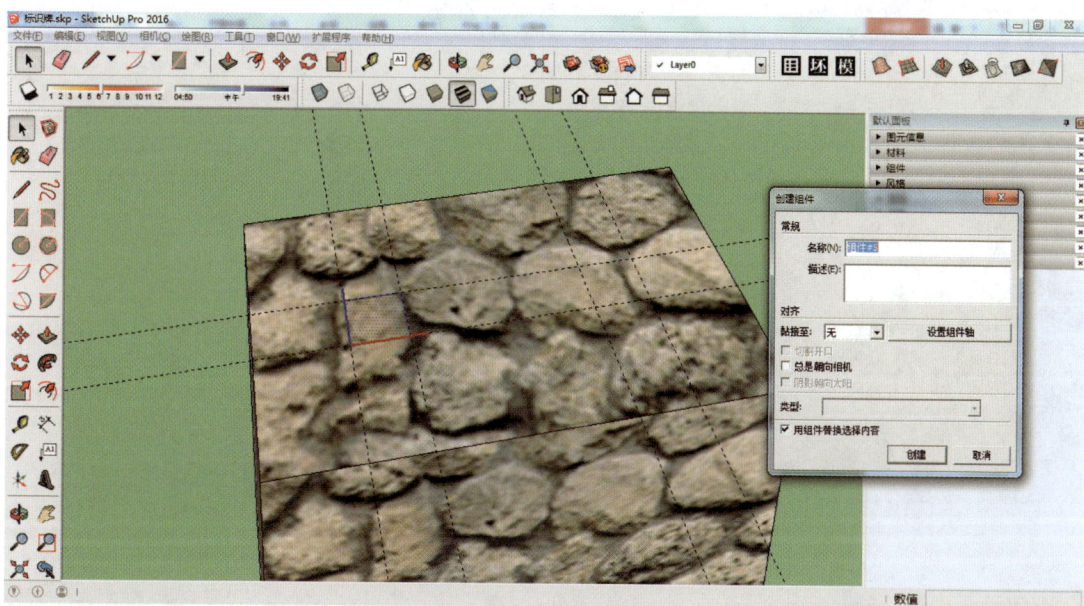

图2.134 绘制矩形

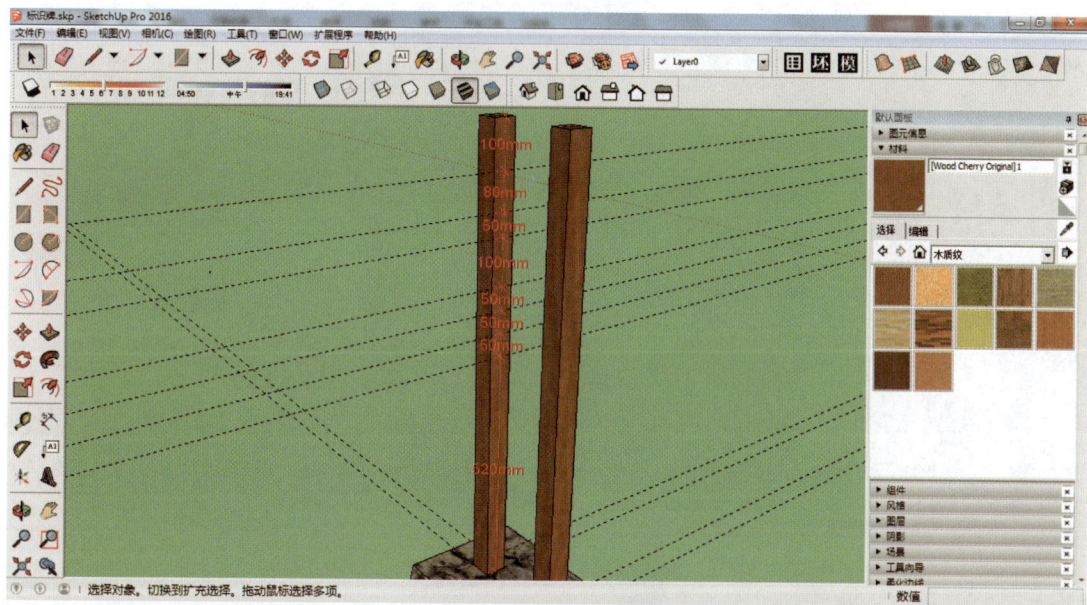

图2.135 组件内编辑

⑦使用矩形工具R,按照辅助线绘制的矩形创建为组件。移动复制到另外一个位置,在组件内推拉160 mm,退出组件编辑,如图2.136、图2.137所示。

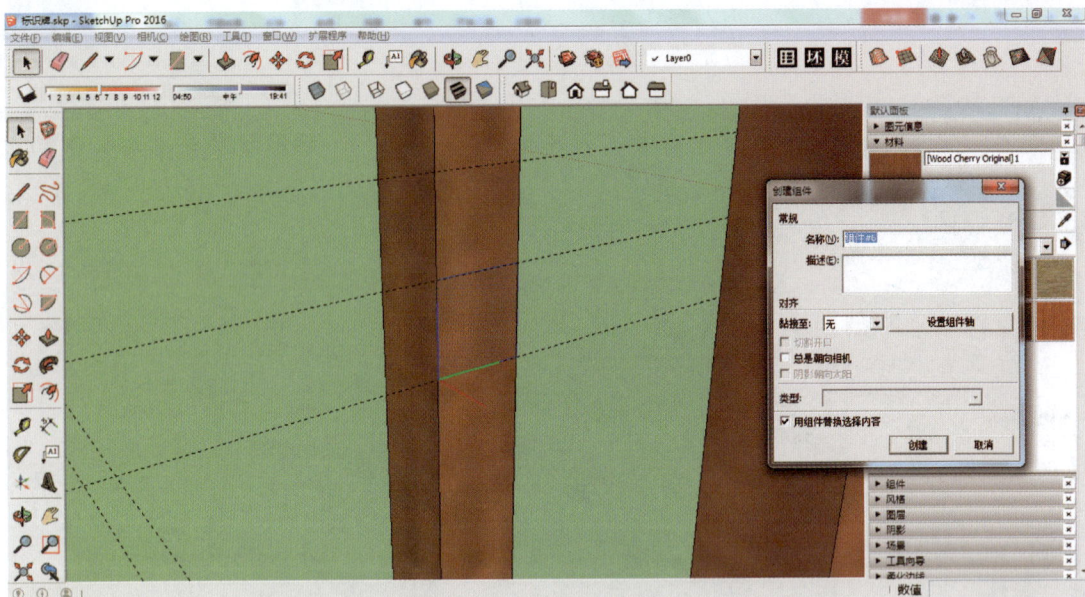

图2.136　绘制矩形

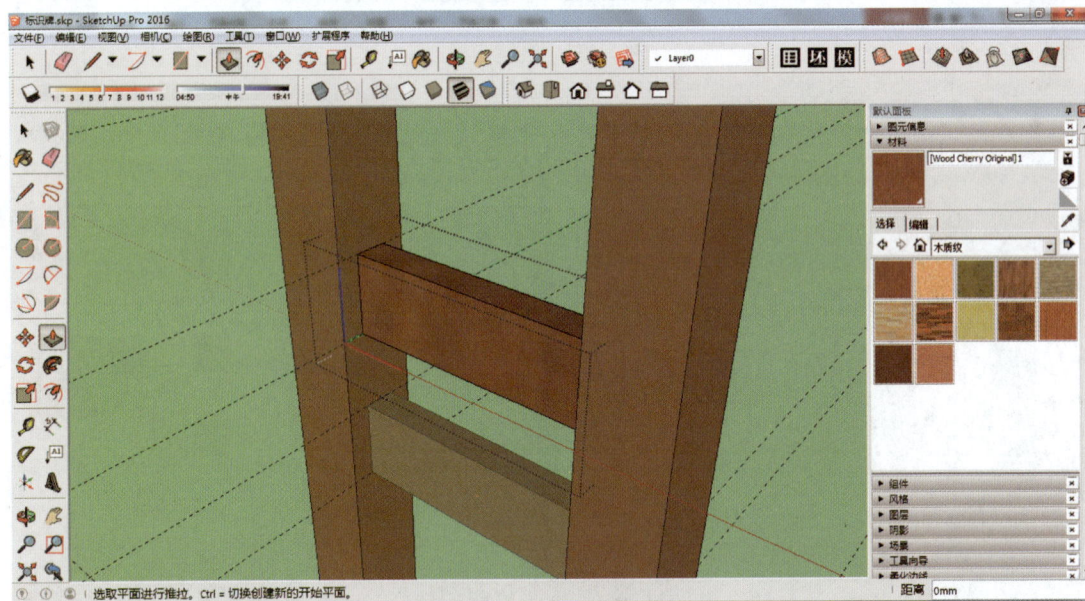

图2.137　组件内编辑

⑧重复上一个步骤,制作如图2.138所示尺寸的细节。

⑨重复上一个步骤,制作如图2.139所示尺寸的细节。

⑩切换到右视图,单击直线命令L,在立面上绘制如图2.140所示尺寸的线条,再在平面上绘制30 mm,5 mm的矩形。使用路径跟随命令,制作出铁件,填充金属材质。使用移动复制命令将2个铁件放好位置,如图2.140—图2.143所示。

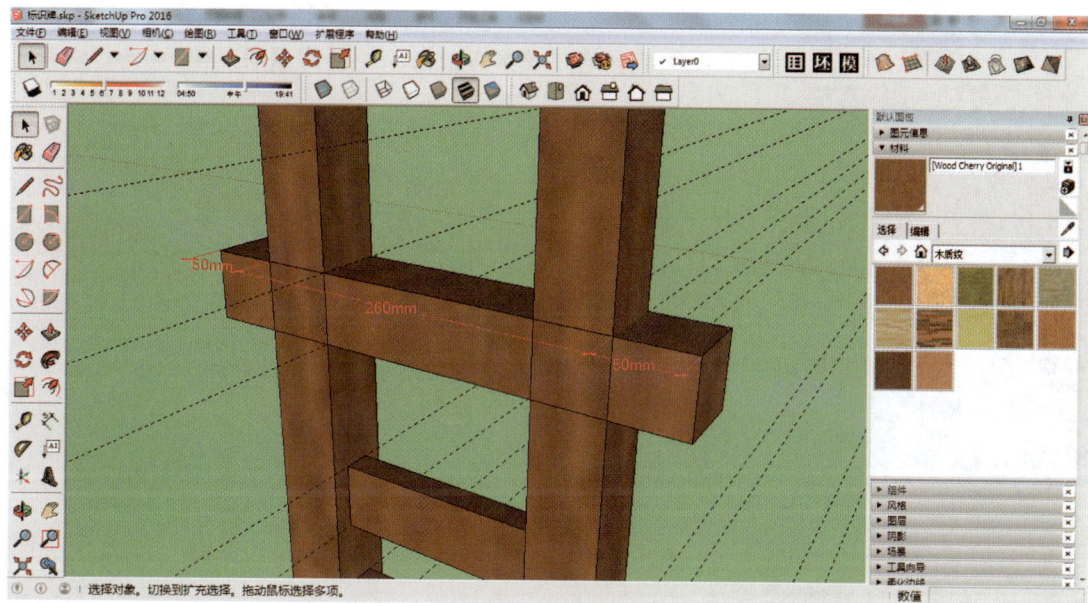

图 2.138   细节绘制

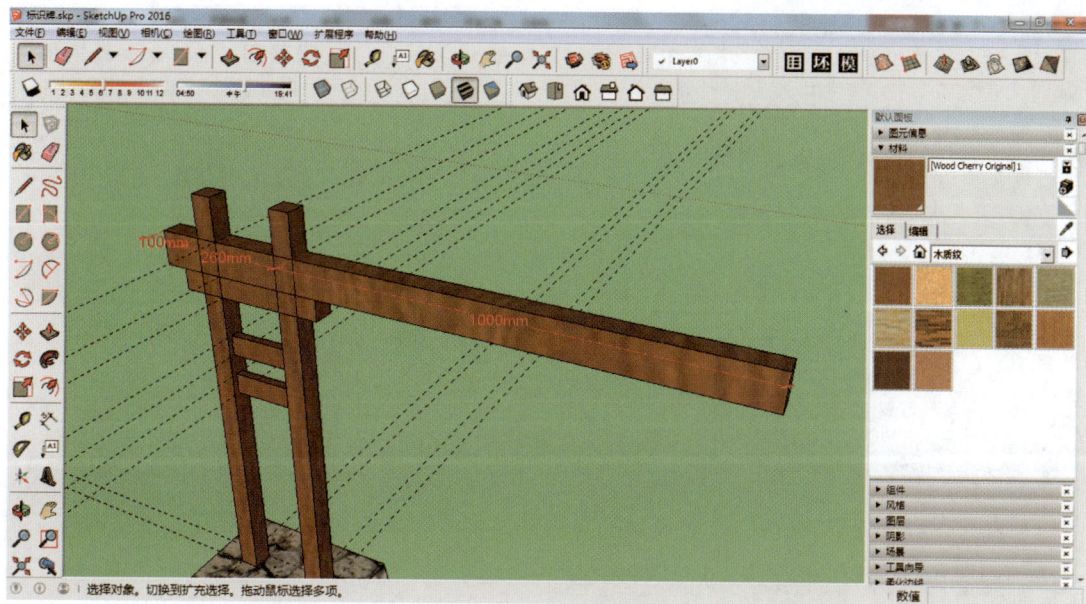

图 2.139   细节绘制

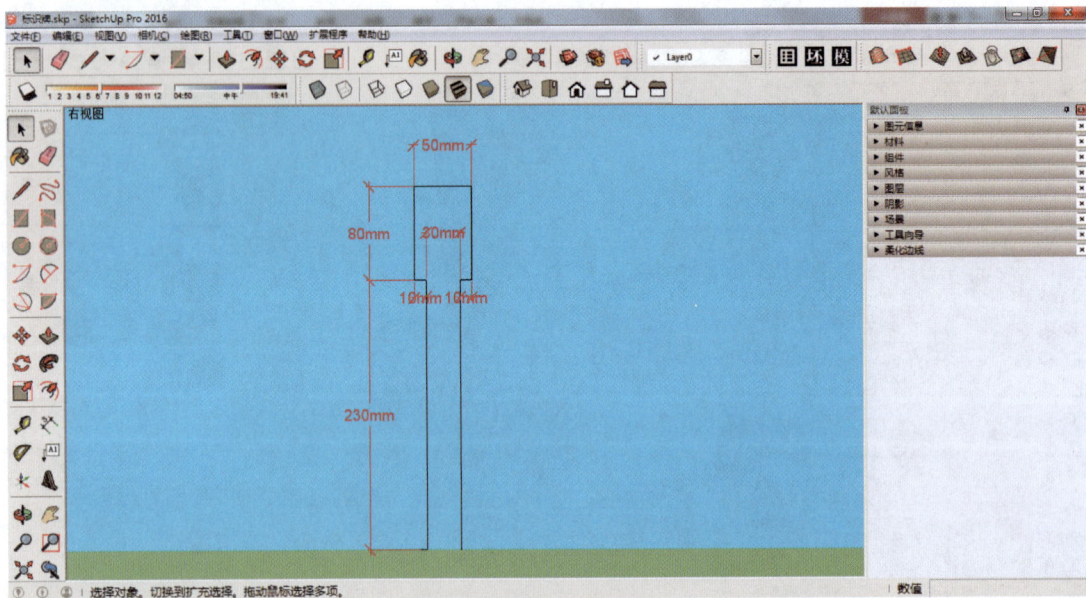

图2.140　立面绘制对象

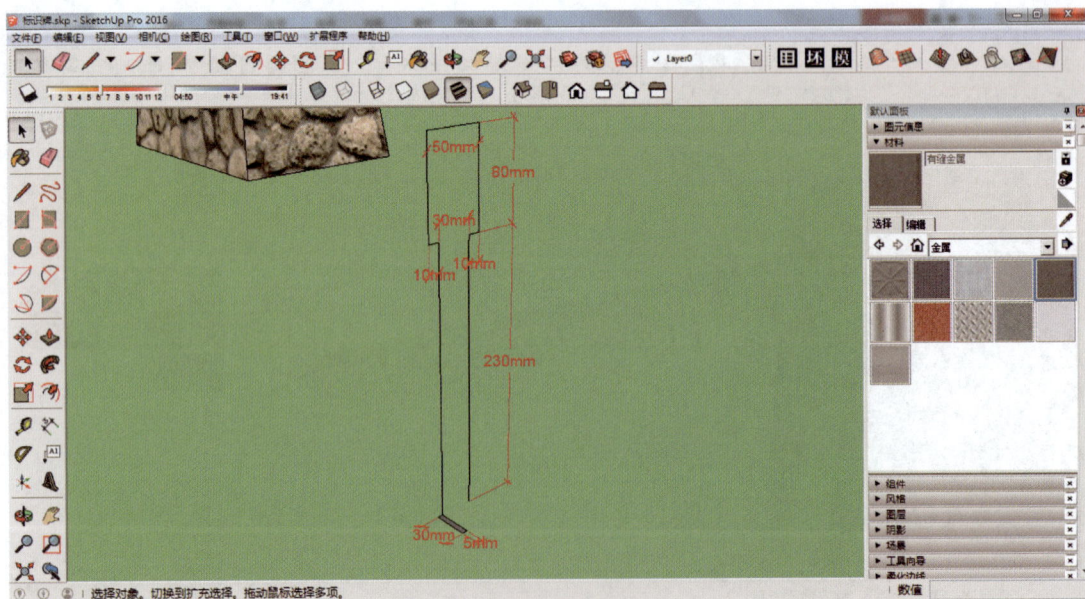

图2.141　绘制矩形

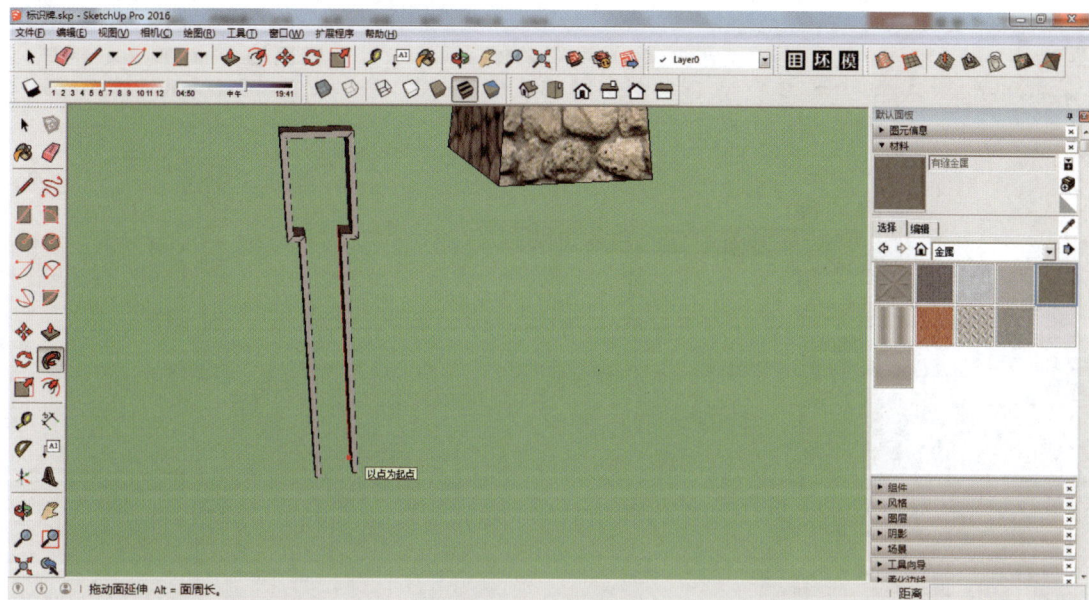

图2.142　路径跟随

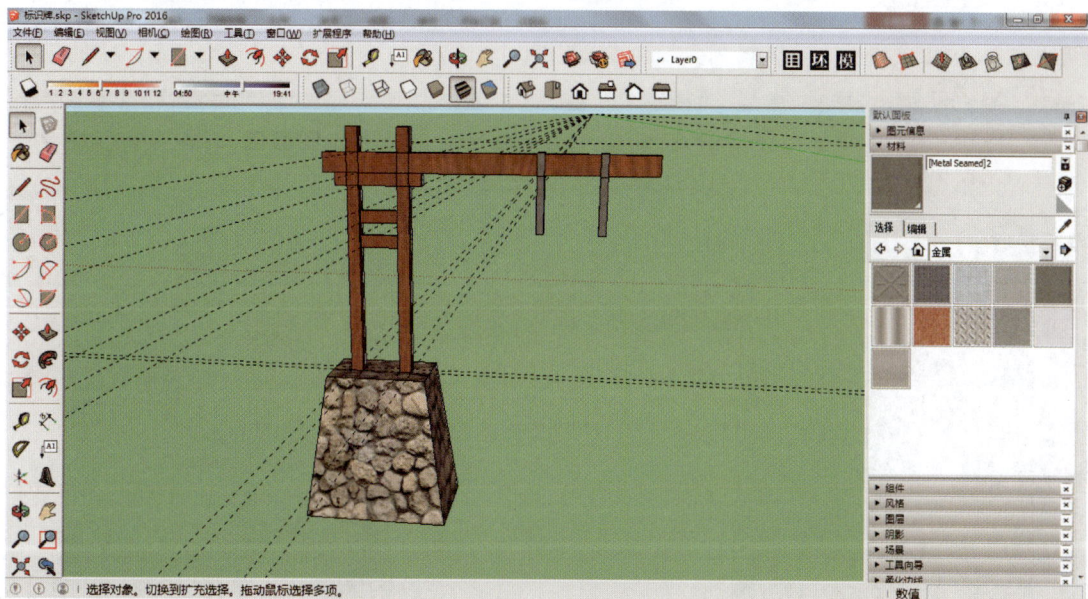

图2.143　移动复制

⑪使用矩形命令 R,在立面上绘制550 mm,400 mm 的矩形,创建为组件,推拉使组件厚度和铁件空隙一样。在角点绘制半径为50 mm 的圆,删掉旁边多余的线条,使用移动复制、拉伸命令,制作出弧形放置于4个角,向后推拉出倒角,填充白色金属材质,如图2.144—图2.147 所示。

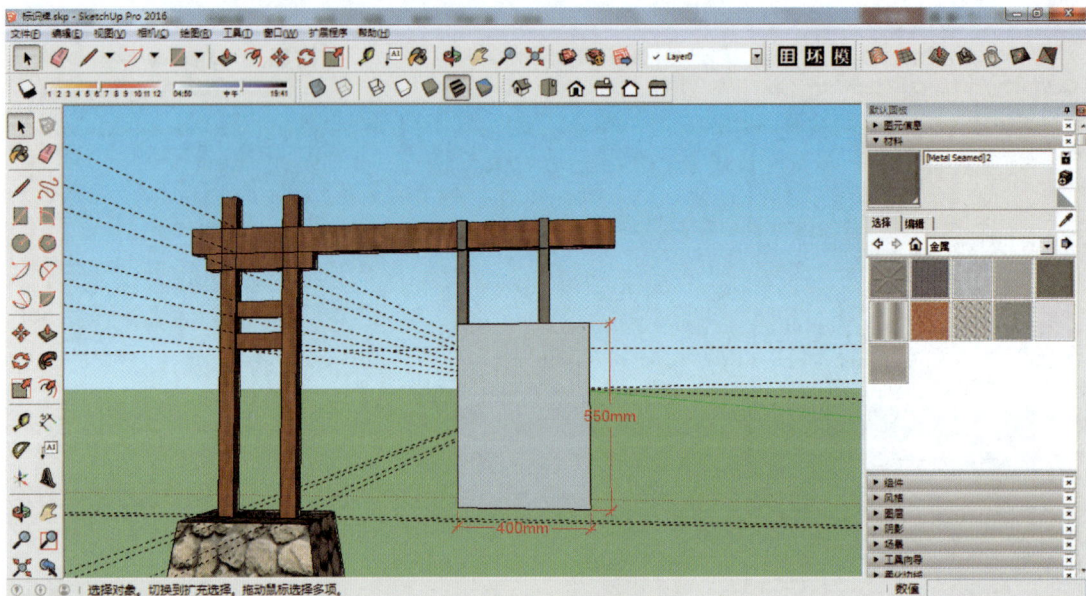

图2.144　绘制矩形

图2.145　绘制倒角圆

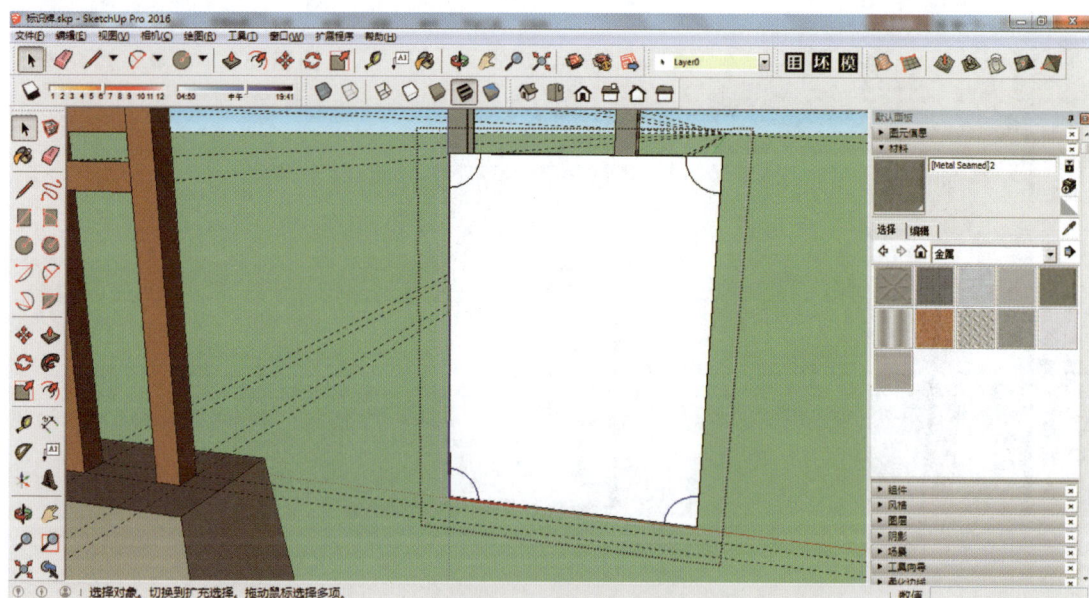

图2.146　移动复制

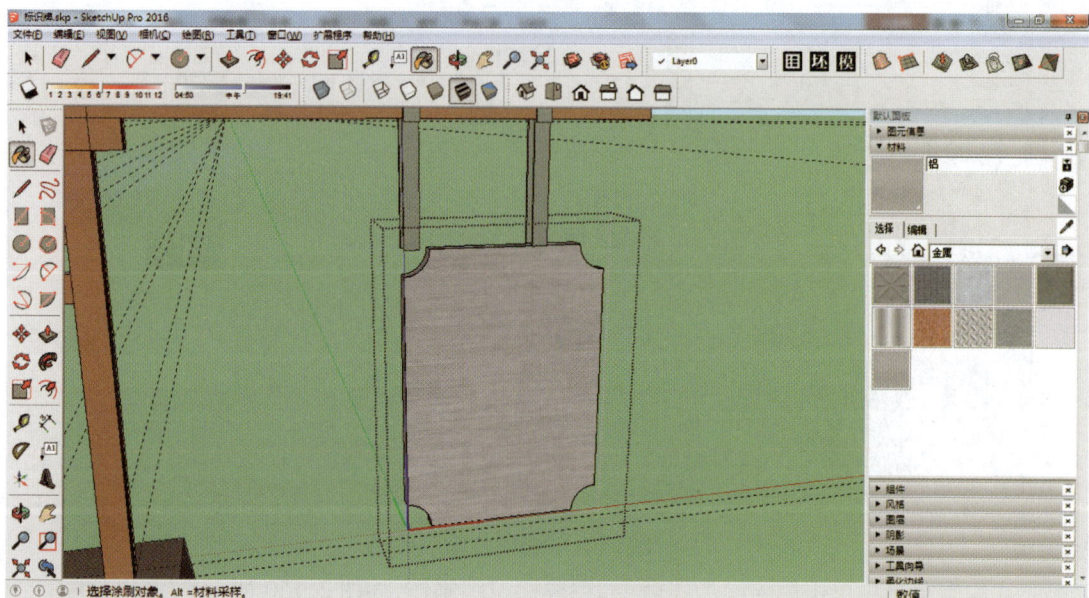

图2.147　推空、填充材质

⑫将金属板放置好位置,使用三维文字工具,参数如图所示,放置在面板之上,如图2.148、图2.149所示。

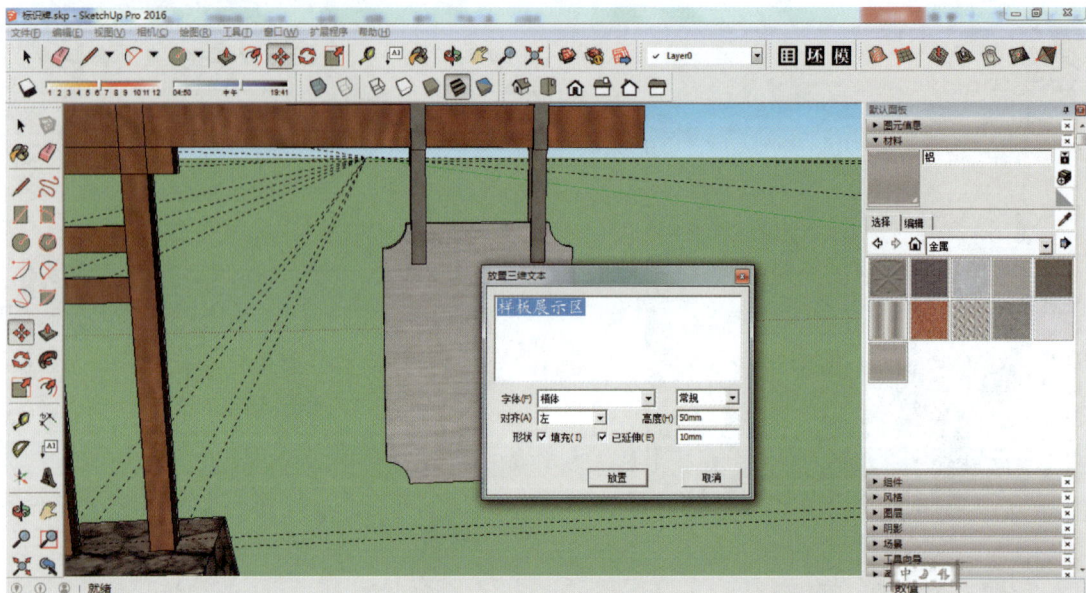

图2.148　添加三维文字

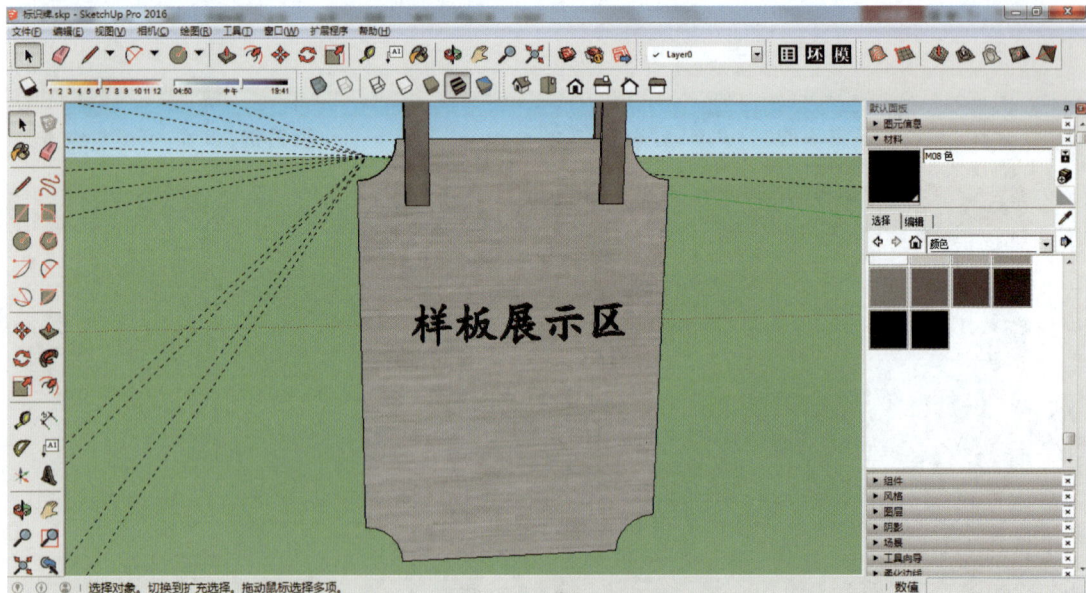

图2.149　放置位置

⑬在编辑菜单中单击删除参考线命令,完成标识牌制作,如图2.150所示。

⑭最终效果如图2.151所示。

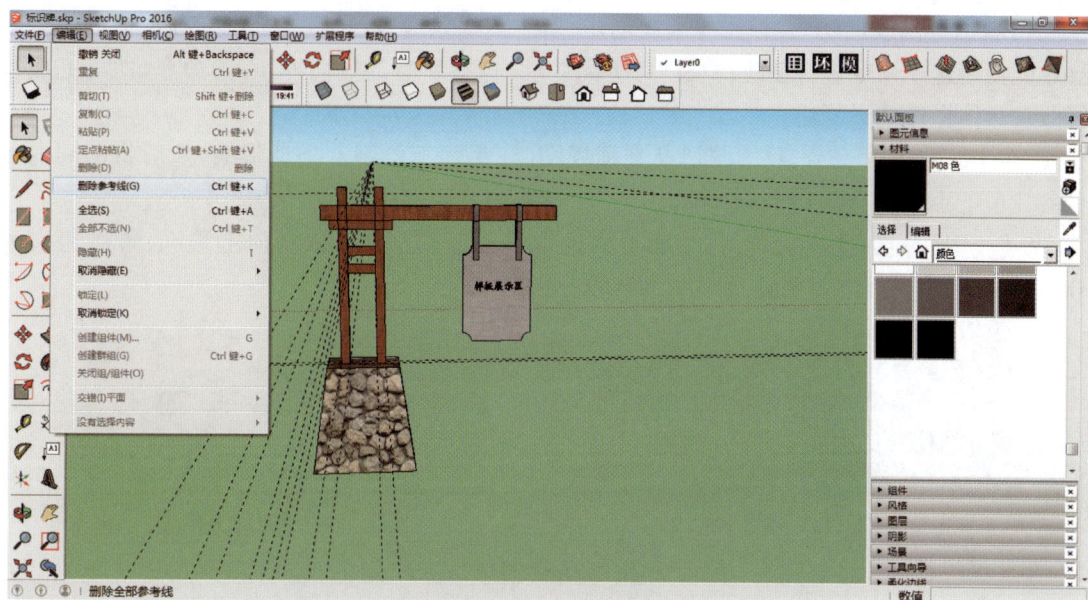

图2.150　删除参考线

图2.151　最终效果

2.3.5　沙盒工具栏

　　沙盒工具栏用来创建场景地形,包含7个命令,其中包括创建地形的两种方法命令,即"根据等高线创建"和"根据网格创建"。另外3个命令"曲面起伏""添加细部"和"对调角线"则是对于地形的调整。还有2个命令"曲面平整""曲面投射"则可以将其他物体与地形相结合,沙盒工具栏如图2.152所示。

图2.152　沙盒工具栏

（1）根据等高线创建　"根据等高线创建"有一前提条件,就是需要具有高程数值的闭合曲线,才能使用这个命令进行创建。在已有等高线后,选择所有的等高线,点击命令,即可完成地形创建,具体操作如下所述。

①单击"手绘线"命令,将视图切换到顶视图,在平面上绘制 4 条地形线,然后将中间的面删掉,只留下手绘线,如图 2.153 所示。

②将视图切换到透视视角,将平面上的地形线沿蓝轴(z 轴)依次向上移动,等高距设为5 000 mm。则等高线创建完成,如图 2.154 所示。

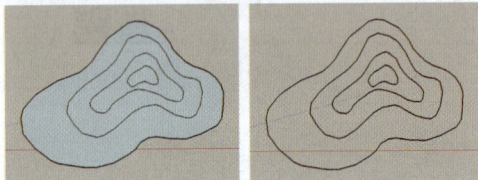

图 2.153　创建手绘线　　　　　　　图 2.154　竖直向上移动

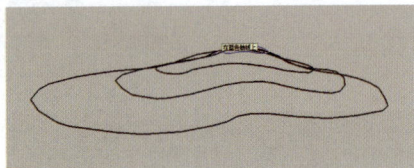

③选择所有的 4 条等高线,单击"根据等高线创建"命令,则生成如下效果的地形场景。另外新生成的地形是一个单独的组,原有的等高线不变,如图 2.155 所示。

（2）根据网格创建　"根据网格创建"需要和"曲面起伏"一起使用,才能创建出地形场景。在创建网格时,可以调整栅格和整体的大小,同时创建出来的网格是一个组,网格的具体操作如下所述。

单击"根据网格创建"命令,在右下角的数值输入栏中输入栅格间距大小,默认数值是3 000 mm。在平面上首先沿红轴拉出网格的一条边线,也可以在数值输入栏中输入精确数值,然后沿绿轴拉出网格的另一条边线。单击完成网格创建,创建出来的网格为一个组,如图2.156所示。

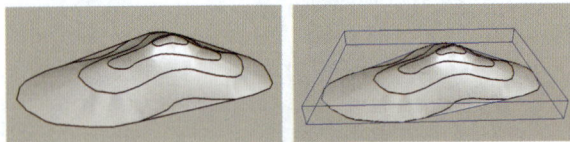

图 2.155　创建地形　　　　　　　　图 2.156　创建网格

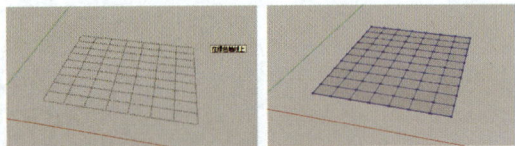

（3）曲面起伏　"曲面起伏"命令是针对网格来拉伸地形,具体操作如下所述。

双击进入网格的组中进行编辑,单击曲面起伏命令,将出现一个红色的圆圈,意味着红色圆圈中的点都会受到拉伸影响,越靠近圆心,影响越大。可以在右下角的数值输入栏中输入数值调整圆圈大小,如图 2.157 所示。

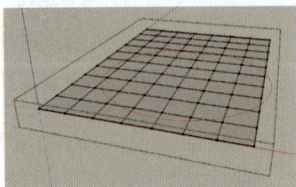

图 2.157　曲面起伏命令　　　　　　图 2.158　拉出高低地形

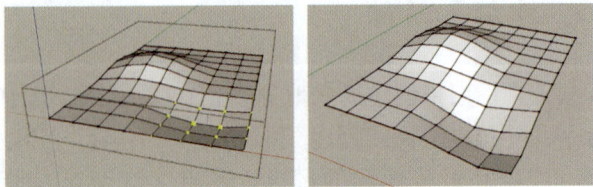

在网格上任意位置进行地形拉伸。向上拉出山地,向下拉出洼地,也可以在右下角的数值输入栏中输入数值进行精确拉伸。地形拉伸完成后,退出组编辑,如图 2.158 所示。

（4）添加细部　"添加细部"工具用来在地形的平面、边线或网格的顶点添加细节,如图 2.159 所示。

（5）对调角线　"对调角线"命令用来调整网格上的边线,如图 2.160 所示。

（6）曲面平整　打开素材库中的"14 地形平整.skp"文件,其中有地形场地和一个建筑组件,如需要将建筑放置在地形之上,则需要用到"曲面平整"命令。单击沙盒工具栏中的"曲面平整"按钮,然后单击选中建筑组件,则建筑底面周边会出现一个红色矩形,这个矩形表示影响地形的范围,可以在数值输入栏中精确输入数据,如图 2.161 所示。

随后再单击地形场地组件,则出现一个可以拉伸的平台范围,即为建筑底面的大小,周边地形影响的范围即为前述步骤中红线内的部分。拉伸平台范围,放置到合理位置,如图 2.162 所示。

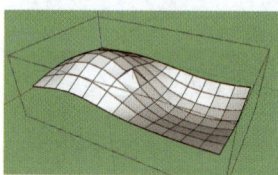

图 2.159　添加细部　　图 2.160　调整角线　　图 2.161　曲面平整范围　　图 2.162　平台范围

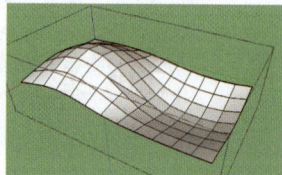

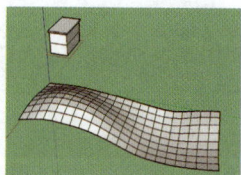

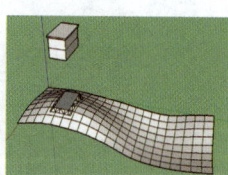

最后选择建筑组件,移动到平台上对齐即可,如图 2.163 所示。

（7）曲面投射　打开素材库中的"15 道路投射.skp"文件,其中有地形场地和一条园路,需要将园路投射到地形之上,则需要用到"曲面投射"命令。首先选择地形组件,右键选择"柔化/平滑曲线"命令,使地形组件中的边线被隐藏起来,如图 2.164 所示。

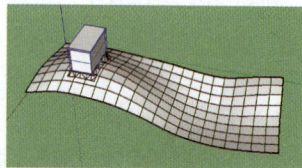

单击沙盒工具栏中的"曲面投射"按钮,然后选中园路图元,如图 2.165 所示。

图 2.163　移动位置

随后单击地形场景,则园路会附着到地形之上,如图 2.166 所示。

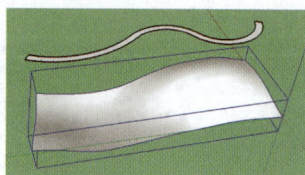

图 2.164　打开模型　　图 2.165　选中园路图元　　图 2.166　投射到地形

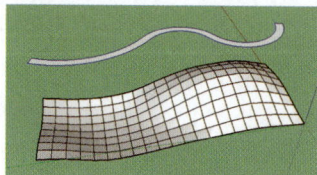

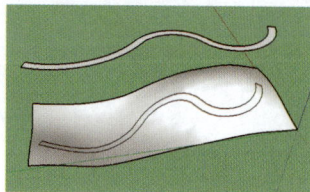

2.3.6　截面工具栏

截面工具栏主要用来生成模型立面、剖面,以观察模型内部结构细节。截面工具栏中主要包括"剖切面""显示剖切面""显示剖面切割"3 个工具命令,如图 2.167 所示。

图 2.167　截面工具栏

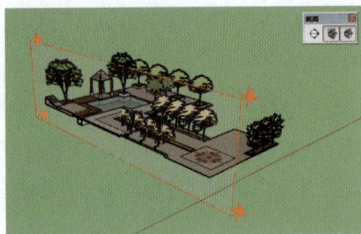

图2.168　剖切面

（1）剖切面　单击"剖切面"工具，会出现一个带有4个箭头的透明面，箭头表示截面视线方向，在模型中任意单击确定剖切面的位置，生成剖面图。然后选择剖切面，可以用"移动"工具移动剖切面，调整剖切位置。然后在相机菜单栏中将镜头调整为"平行投影"，在视图工具中切换到前（后、左、右）视图，即为剖面图，如图2.168、图2.169所示。

（2）显示剖切面　打开命令，显示剖切面矩形框，关闭此命令，隐藏剖切面矩形框，如图2.170所示。

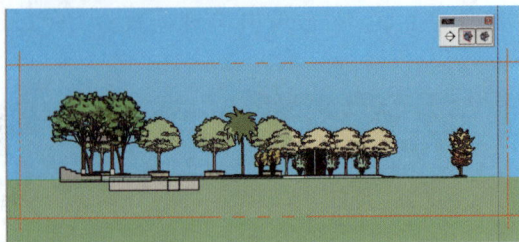

图2.169　立面图视角

图2.170　隐藏剖切面

（3）显示剖面切割　打开此命令，剖面切割位置线条变粗，关闭此命令，剖面切割位置线条变细，如图2.171所示。

（a）

（b）

图2.171　打开（a）、关闭（b）剖面切割

群组与组件

2.3.7　群组与组件

在SketchUp 2016中，群组与组件之间既有相同的地方也有不同的特点，相同点如下：

①群组与组件都是一个整体对象集合，能够方便对象的选择；

②群组与组件都可以用来组合模型中的对象物体，可以减少模型中物体的数量；

③群组与组件都可以相互嵌套，即群组内可以套小群组、组件，组件内也可以套小群组、组件；

④群组与组件都可以进入内部编辑，也可以把群组与组件分解、锁定。

群组与组件之间的不同点主要在于群组仅仅是一个整体集合，而组件有一个重要的特点——关联性，即同一组件如果编辑一个，所有的都发生同样的变化。

1）群组

（1）创建群组　创建群组没有快捷命令,需要选择物体对象,然后单击鼠标右键,在菜单中选择创建群组命令。也可以选择物体对象后,单击菜单栏中的"编辑"→"创建群组"命令,如图2.172所示。

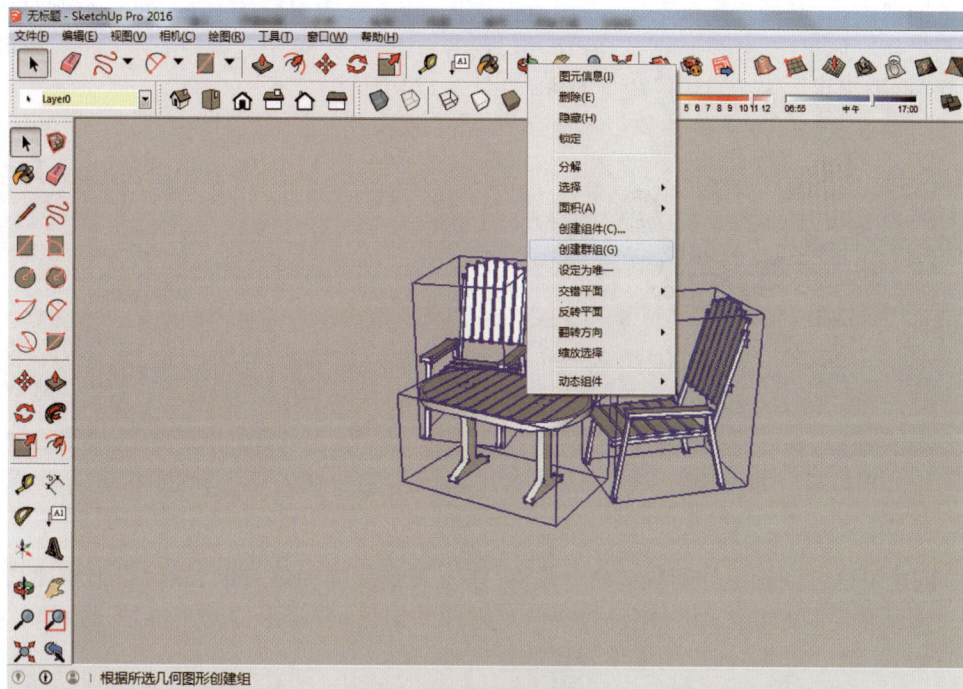

（a）右键菜单创建群组

（b）编辑菜单中创建群组

图2.172　右键（a）、编辑菜单（b）创建群组

（2）编辑群组　　创建好的群组可以双击群组,进入群组内部进行编辑。这时,群组四周会有一个虚线范围,范围之外的对象物体是虚显的状态,不会被选中。如果编辑完成,则单击群组虚线范围之外,则可以退出群组编辑,如图2.173所示。

（3）锁定群组　　创建好的群组如果暂时不需要编辑时,可以将其锁定,为了避免在场景中进行其他的误操作,已经锁定的群组,当用户再次选择时,群组会变为红色,同时不能对该群组进行编辑操作。如果需要解锁,则选择该群组,点击右键,在菜单中选择"解锁"命令,或者在菜单中选择"取消锁定"→"选定项"命令即可,如图2.174所示。

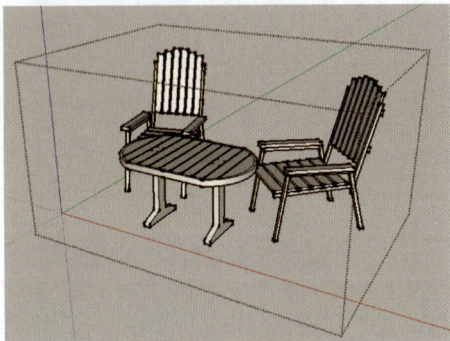

图2.173　编辑群组

图2.174　锁定群组

2）组件

（1）创建组件　　创建组件的快捷命令是G,首先需要选择物体对象,然后点击快捷命令G,弹出一个对话框,可以自定义组件名称,添加对组件的描述,设定组件的坐标轴,也可以设置组件的位置模式,最后需要勾选"用组件替换选择内容"项。

另外创建组件和创建群组的方法相同,也在右键创建组件,或者在菜单栏中的"编辑"选项下面创建组件,如图2.175所示。

（2）编辑组件　　创建好的组件可以双击组件,进入组件内部进行编辑,这时,组件四周会有一个虚线范围,范围之外的对象物体是虚显的状态,不会被选中。如果编辑完成,则单击组件虚线范围之外,则可以退出组件编辑,如图2.176所示。

图2.175　创建组件

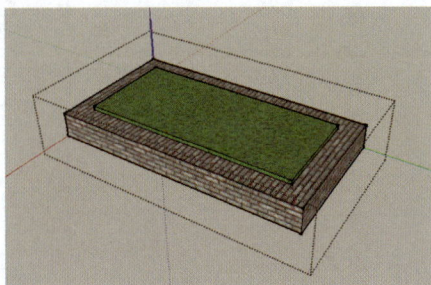

图2.176　编辑组件

当一个组件复制有多个时,进入其中一个进行编辑,其他的组件中也会重复相同的操作,即为同一组件之间的关联性,如图2.177、图2.178所示。

利用组件的关联性可以进行组件的快速编辑。如在下面的道路景观中,两侧人行道上设计有树池,需要栽种行道树,即可利用组件的关联性来操作。

打开素材库中的"16行道树.skp"模型,将乔木位置移动好,如图2.179所示。

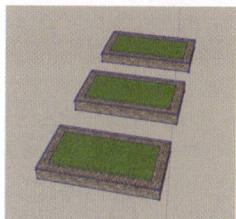
图2.177 3个相同组件

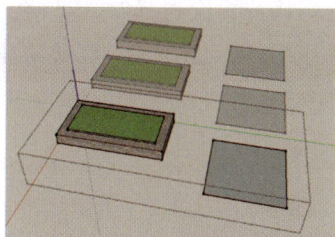
图2.178 相同组件关联性

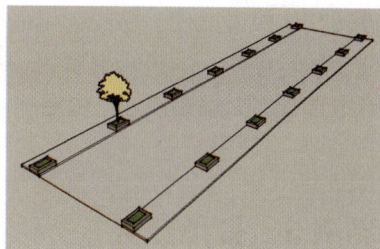
图2.179 移动植物位置

选择植物组件,点击 Ctrl + X 剪切的组合快捷键,然后进入对应的树池组件中,在菜单栏的编辑下拉菜单中,点击"定点粘贴",即可利用组件的关联性,在其他树池中进行同样的操作。然后在组件范围外单击,退出组件编辑,如图2.180、图2.181 所示。

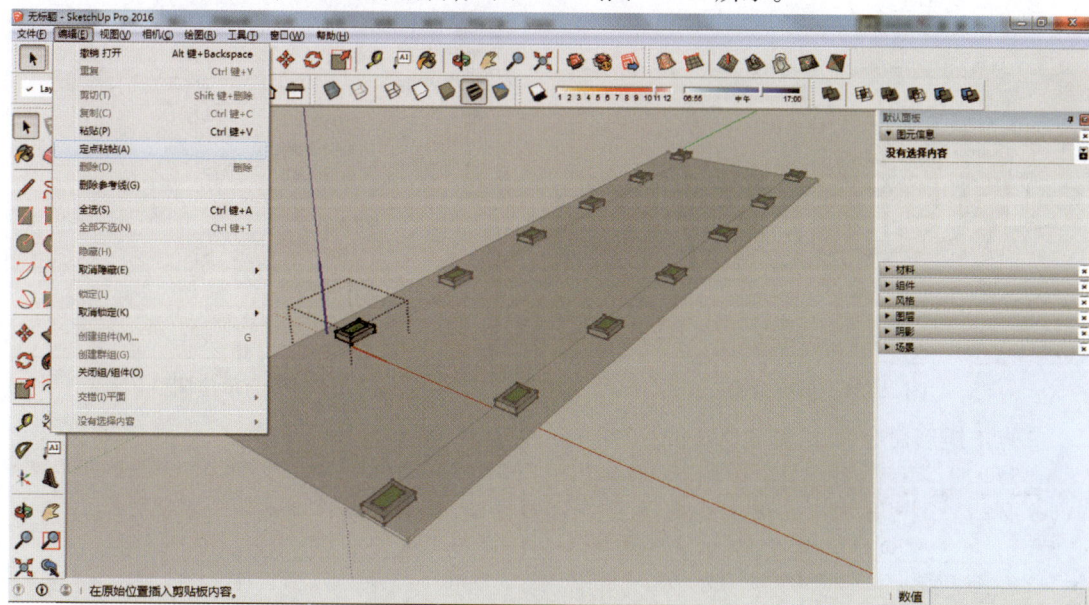
图2.180 剪切

行道树完成效果如图2.182 所示。

如果需要解除组件之间的关联性,可以选择其中一个组件,单击鼠标右键,在菜单中选择"设定为唯一"命令,即为解除了该组件的关联性,如此在相同组件内部进行编辑时,该组件不会有变动,如图2.183 所示。

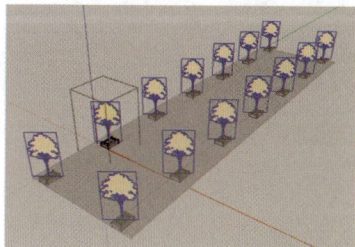
图2.181 组件内原位粘贴

图2.182 最终效果

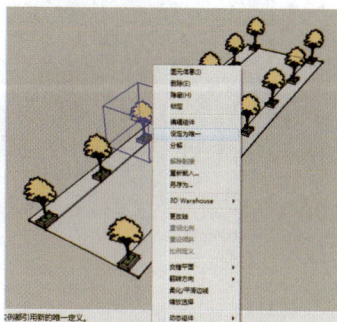
图2.183 最终效果

(3)锁定组件 创建好的组件如果暂时不需要编辑时,可以将其锁定,为了避免在场景中进行其他的误操作。已经锁定的组件,当用户再次选择时,组件会变为红色,同时不能对该组件进行编辑操作。如果需要解锁,则选择该组件,点击右键,在菜单中选择"解锁"命令,或者在菜单中选择"取消锁定"→"选定项"命令即可。

实例5　景墙组件

景墙组件最终完成效果如图2.184所示。

①打开"窗口"→"模型信息"→"单位",调整格式为十进制,单位为 mm,精确度为 0 mm,如图2.185所示。

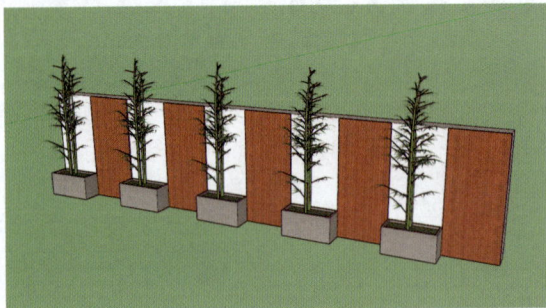

图2.184　最终效果

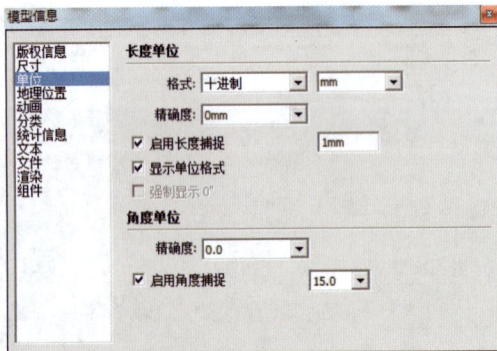

图2.185　单位调整

②点击矩形命令 R,绘制 8 000 mm,240 mm 的矩形,如图2.186所示。

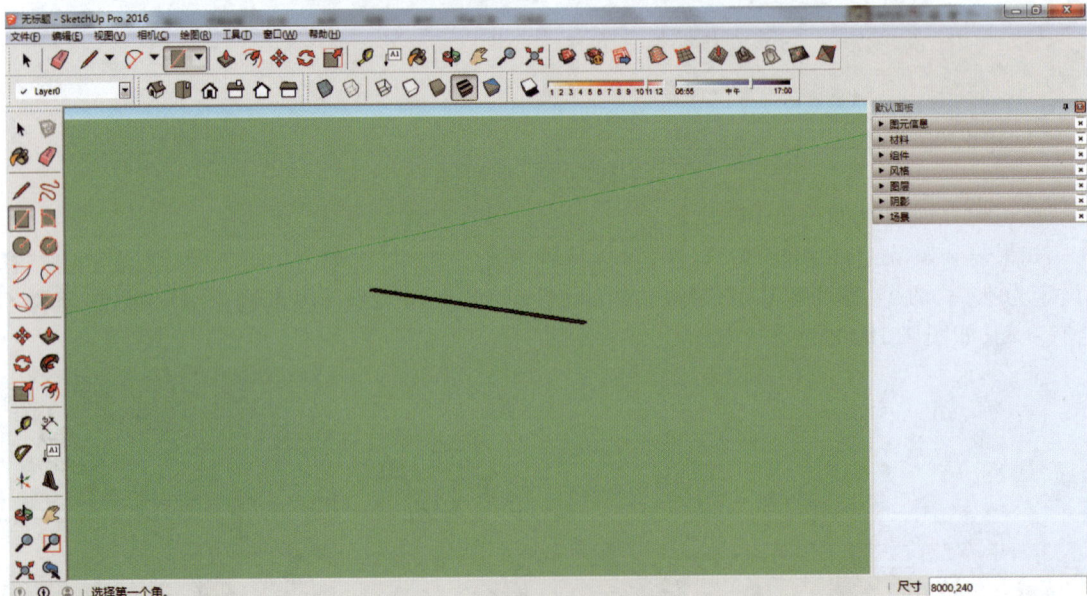

图2.186　绘制矩形

③点击推拉命令 P,向上推高 1 800 mm,制作墙体,如图2.187所示。

④选择一条竖向的边线,向右移动复制,距离 800 mm,输入 *10,如图2.188所示。

⑤双击选择面和线,单击制作组件的快捷命令 G,将对象创建成组件,如图2.189所示。

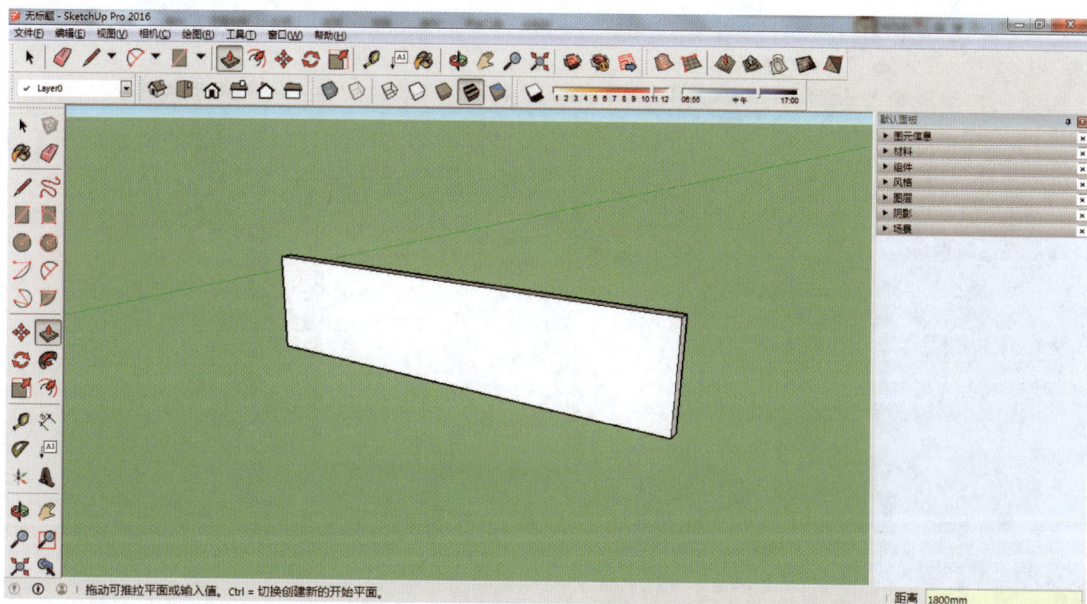

图2.187　推拉

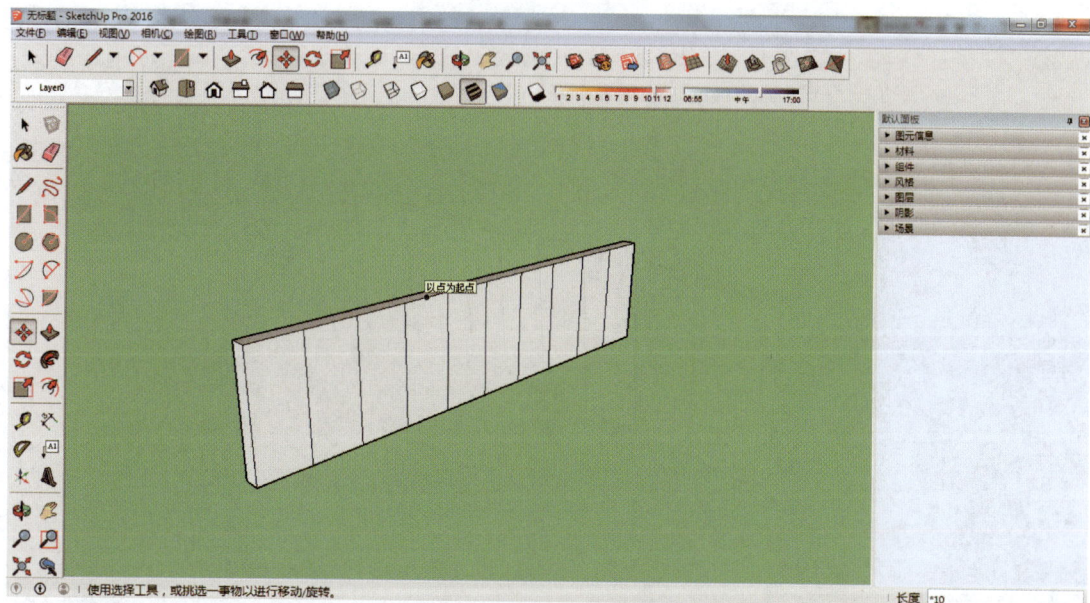

图2.188　移动复制、阵列

⑥选择已创建的组件,向右移动复制,距离为1 600 mm,输入"＊4",将位置移动好,如图2.190所示。

⑦双击组件,进入组件内编辑,使用材质B填充木质纹材质,然后用推拉命令P将面推高30 mm,然后在组件范围之外单击退出组件编辑,如图2.191所示。

⑧绘制容器组件。点击矩形命令R,绘制800 mm,350 mm的矩形。双击面,选择面和线,单击制作组件G,将对象创建为组件,如图2.192所示。

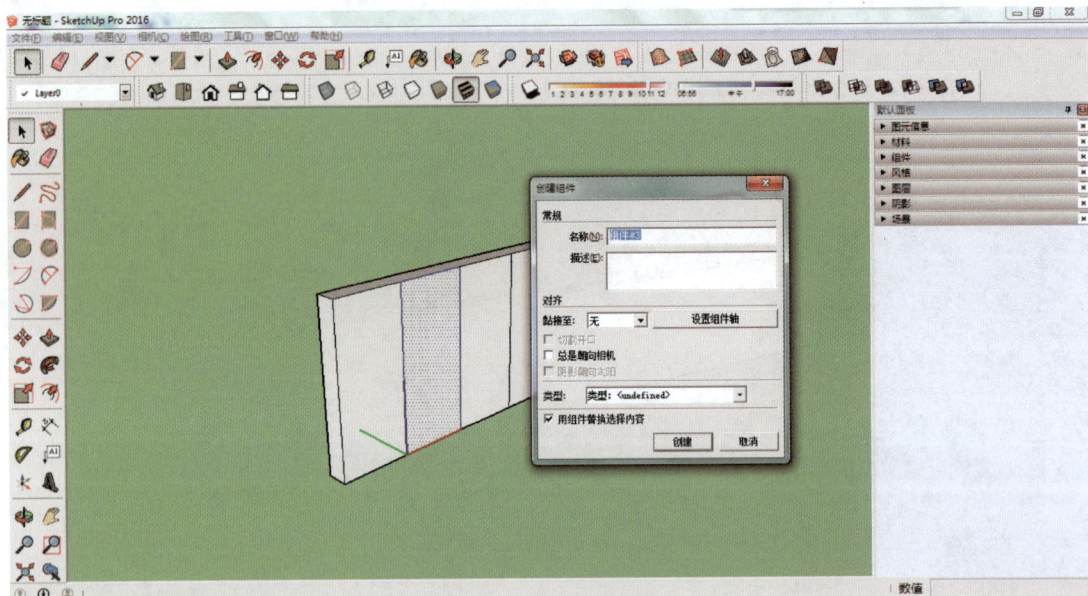

图 2.189   创建组件

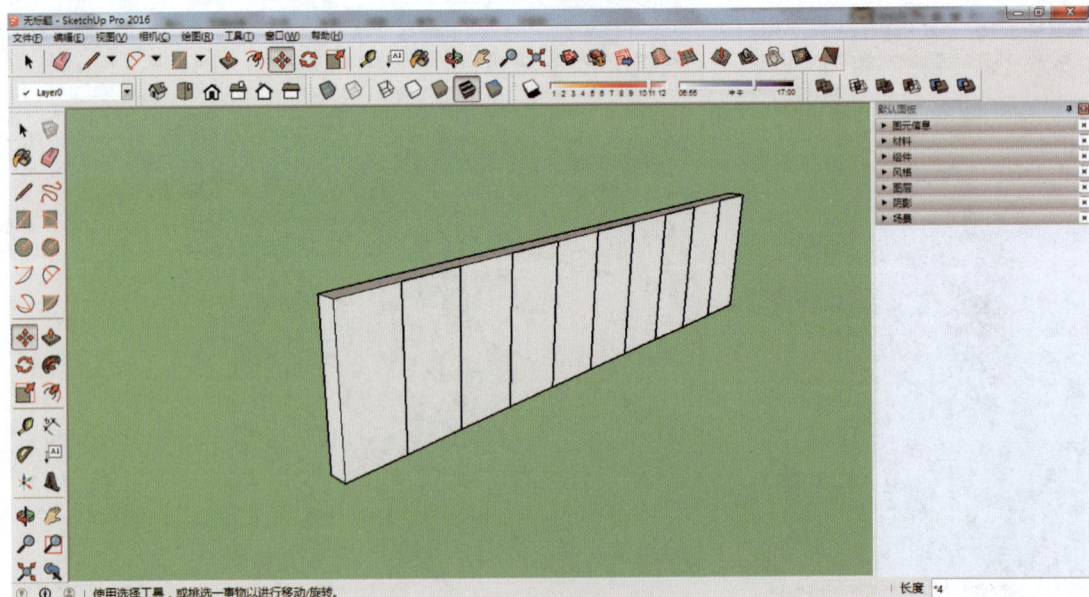

图 2.190   移动复制、阵列组件

⑨双击容器组件,进入组件进行编辑。使用推拉命令 P 推高 400 mm,如图 2.193 所示。

⑩使用偏移命令 F,将顶面偏移 30 mm,做出容器的厚度。然后使用推拉命令 P,将中间偏移的面向下推拉 30 mm,做出植物种植面,如图 2.194 所示。

⑪随后单击材质 G,选择"金属"材质中的"铝"材质,按住 Ctrl 键关联填充材质。然后选择"园林绿化、地被层和植被"材质中的"深绿草色"材质,单击中间的面进行填充,如图 2.195所示。

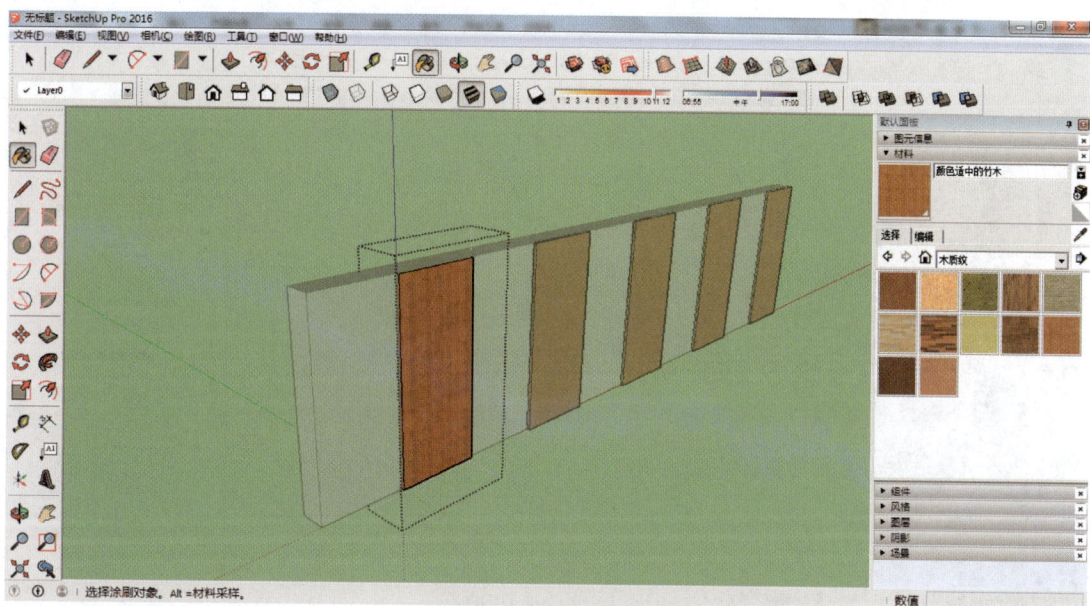

图2.191 组件内编辑

⑫在组件范围之外单击退出组件编辑,使用移动命令 M,捕捉点,进行点对点移动,和景墙对齐。然后继续使用移动命令 M,捕捉点,进行点对点移动,水平向右移动 1 600,再输入"*4",完成容器的移动复制,移动阵列,如图2.196、图2.197 所示。

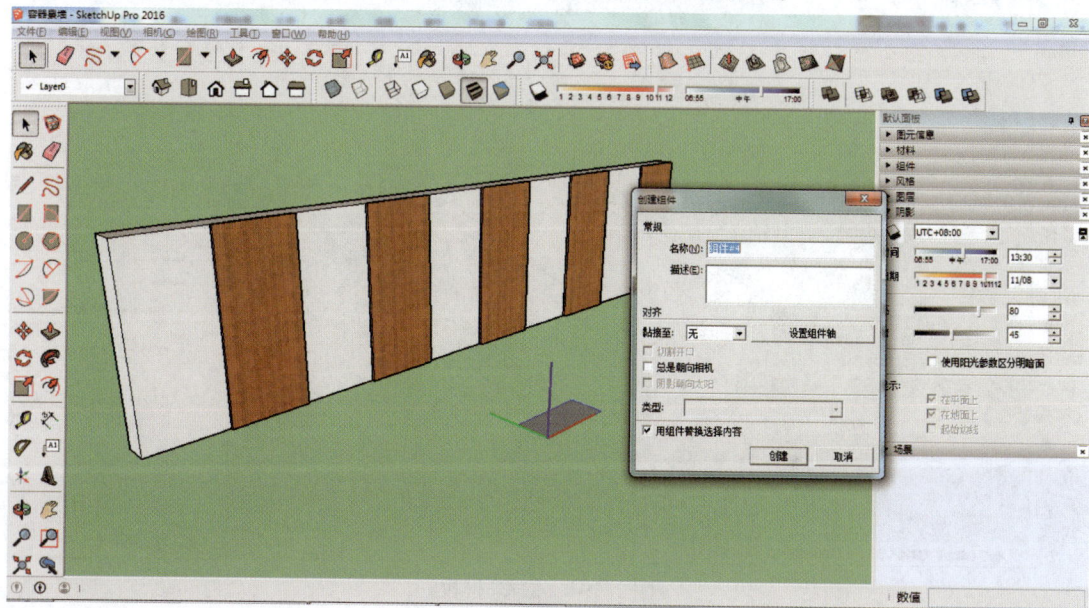

图2.192 创建矩形、设为组件

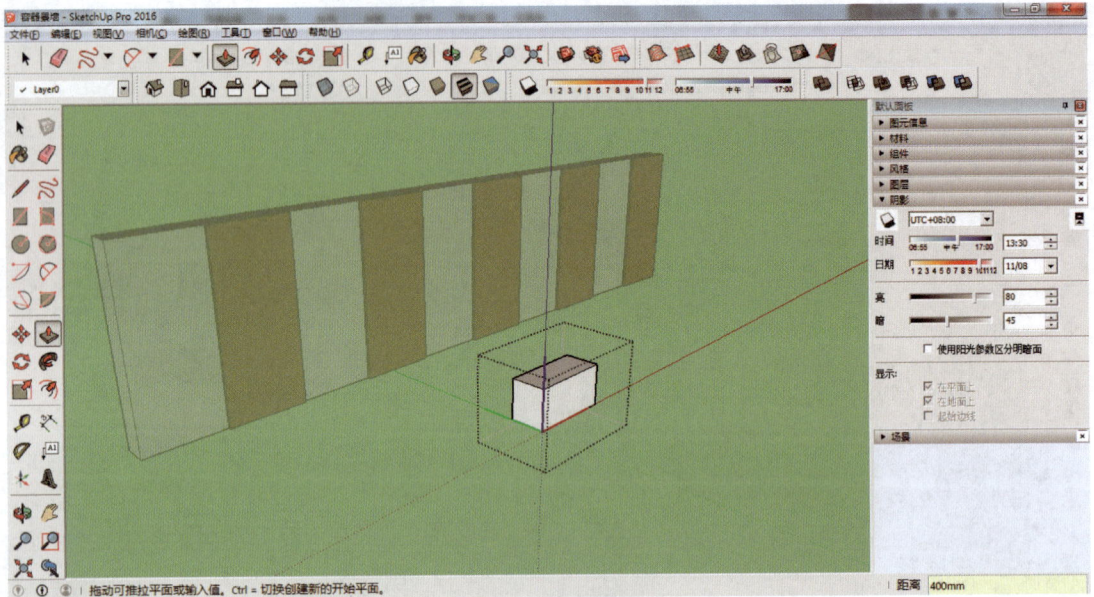

图 2.193　推拉

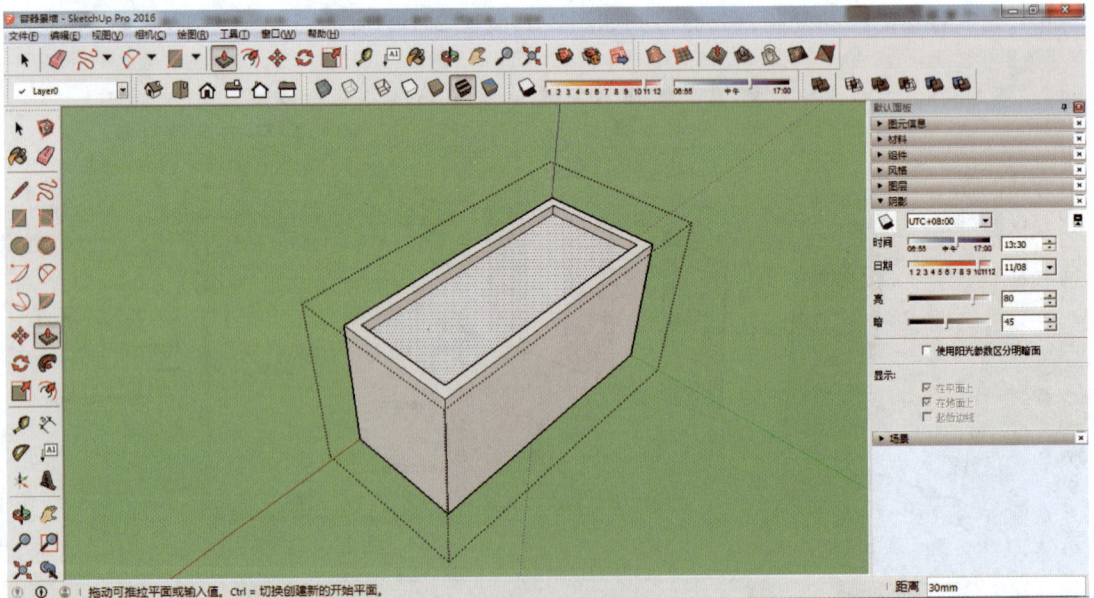

图 2.194　偏移、推拉

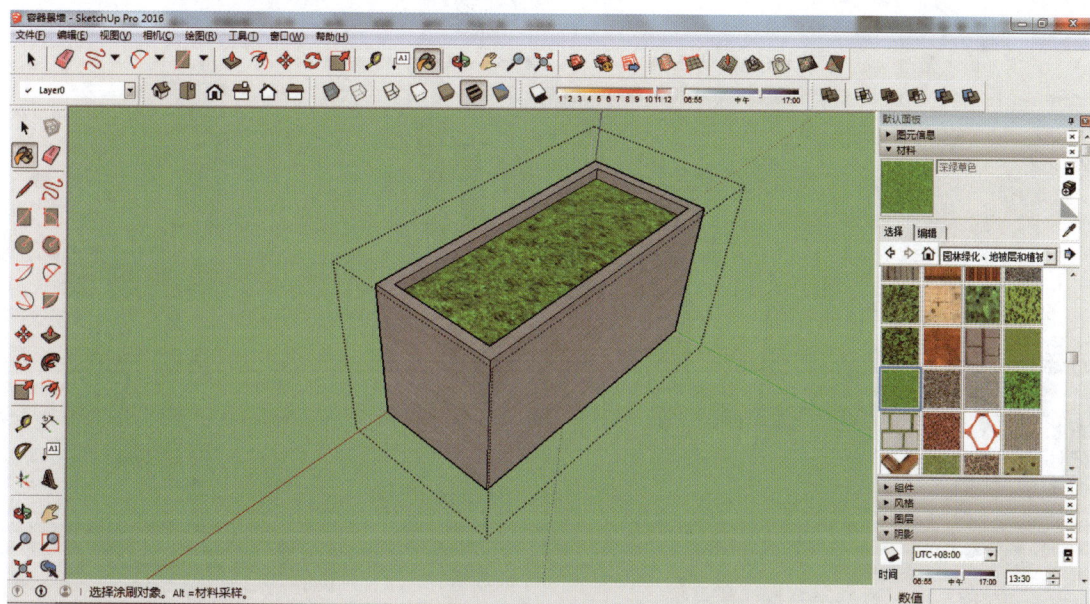

图 2.195　填充材质

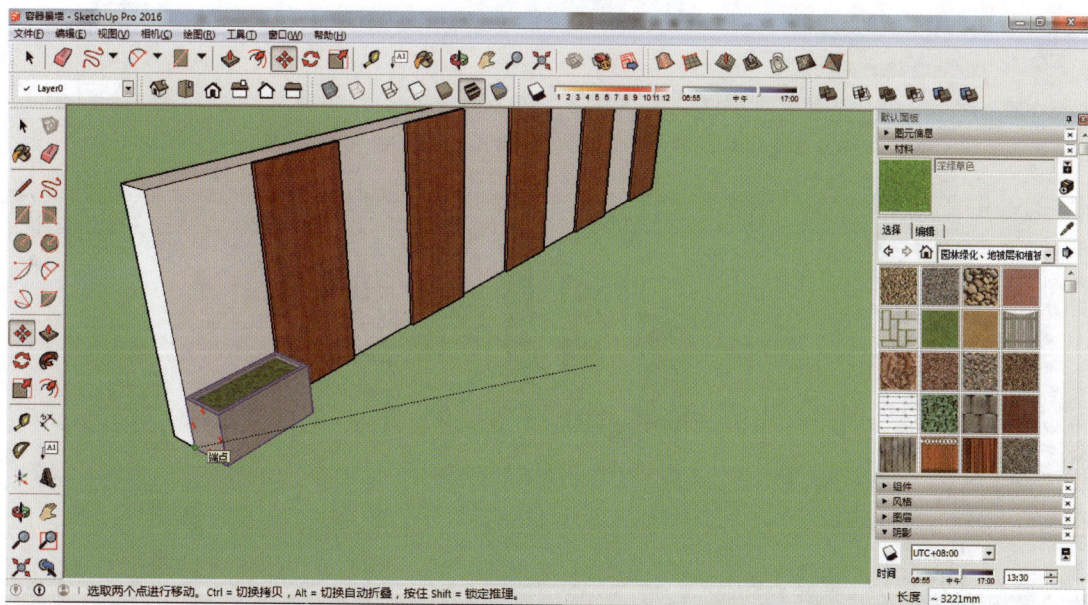

图 2.196　移动

　　⑬从素材库中调出"18 竹子. skp"素材,使用缩放工具 S,调整竹子组件的大小。然后使用移动工具 M,捕捉竹子的底部的点,将竹子组件移动到容器中的草皮面上,显示"在平面上,在组件中"的字样,单击确定位置,如图 2.198—图 2.200 所示。

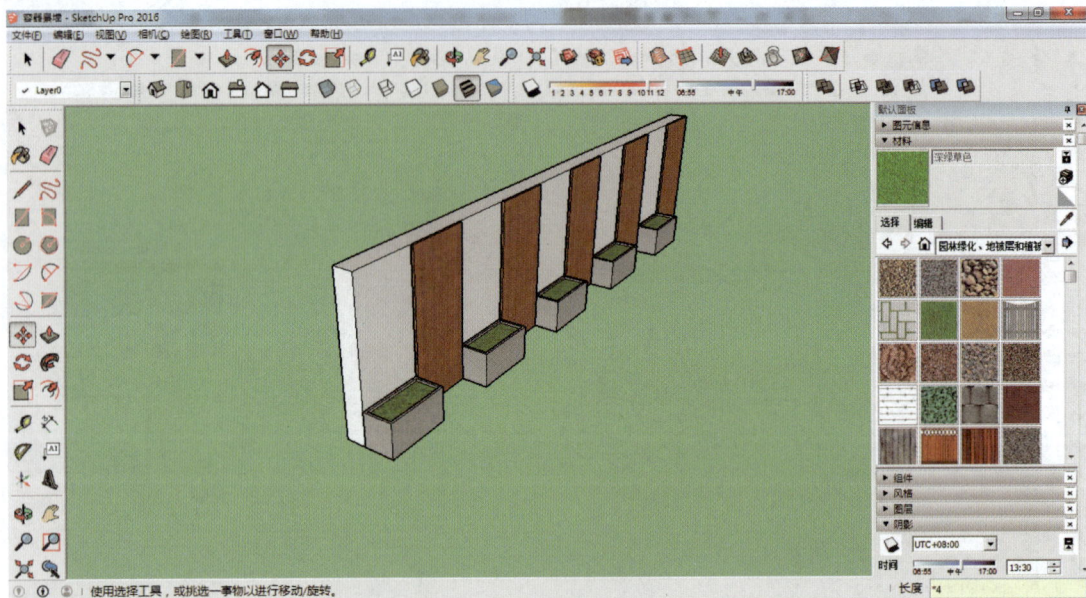

图2.197　移动复制、阵列

图2.198　添加素材

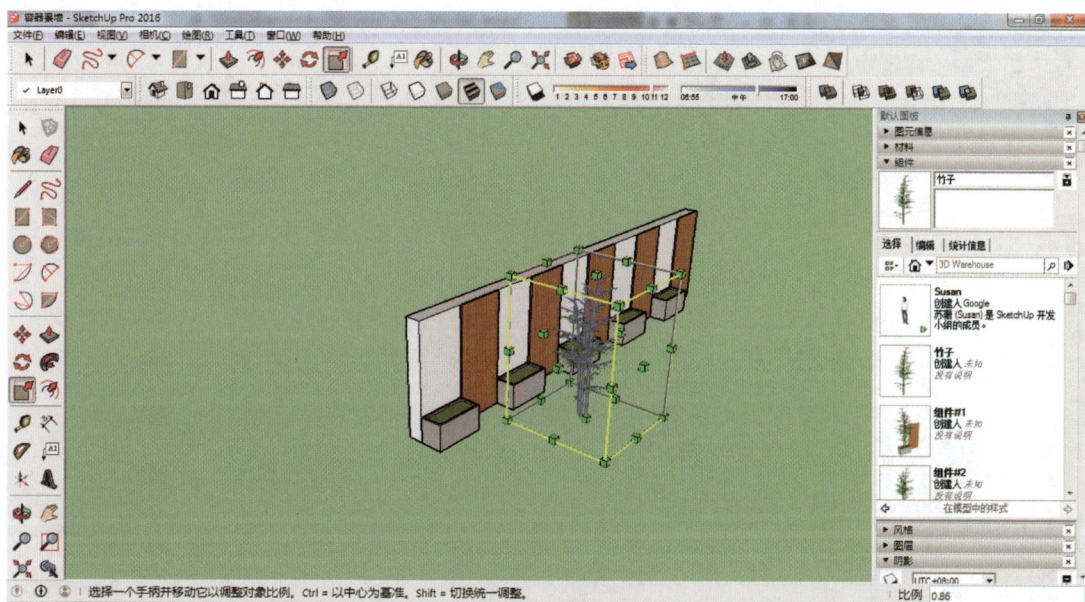

图 2.199　缩放

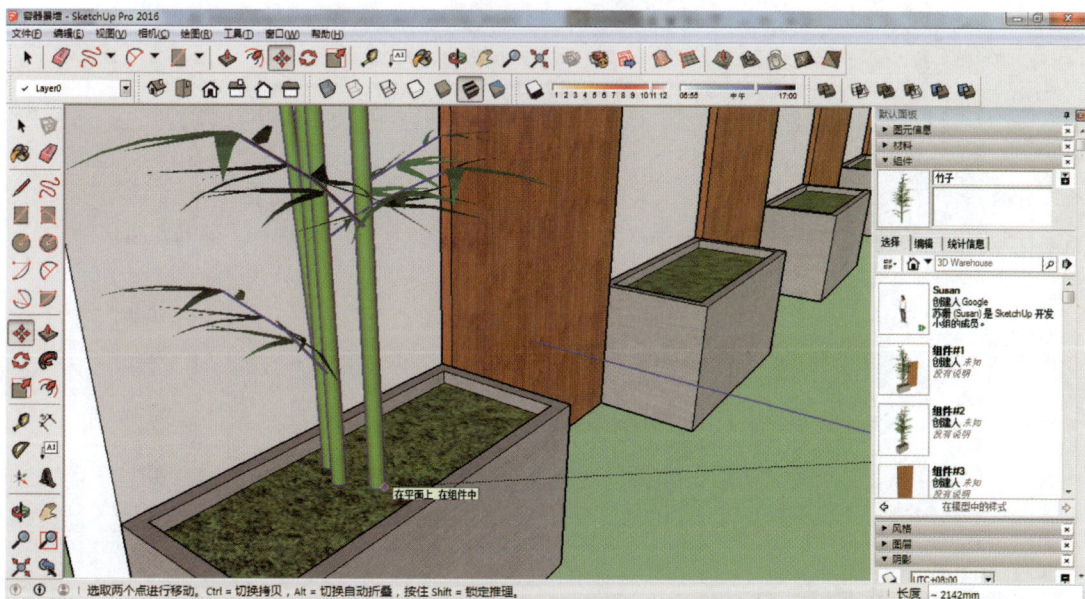

图 2.200　移动

⑭利用组件的关联性将竹子组件种植到每个容器中。选择竹子组件,按 Ctrl + X 剪切组合快捷键,然后双击进入容器组件中进行编辑,打开菜单栏中的"编辑"选项,单击"定点粘贴"命令,则可利用组件的关联属性,在每个容器组件中都粘贴了竹子组件,得到如下效果。然后在组件范围之外单击退出组件编辑,完成容器景墙的绘制,如图 2.201、图 2.202 所示。

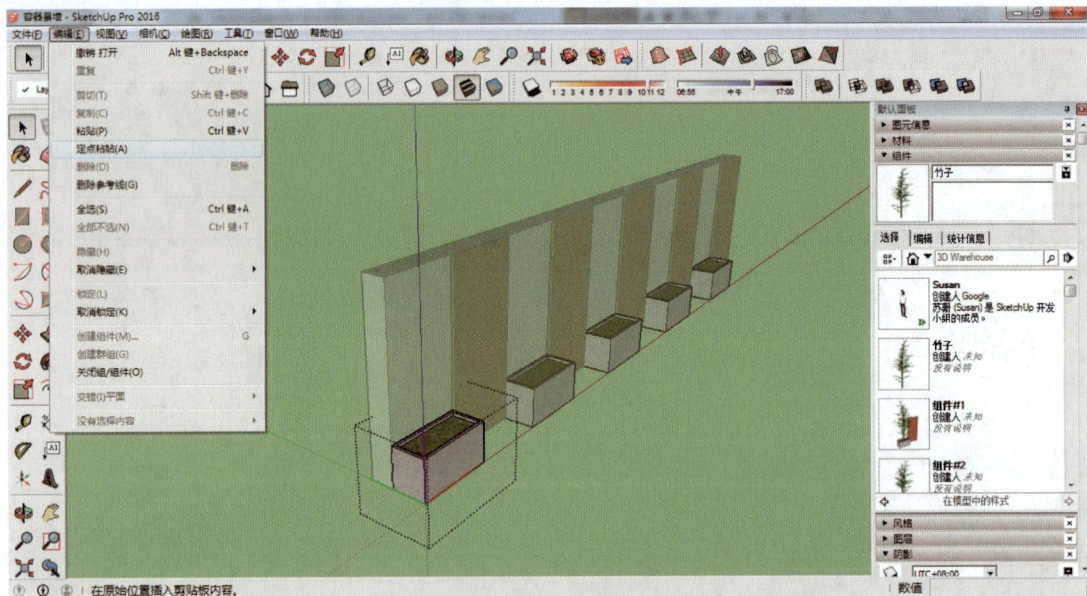

图2.201　剪切

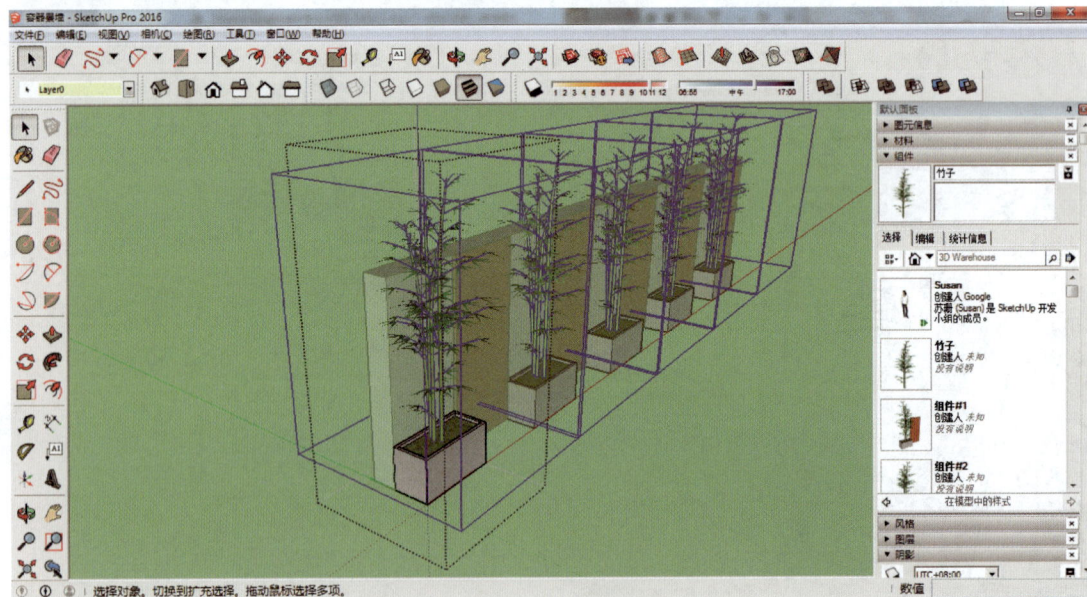

图2.202　原位粘贴

⑤然后在组件范围之外单击退出组件编辑,完成容器景墙的绘制,最终完成的效果如图2.203所示。

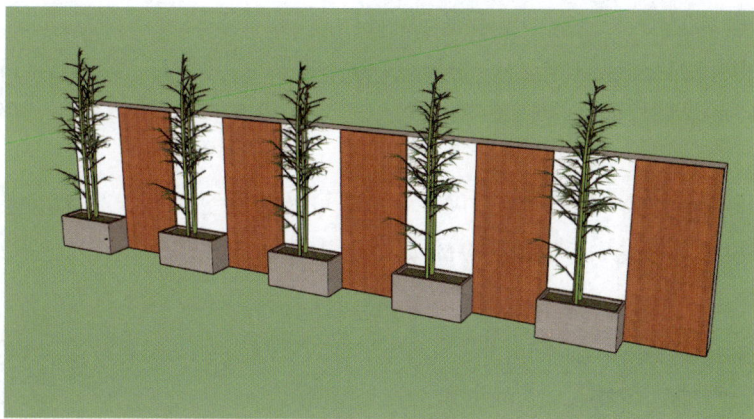

图2.203 最终效果

2.3.8 风格工具栏

打开素材库中的"19 建筑.skp"文件。

单击"风格"工具栏各个按钮,可以快速切换不同的显示模式,以满足不同的观察要求。该工具栏从左至右分为"X光透视模式""后边线""线框显示""消隐显示""阴影显示""材质贴图"以及"单色显示"7 种显示模式,如图2.204 所示。

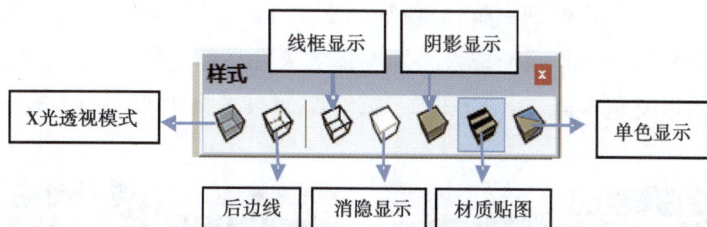

图2.204 样式工具栏

(1)"X 光透视模式"显示模式 在进行景观或建筑等设计时,有时需要直接观察内部结构以及配饰效果,此时单击"X 光透视模式"按钮,即可实现显示效果,不用隐藏任何模型,即可快速观察到内部结构与设施,如图2.205 所示。

(2)"后边线"显示模式 "后边线"是一种附加的显示模式,单击按钮,可在当前显示效果的基础上以虚线的形式显示模型背面无法观察到的直线,如图2.206 所示。但在当前为"X 光透视模式"与"线框显示"显示效果时,该附加显示无效。

图2.205 "X光透视模式"显示

图2.206 "后边线"显示

（3）"线框"显示模式　"线框"显示是 SketchUp 最节省系统资源的显示模式,在该种显示模式下,场景中所有对象均以直线显示,材质、纹理等效果也将暂时失效,在进行视图的缩放、平移等操作时,大型场景最好能切换到该模式,可以有效避免卡屏、迟滞等现象,其效果如图2.207所示。

（4）"消隐"显示模式　"消隐"模式仅显示场景可见的模型面,此时大部分的材质与纹理会暂时失效,仅在视图中体现实体与透明的材质区别,因此是一种比较节省系统资源的显示模式,如图 2.208 所示。

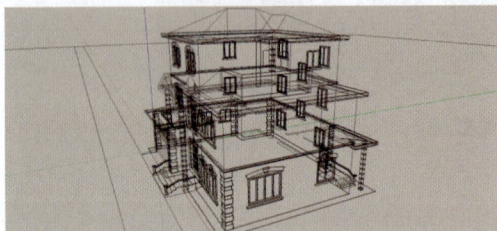

图2.207　"线框"显示

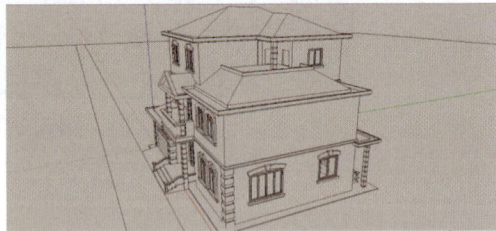

图2.208　"消隐"显示

（5）"阴影"显示模式　"阴影"是一种介于"消隐"与"材质纹理"之间的显示模式,该模式在可见模式面的基础上,根据场景已经赋予的材质,自动在模型面上生成相近的色彩,在该模型下,实体与透明的材质区别也有所体现,因此显示的模型空间感比较强烈,如图 2.209 所示。

（6）"材质贴图"显示模式　"材质贴图"是 SketchUp 中最全面的显示模式,该模式下材质的颜色、纹理及透明效果都将得到完整体现,如图 2.210 所示。另外,该显示模式十分占用系统资源,因此此模式通常用于观察材质以及模式整体效果。在建立模型、旋转等视图操作时,则应尽量使用其他模式,以避免卡屏、迟滞等现象。此外,如果场景中模型没有赋予任何材质,该模式将无法应用。

图2.209　"阴影"显示

图2.210　"材质贴图"显示

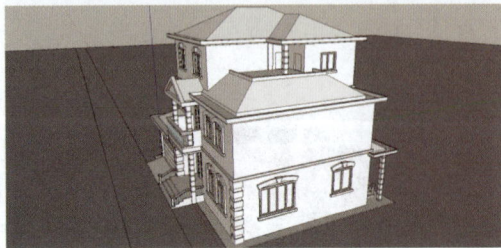

图2.111　"单色"显示

（7）"单色"显示模式　"单色"显示是一种在建模过程中经常使用的显示模式,该模式用纯色显示场景中的可见模型面,以黑色实现显示模式的轮廓线,在较少占用系统资源的前提下,有十分强的空间立体感,如图2.211所示。

2.3.9 阴影工具栏

（1）设置地理参照   设置准确的场景模型地理位置，是 SketchUp 产生准确光影效果的前提，通过"模型信息"面板可以进行模型精确的定位，具体操作方法如下所述。

①打开素材库中的"2.112 木质花架.skp"文件，如图 2.212 所示。

②执行"窗口"→"模型信息"菜单命令，打开"模型信息"面板。

③在"模型信息"面板中选择"地理位置"选项卡，此时可以看到当前场景的地理位置信息，如图 2.213 所示。

④单击"高级设置"参数栏中的"手动设置位置"按钮，打开"手动设置地理位置"面板，如图 2.214 所示。

图2.112 打开模型场景

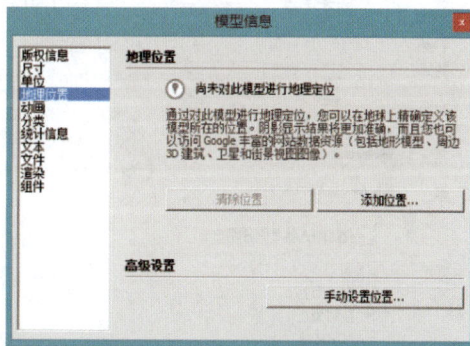

图2.213 打开地理位置

⑤在"纬度""经度"框内可以输入准确的经纬度坐标，如图 2.215 所示。

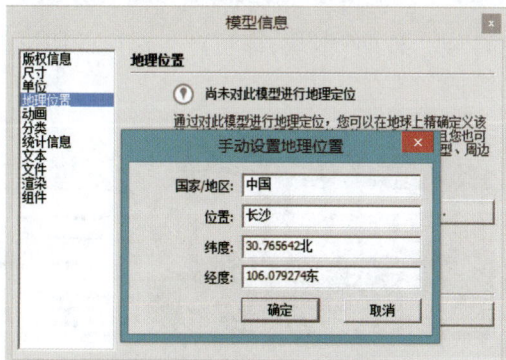

图2.214 打开手动设置位置

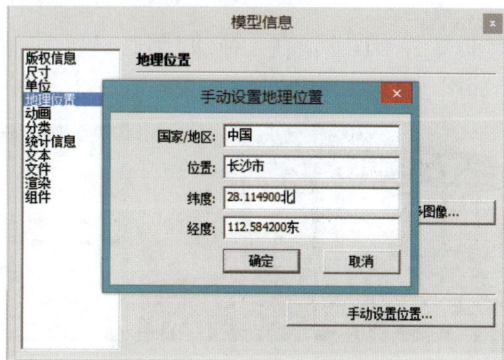

图2.215 手动输入经纬度坐标

注意：在"设置自定义位置"面板中，还可以设置"国家/地区"与"位置"，在有准确经纬度数据的前提下这两项参数可以留白。

⑥设置好场景地理位置后，即可发现场景中模型阴影已经发生了变化，如图 2.216 所示。而"地理位置"选项卡内"地理参照"一栏中也出现了设置的经纬值。

（2）设置"阴影"工具栏 通过"阴影"工具栏可以对时区、日期、时间等参数进行十分细致的调整，从而模拟出十分准确的光影效果，执行"视图"→"工具栏"菜单命令，调出"阴影"工具栏，如图2.217所示。

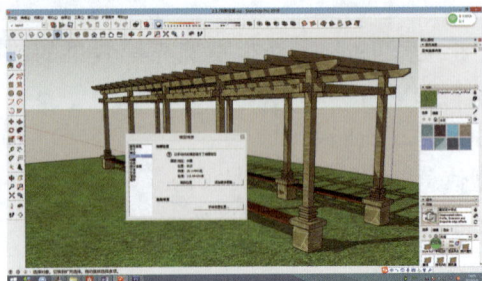

图2.216 完成手动输入经纬度

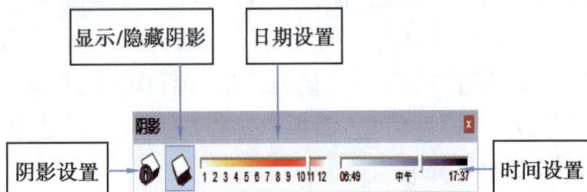

图2.217 阴影工具栏功能

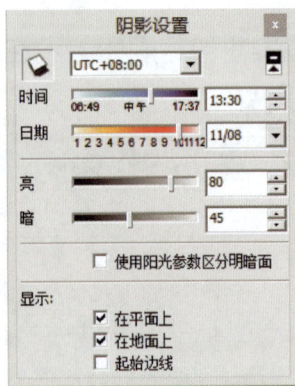

（3）"阴影"对话框 单击"阴影"对话框按钮，即可打开"阴影设置"面板。

"阴影设置"面板第一个参数为UTC调整，以UTC为参照标准，北京时间先于UTC 8个小时，在SkechUp中则对应地调整其为UTC+8:00，如图2.218所示。

图2.218 "阴影设置"面板

> **注意**：UTC是协调世界时（Universal Time Coordinated）英文的缩写。UTC以本初子午线（即经度0°）上的平均太阳为统一参考标准，各个地区根据所处的经度差异进行调整以设置本地时间。在中国统一使用北京时间（东八区）为本地时间。

设置好UTC时间后，拖动"阴影设置"面板"时间"或"日期"滑块，即可产生对应的阴影效果，如图2.219与图2.220所示。

图2.219 10月8日13:30分的阴影效果

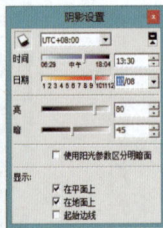

图2.220 6月1日08:20分的阴影效果

> **注意**：只有在场景设置的UTC时间与地理位置相符合的前提下，调整"时间"滑块才可能产生正确的阴影效果。

在其他参数相同的前提下，调整"亮"和"暗"的滑块可以调整场景整体亮度，数值越小场景整体越暗，如图2.221与图2.222所示。

图2.221　"亮"和"暗"为60

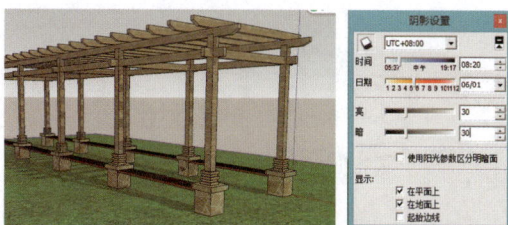

图2.222　"亮"和"暗"为30

此外通过设置"显示"参数选项,可以控制场景模型"平面上"以及"地面上"是否接受阴影,如图2.223、图2.224所示。

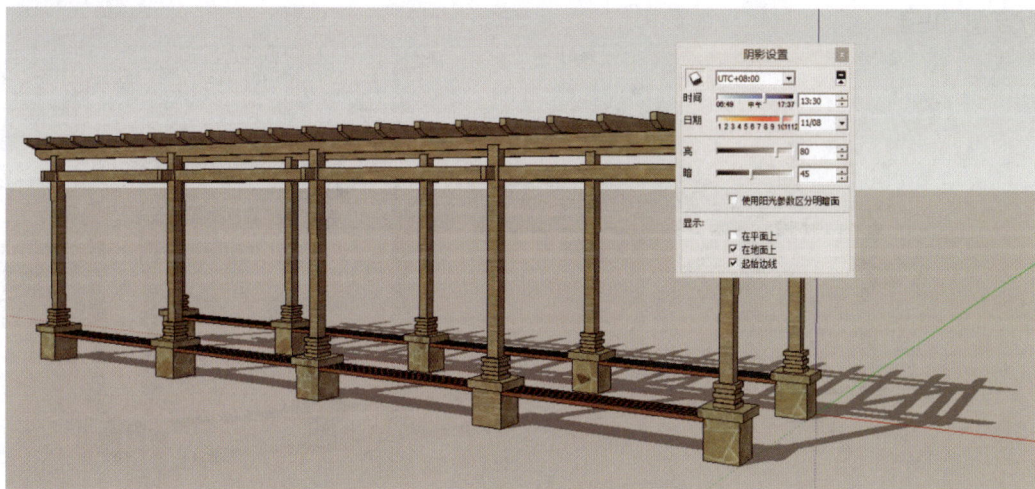

图2.223　取消"在平面上"阴影

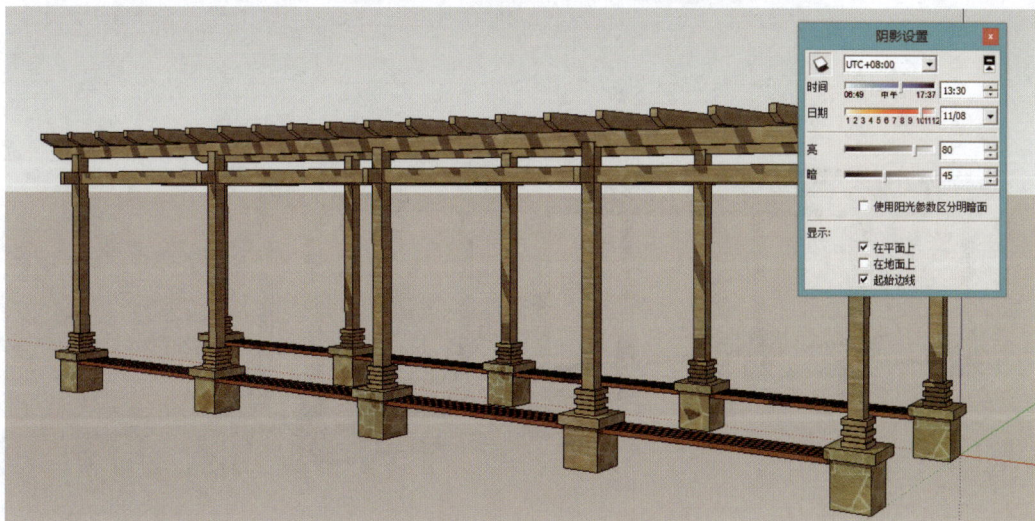

图2.224　取消"在地面上"阴影

在SketchUp 2016中,不可同时取消"在平面上"以及"在地面上"是否有接收。而默认设置下单独的线段也能参数影响,取消"起始边线"复选框勾选,即可关闭边线阴影。

(4)阴影显示切换　在SketchUp 2016中,通过单击"阴影"工具栏"阴影显示切换"按钮 ,可以快速对整个场景的阴影进行显示与隐藏,如图2.225与图2.226所示。

图2.225　显示阴影

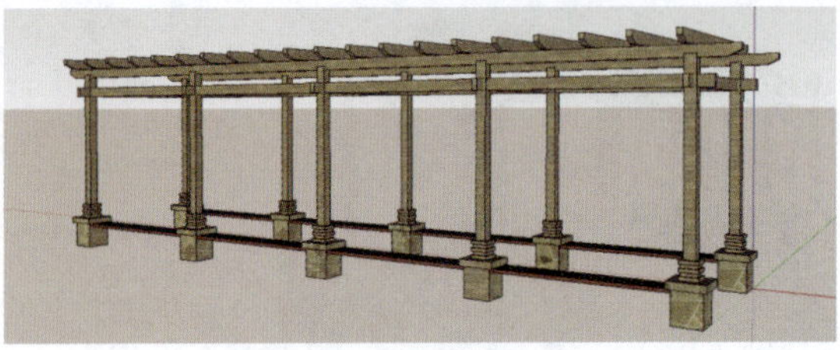

图2.226　隐藏阴影

（5）日期与时间　"阴影"工具栏"日期"和"时间"滑块与"阴影设置"对话框的同名滑块一致，调整滑块即可实时调整阴影效果，如图2.227所示，相对而言，"阴影设置"对话框进行调整更为方便、快捷。

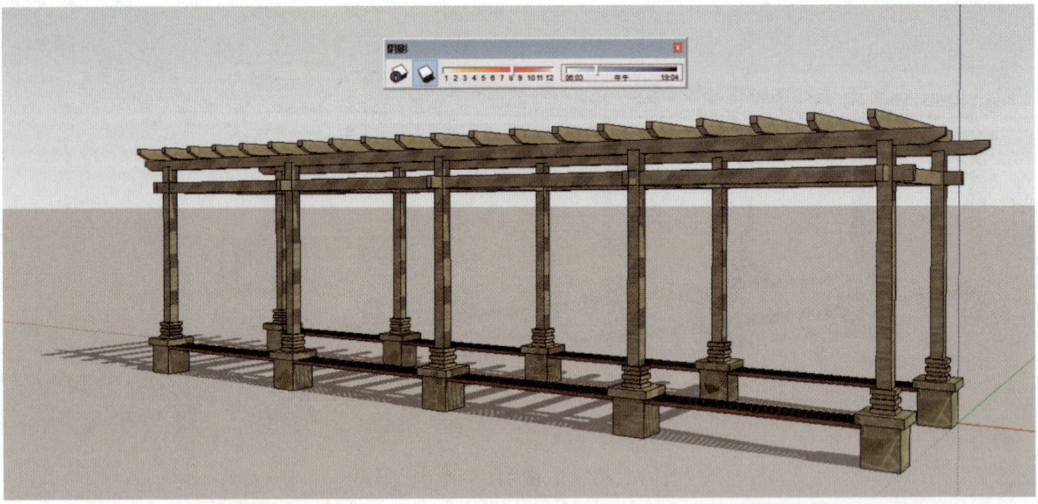

（a）

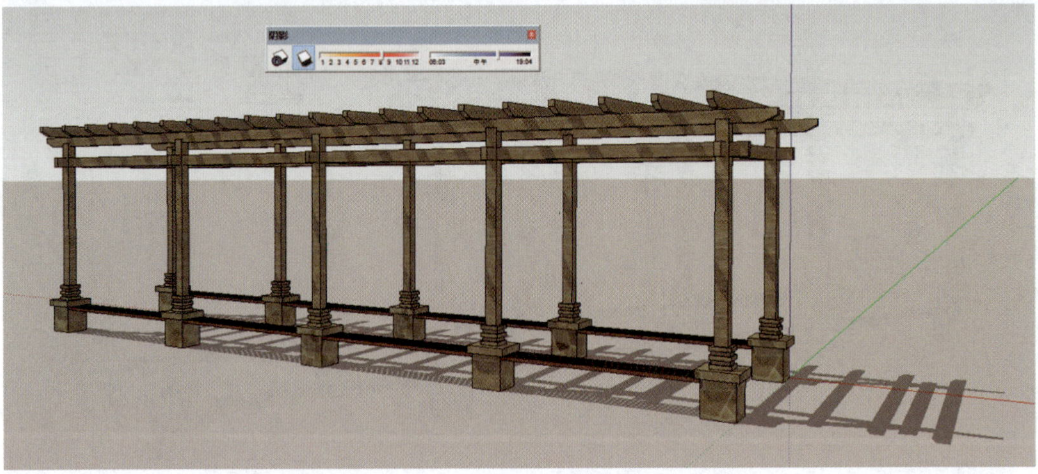

（b）

图2.227　调整日期、时间改变阴影

注意：手动调整"阴影"工具栏"日期"滑块时，"时间"滑块将自动进行小幅度的调整，而手动调整"时间"滑块时，则不会影响"日期"滑块。

（6）阴影透明度的限制　SketchUp 2016 中的阴影是实时渲染,难免会有些需要注意的限制。当材质为半透明材质时,如材质阴影不透明不小于 70% 时,产生阴影,当材质的不透明度小于 70% 时,不产生阴影,如图 2.228 所示。

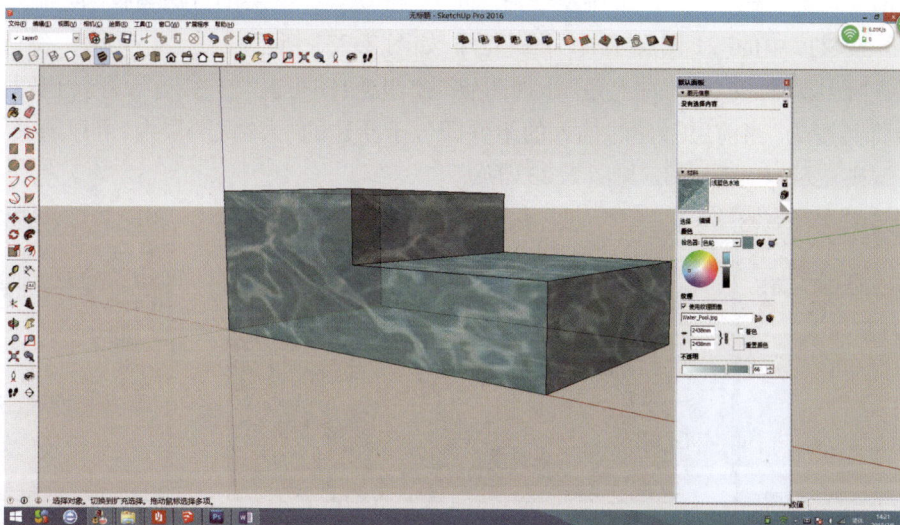

（a）不产生阴影

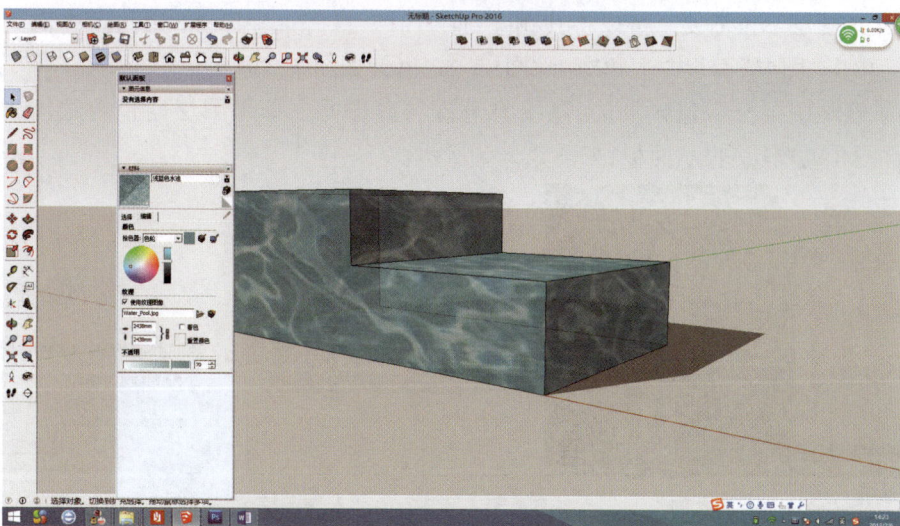

（b）产生阴影

图 2.228　不产生(a)、产生(b)阴影

2.3.10　图层工具

"图层"工具是一个强有力的场景管理工具,可以对场景模型进行有效的归类,以便进行"隐藏""显示"等操作。执行"视图"→"工具栏"菜单命令在工具栏面板中选择图层工具,打开"图层"工具栏,如图 2.229 所示。

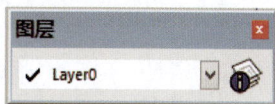

图 2.229　图层工具栏

单击"图层"工具栏右侧"图层管理器"按钮，可以打开如图2.230所示"图层"面板，图层的管理主要通过"图层"面板完成。

（1）添加与删除图层　　在本节中将学习"添加"和"删除"图层的方法与技巧。

①打开素材库中的"21 图层工具.skp"文件，如图 2.231 所示。

②打开"图层"面板，单击左上角"添加图层"按钮，即可新建"图层"，将新建图层命名为"人物"并将其置为"当前层"，此时插入的组件即位于新建的"人物"图层内，可以通过该图层对其进行隐藏或显示，如图 2.232 与图 2.233 所示。

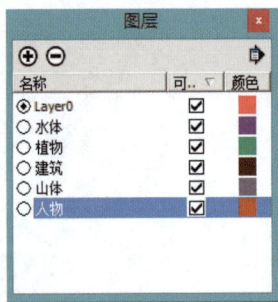

图2.230　图层面板　　　　　　図2.231　打开模型　　　　　　图2.232　增加人物图层

③当某个图层不再需要时可以将其删除，此时需要首先选择删除的图层（本例为"人物图层"），然后单击"图层"面板左上角"删除图层"按钮⊖，如图 2.234 所示。

④如果删除图层没有包含物体，系统将直接将其删除。如果图层内包含物体，则将弹出"删除包含图元的图层"提示面板，如图 2.235 所示。

图 2.233　添加人物　　　　　图 2.234　选择人物图层　　　　图 2.235　删除人物图层

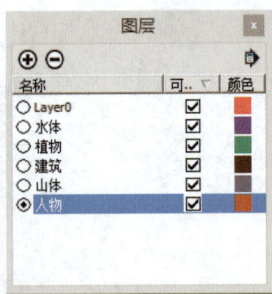

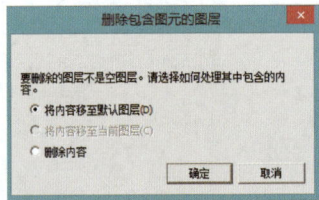

⑤保持面板中默认的"将内容移至默认图层"选项，然后单击"确定"按钮，可将树木图层内模型移动至 Layer0，如图 2.236 所示。

⑥如果要将删除层内的物体转移至非 Layer0 层，可以先将另一图层设为"当前层"（如将当前图层设置成"山体"图层），如图 2.237 所示。

⑦在"删除包含图元的图层"面板内选择"将内容移至当前图层"选项，再单击"确定"即可，如图 2.238、图 2.239 所示。

图 2.236　通过 Layer0 控制人物是否可见

图 2.237　转移图层

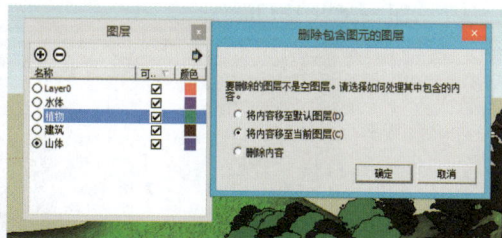

图 2.238　移动植物图层模型

图 2.239　移动植物图层模型

（2）图层的显示与隐藏

①打开素材库中的"21 图层工具. skp"文件,该场景是由一个建筑、植物、山体、水体组成的,如图 2.240 所示。

②打开"图层"工具栏"图层"面板,可以发现当前场景已经创建了"建筑""植物""山体"以及"水体"图层,如图 2.241 所示。

图 2.240　打开场景模型

图 2.241　打开图层面板

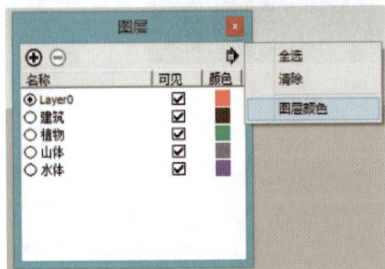

图 2.242　图层颜色

技巧：单击"图层"面板右侧"详细信息"按钮，选择"图层颜色"菜单命令，如图 2.242 所示，可以使同一图层所有对象均以"图层"颜色显示，从而快速区分各个图层模型对象，如图 2.243 所示。单击"图层"面板"颜色"色块，可以修改目标"图层"的颜色，如图 2.244、图 2.245 所示。

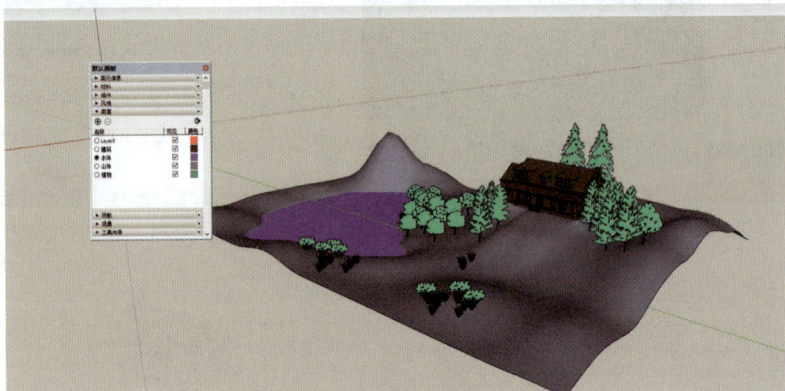

图 2.243　图层颜色显示效果

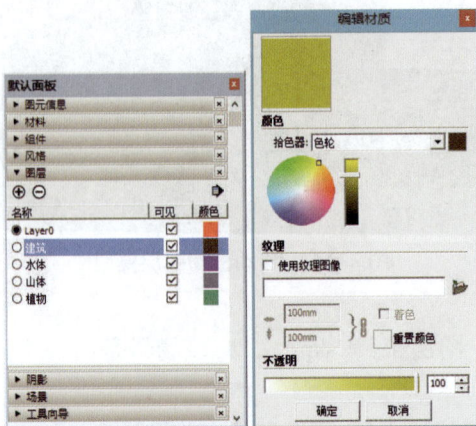

图 2.244　改变建筑颜色

图2.245　建筑图层颜色调整效果

③如果要关闭某个图层,对其进行隐藏,只需单击取消该图层"可见"复选框勾选即可,如图2.246所示。再次勾选复选框,则该图层内模型又会重新显示。

④如果要同时隐藏或显示多个图层,可以按住Ctrl键进行多选,如图2.247所示,然后单击"显示"复选框即可。

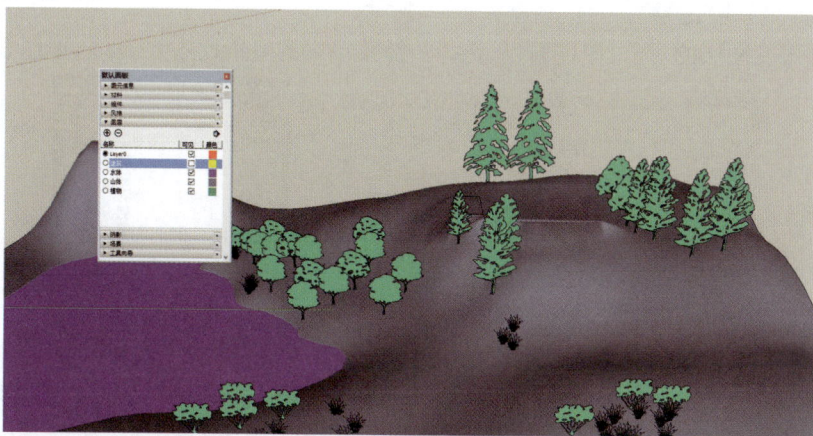

图2.246　取消可见

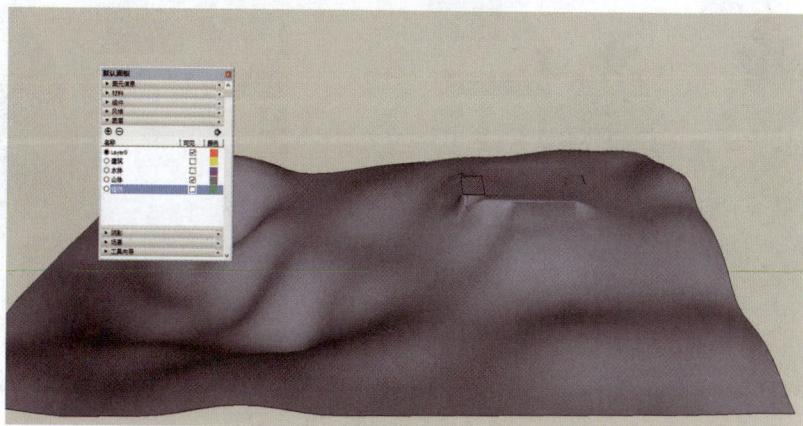

图2.247　隐藏多个图层

> **注意：** 默认的当前图层为图层0（Layer0），而"当前层"不可进行隐藏。在图层名称前单击，即可将其设置为当前层。如果隐藏图层设置为"当前层"，则隐藏图层将自动显示。

⑤按住 Shift 键可以进行连续多选，单击"图层"面板右侧"详细信息"按钮，选择全选菜单命令可以全选所有图层，如图2.248、图2.249所示，此时即可快速对场景所有图层进行隐藏或显示，如图2.250所示。

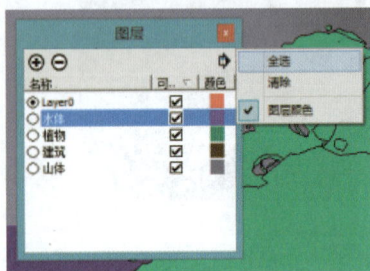

图2.248　执行全选菜单命令　　　　图2.249　全选图层　　　　图2.250　隐藏图层

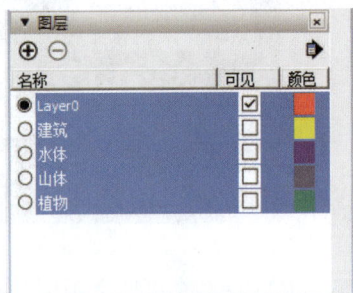

⑥如果场景内包含空白图层，可以单击"图层"面板右侧"详细信息"按钮，选择"清除"选项，如图2.251所示，即可自动删除所有空白图层，如图2.252所示。

（3）改变对象所有图层

①选择要改变图层的对象，单击右键，选择快捷菜单中的"图元信息"命令，如图2.253所示。

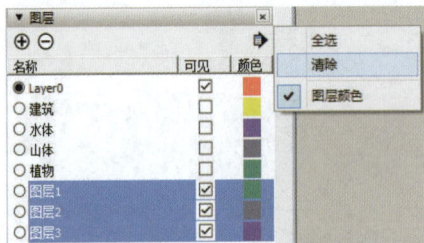

图2.251　选择清除图层　　　　　　图2.252　清除图层

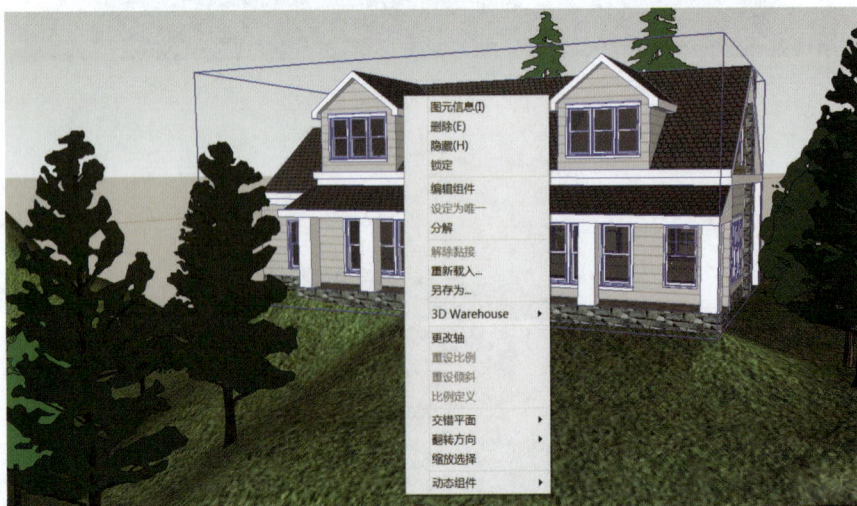

图2.253　鼠标右键选择"图元信息"

②在弹出的"图元信息"面板中单击"图层"下拉按钮,即可更换其所在图层,如图 2.254、图 2.255 所示。

③选择目标对象,通过"图层工具栏"下拉按钮,也可以改变其所在图层,如图 2.256 所示。

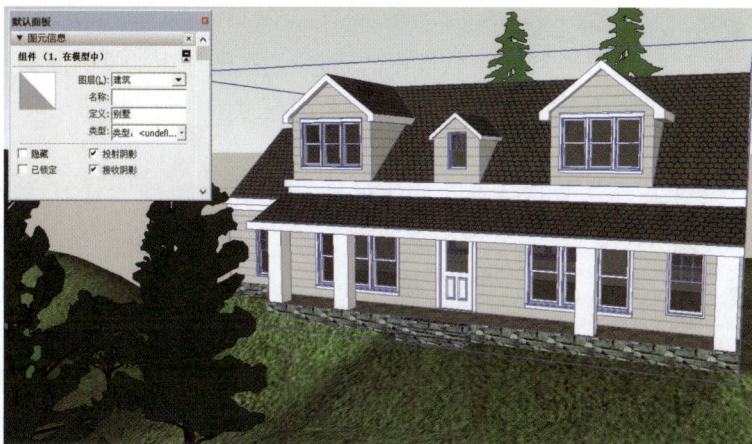

图 2.254 打开图元信息面板

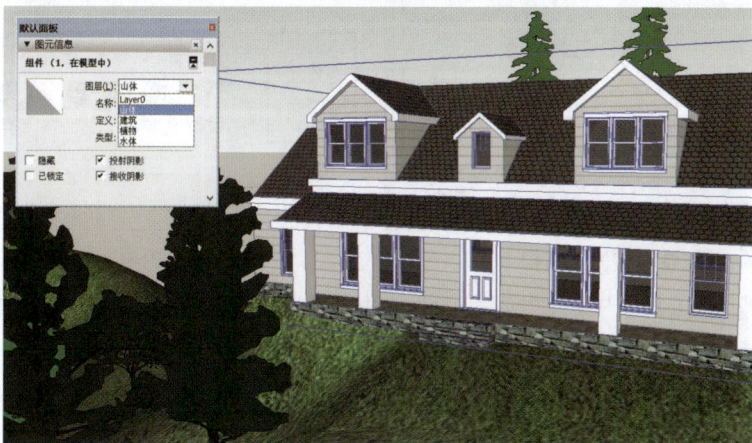

图 2.255 通过图元信息面板调整图层

图 2.256 通过图层工具栏调整图层

2.3.11　实体工具栏

SketchUp"实体工具"类似于3DMax软件中的布尔运算,但使用工具的前提需要在物体为组或组件前提下进行,可以创建出复杂的模型。执行"视图"→"工具栏"菜单命令,即可打开实体工具栏,如图2.257所示。

"实体工具栏"里有6个工具选项,即"实体外壳""相交""联合""减去""剪辑""拆分"工具,如图2.258所示。

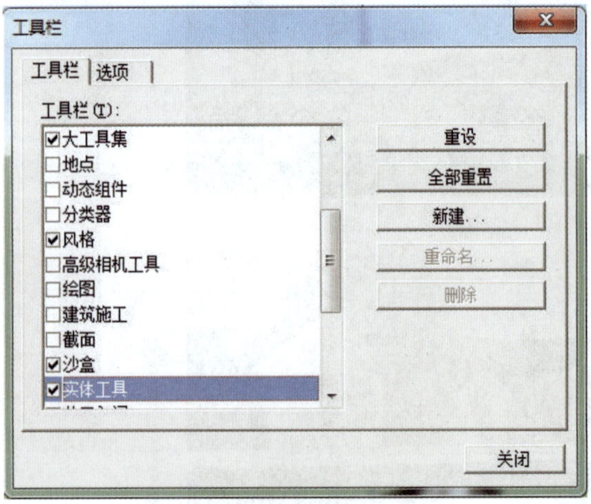

图2.257　显示实体工具栏

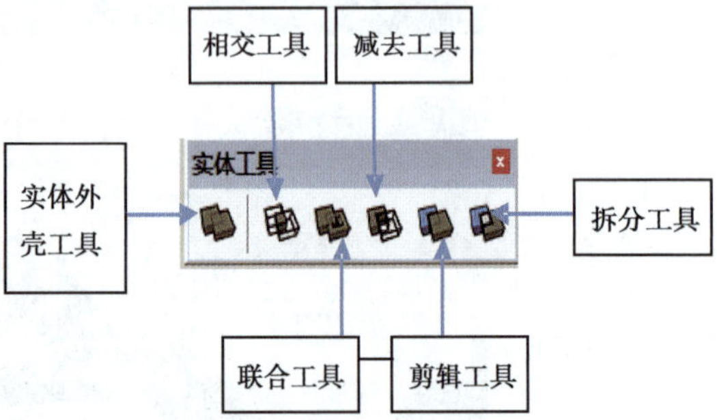

图2.258　实体工具栏

（1）"实体外壳"工具　"实体外壳"工具可以快速地将多个单独的"实体"模型合并成一个"实体",具体的操作方法与技巧如下所述。

①打开SketchUp后创建两个几何体,将立方体与圆柱体"创建群组",启用"实体外壳"工具将鼠标放置在立方体上,则出现"实体组"的提示,如放在圆柱体上,同样出现"实体组",如图2.259、图2.260所示。

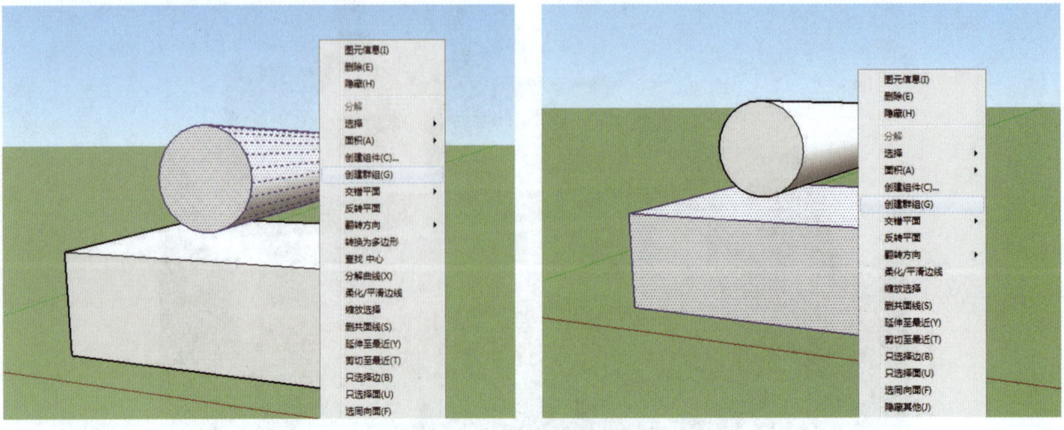

图2.259　创建群组

②将鼠标移动至立方体或圆柱体上,模型表面出现①的提示,表明当前进行合并的"实体"数量,如图2.261所示。

③在第一个"实体"表面单击鼠标确定后,再在第二个"实体"表面单击即可将两者组成一个大的"实体",如图2.262所示。

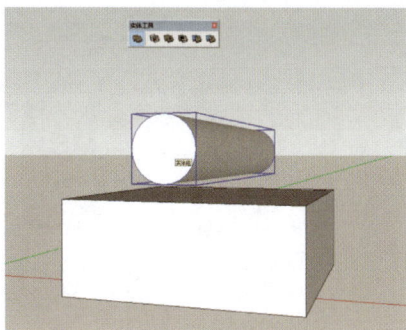

图2.260 实体组提示

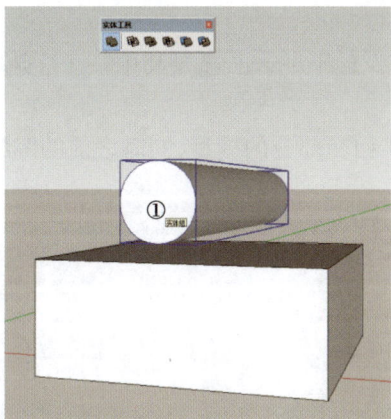

图2.261 选择第一个实体

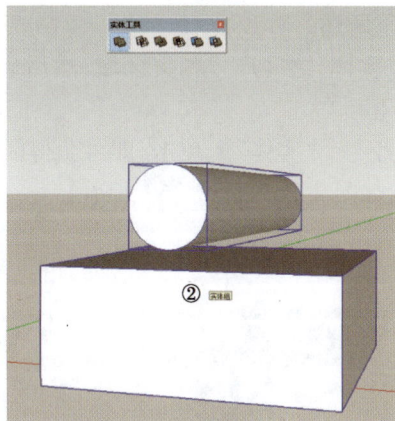

图2.262 选择第二个实体

④如果场景中有比较多的"实体"需要进行合并,可以在将所有"实体"全选后再单击"实体外壳"工具按钮,这样可以快速进行合并,如图2.263所示。而使用操作完成的物体由原来的单独组或组件合并成一个组,如图2.264所示。

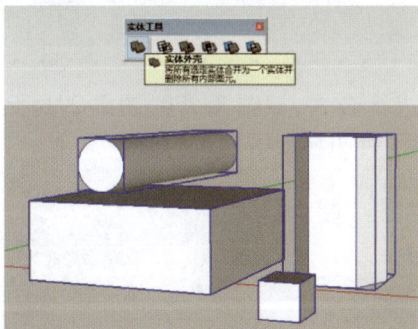

图2.263 全选场景中所有实体

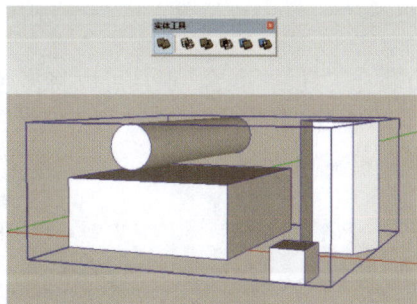

图2.264 组成单个实体

⑤编辑实体,鼠标左键双击进入组后,可进行编辑或形成组的嵌套,如图2.265、图2.266所示。

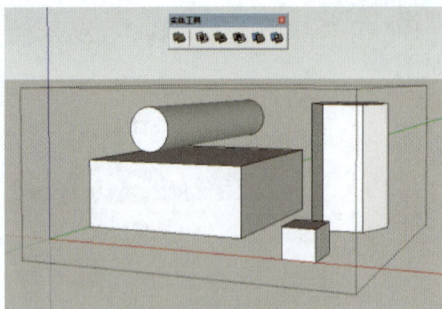

图2.265　组的编辑　　　　　　　　　　　　　　图2.666　组的嵌套

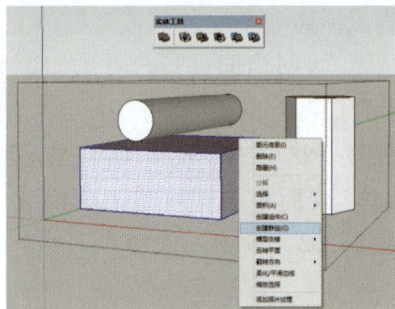

　　(2)"相交"工具　"相交"工具可以快速获取"实体"间相交的部分模型,具体的操作方法与技巧如下所述。

　　①使"实体"之间产生相交区域,然后启用"相交"工具并单击选择其中一个"实体",如图2.267所示。

　　②在另一个"实体"上单击,即可获得两个"实体"相交部分的模型,同时之前的"实体"模型将被删除,如图2.268、图2.269所示。

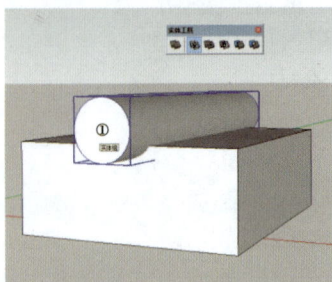

图2.267　单击选择第一个　　　图2.268　单击选择第二个实体　　　图2.269　相交完成后的实体

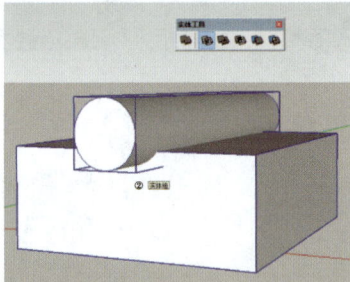

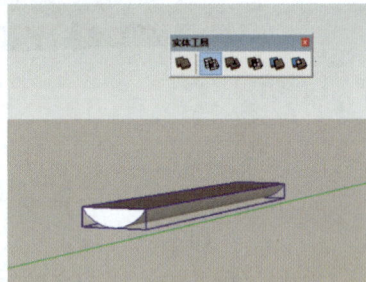

　　注意:多个相交"实体"间的"相交"可以先全选"实体",然后再单击"相交"工具按钮进行快捷运算。

　　(3)联合工具　"联合"工具可以将多个"实体"进行合并,如图2.270、图2.271所示。在SketchUp 2016中"联合"工具与"实体外壳"工具功能没有明显的区别。

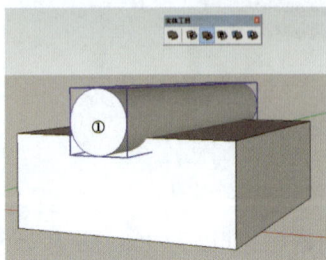

图2.270　分别选择实体　　　　　　　　　　　图2.271　联合工具完成

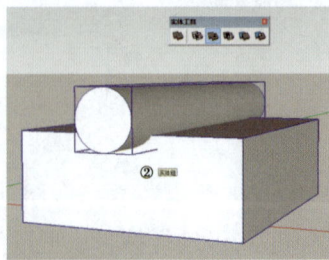

　　(4)"减去"工具　"减去"工具可以快速利用将某个"实体"与其他"实体"相交的部分进行切除,具体操作方法与技巧如下所述。

　　①使"实体"之间产生相交区域,然后启用"减去"工具并依次单击进行运算的实体,如图2.272、图2.273所示。

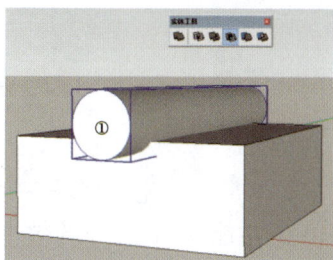

图2.272　分别选择实体　　　　　　　　　　图2.273　"减去"工具完成

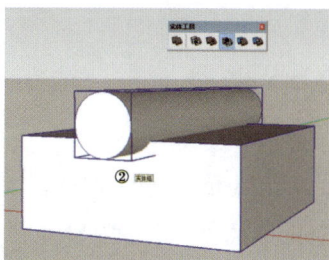

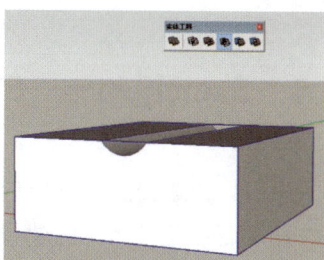

②"减去"工具完成后将保留选择的"实体",而删除先选择的实体以及相关部分,如图2.273所示。因此同一场景在进行"减去"工具时,"实体"的选择顺序可以改变最后的运算结果,如图2.274、图2.275所示。

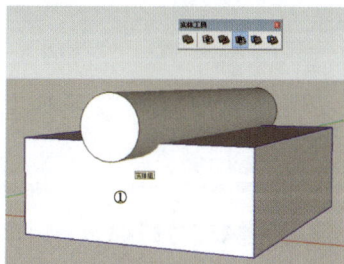

图2.274　分别选择实体　　　　　　　　　　图2.275　"减去"工具完成

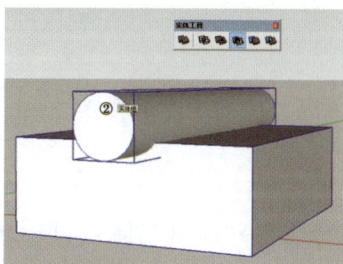

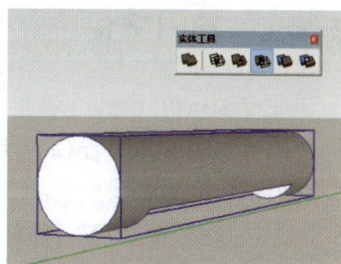

(5)"剪辑"工具　在SketchUp中"剪辑"工具是进行"实体"接触部分的切除,不会删除用于切除的实体,如图2.276、图2.277所示。

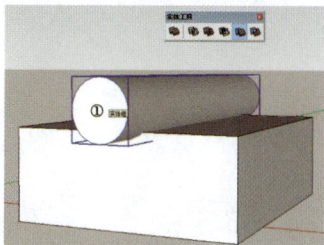

图2.276　分别选择实体　　　　　　　　　　图2.277　"剪辑"工具完成

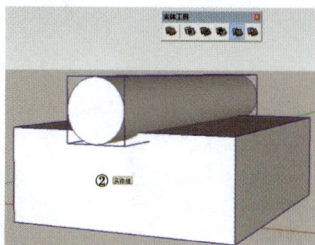

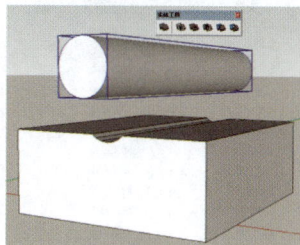

(6)"拆分"工具　在SketchUp中"拆分"工具类似于"相交"工具,其在获得"实体"间相接触的部分同时,不删除"实体"间接触的部分,如图2.278、图2.279所示。

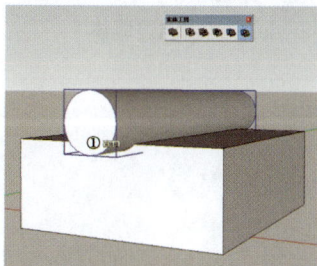

图2.278　分别选择实体　　　　　　　　　　图2.279　"拆分"工具完成

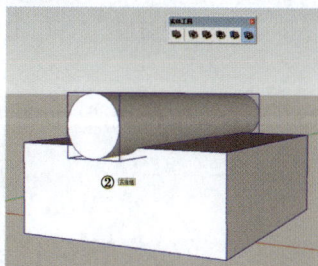

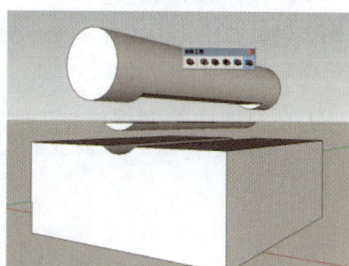

2.4　SketchUp——SUAPP 插件

作为一款新兴的三维软件,SketchUp 2016 在某些方面还有很多的不足。为此,很多第三方软件开发商开发了相应的建模、渲染等插件,以增强 SketchUp 2016 的功能,提高工作的效率。本节介绍其中一些常用的建模插件。通过 SUAPP 中的一些命令可以直接创建建筑墙体、门窗、支柱、屋顶等常用结构。

2.4.1　轴网墙体

通过 SUAPP 中的一些命令可以直接创建建筑墙体、门窗、支柱、屋顶等常用结构,接下来以创建墙体为例介绍其操作方法。

（1）绘制墙体

①执行"扩展程序"→"轴网墙体"→"绘制墙体"菜单命令,即弹出"参数设置"面板,如图2.280、图2.281 所示。

②在"参数设置"面板中设置好"墙体宽度"数值后单击"确定"按钮,然后在视图中按住鼠标左键拖动确定墙体方向与长度,如图2.282 所示。松开鼠标左键即可自动生成墙体,如图2.283 所示。

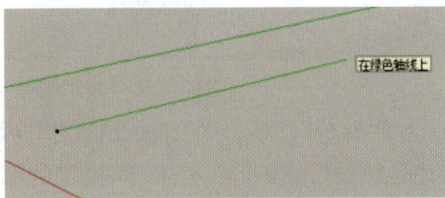

图2.280　绘制墙体菜单命令　图2.281　参数设置面板　图2.282　鼠标移动创建墙体

（2）线转墙体

①在视图中绘制线段,如图2.284 所示。选择线段,如图2.285 所示。

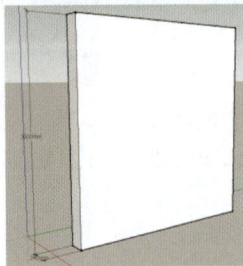

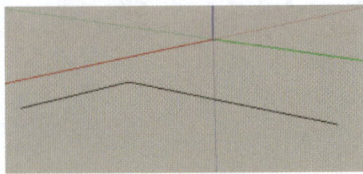

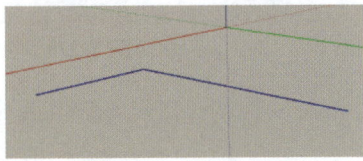

图2.283　墙体创建完成效果　　图2.284　绘制线段　　图2.285　选择线段

②执行"扩展程序"→"轴网墙体"→"线转墙体"菜单命令,即弹出"参数设置"面板,确定完成线转墙体操作,如图2.286—图2.288所示。

(3)拉线墙体

①在视图中绘制弧线如图2.289所示,选择弧线如图2.290所示。

②执行"扩展程序"→"轴网墙体"→"拉线升墙"菜单命令,即弹出"参数设置"面板,确定完成拉线墙体操作,如图2.291、图2.292、图2.293所示。

图2.286　线转墙体菜单命令　　　图2.287　参数设置面板　　　图2.288　完成线转墙体绘制

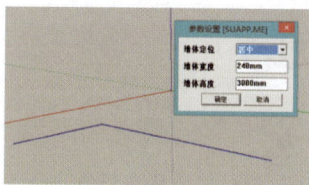

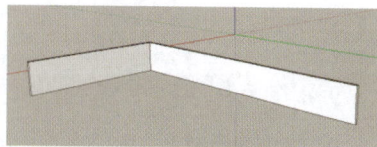

图2.289　绘制弧线　　　　　　　图2.290　选择弧线

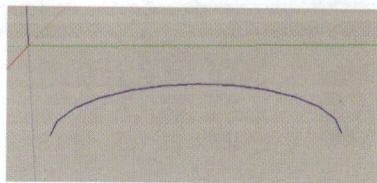

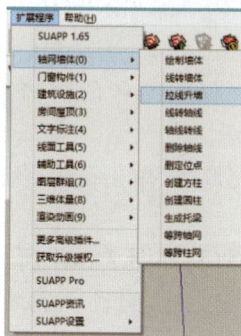

图2.291　拉线墙体菜单命令　　　图2.292　参数设置面板　　　图2.293　完成拉线墙体绘制

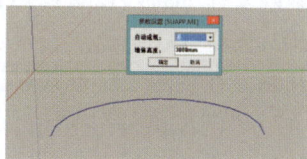

2.4.2　门窗构件

SUAPP除了通过参数生成一些常用的模型与几何体外,还可以通过当前创建的简单模型自动生成如墙体开窗、玻璃幕墙、墙体开洞等操作。

(1)墙体开窗

①在视图中绘制立方体如图2.294所示,执行"扩展程序"→"门窗构件"→"墙体开窗"菜单命令,即弹出"参数设置"面板,设置宽度与高度值,选择"窗样式"为推拉窗,确定完成推拉窗制作,如图2.295—图2.297所示。

②在视图中绘制立方体,执行"扩展程序"→"门窗构件"→"墙体开窗"菜单命令,即弹出"参数设置"面板,设置宽度与高度值,选择"窗样式"为双悬窗,单击确定后,完成双悬窗制作,如图2.298、图2.299 所示。

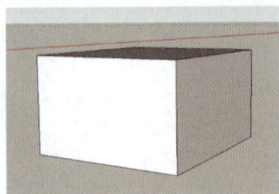

图2.294　绘制立方体　　　　图2.295　执行墙体开窗菜单　　　　图2.296　设置参数

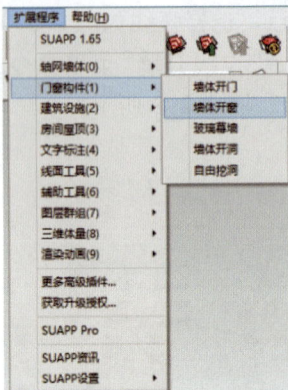

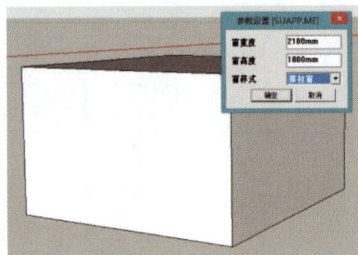

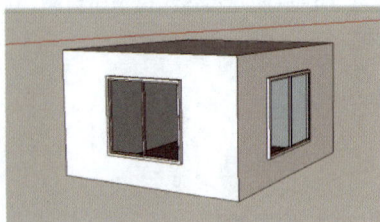

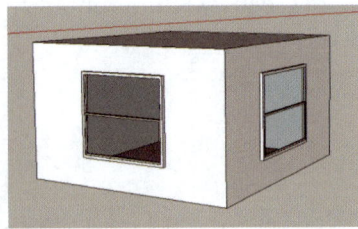

图2.297　完成墙体开窗操作　　　图2.298　设置参数　　　图2.299　完成墙体开窗操作

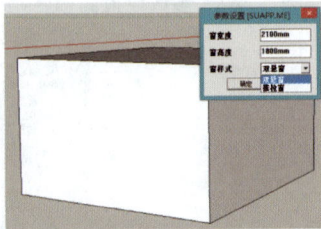

(2)玻璃幕墙

①在视图中创建一个长方体,然后执行"扩展程序"→"门窗构件"→"玻璃幕墙"菜单命令,如图2.300、图2.301 所示。

②弹出"参数设置"面板,设置参数值,设置完成后,单击确定,完成操作,如图2.302、图2.303所示。

(3)墙体开洞　在视图中绘制墙体及门,选择门,如图2.304 所示,执行"扩展程序"→"门窗构件"→"墙体开洞"菜单命令,自动完成墙体开洞,如图2.305、图2.306 所示。

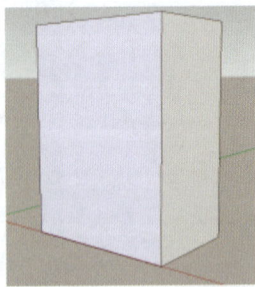

图2.300　绘制长方体

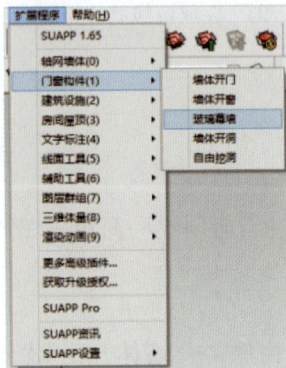

图2.301　玻璃幕墙命令　　　　图2.302　设置参数　　　　图2.303　完成玻璃幕墙操作

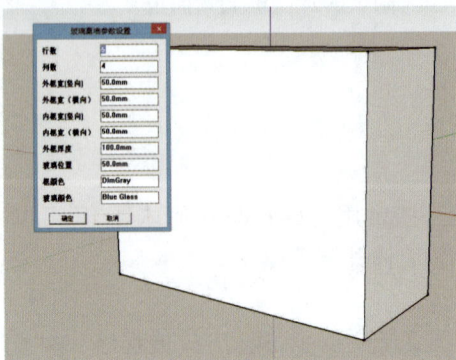

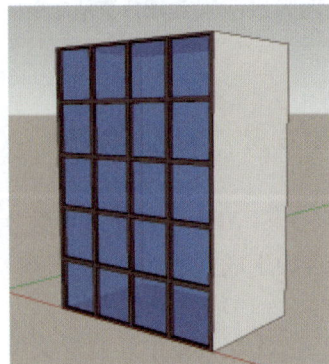

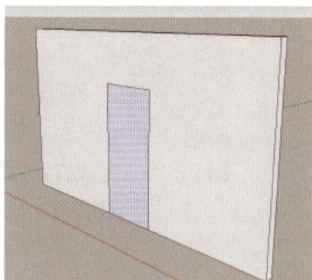

图2.304 绘制墙制   图2.305 "墙体开洞"命令   图3.306 完成"墙体开洞"

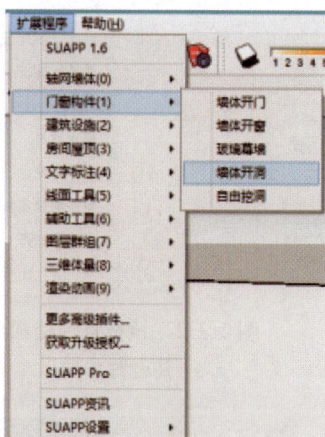

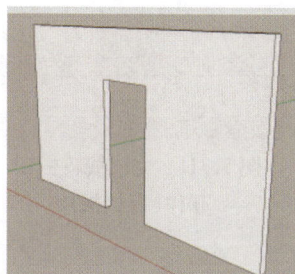

2.4.3 建筑设施

SUAPP除了通过参数生成一些常用的模型与几何体外，还可以通过当前创建的简单模型自动生成如线转栏杆、直跑楼梯、双跑楼梯等操作。

（1）线转栏杆

①在视图中绘制长度为5 000 mm的直线，选择直线，然后执行"扩展程序"→"建筑设施"→"线转栏杆"菜单命令，如图2.307所示。

②弹出"参数设置"面板，设置参数值，此处参数"栏杆挡板"设置为"无"，设置完成后，单击确定，完成操作，如图2.308、图2.309所示。

③弹出"参数设置"面板，设置参数值，此处参数"栏杆挡板"设置为"矩形"，设置完成后，单击确定，完成操作，如图2.310、图2.311所示。

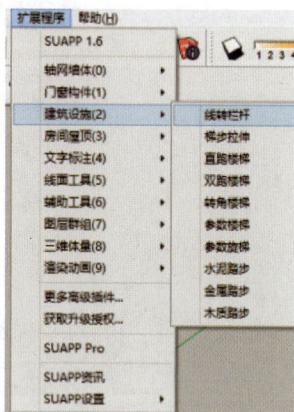

图2.307 线转栏杆命令

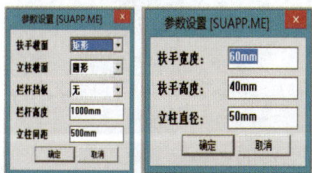

图2.308 设置参数   图2.309 完成线转栏杆操作(无挡板)   图2.310 设置参数

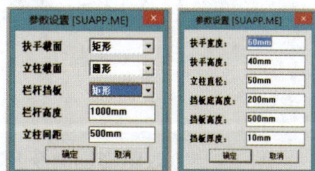

（2）直跑楼梯 在视图中执行"扩展程序"→"建筑设施"→"直跑楼梯"菜单命令，设置参数，确定后完成直跑楼梯建模，如图2.312、图2.313所示。

（3）双跑楼梯 在视图中执行"扩展程序"→"建筑设施"→"双跑楼梯"菜单命令，设置参数，选择休息平台位置为楼梯末端，确定后完成双跑楼梯建模，如图2.314—图2.316所示。

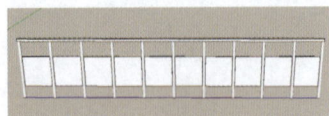

图 3.311　完成线转栏杆
操作(有挡板)

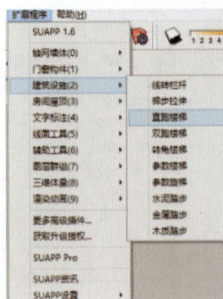

图 2.312　执行直跑楼梯命令
并设置参数

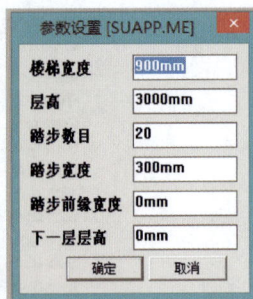

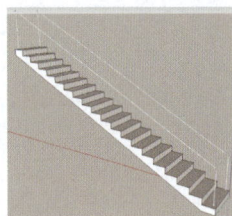

图 2.313　完成直跑楼
梯操作

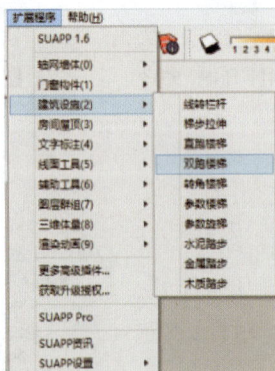

图 2.314　执行双跑楼梯菜单命令并参数设置

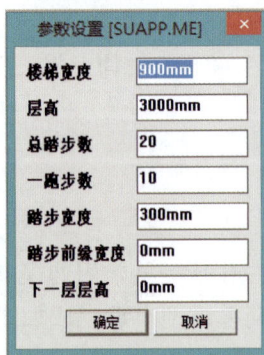

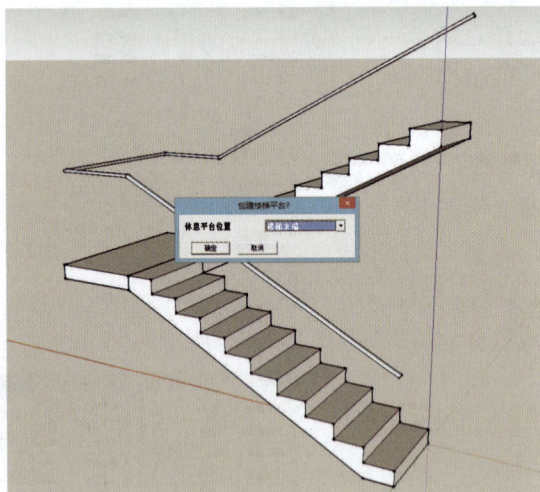

图 2.315　双跑楼梯命令及参数(休息平台位置)

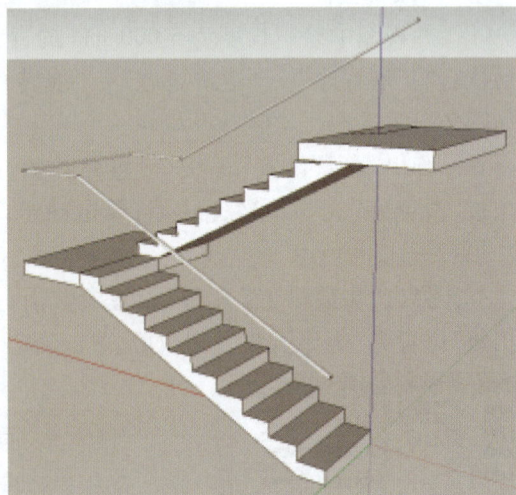

图 2.316　完成双跑楼梯操作

2.4.4　房间屋顶

SUAPP 房屋屋顶插件可以通过当前创建的模型自动生成如坡屋顶、悬山屋顶等形式,方便于建筑单体建模。

（1）坡屋顶

①绘制长方体,选择顶面,然后执行"扩展程序"→"房屋屋顶"→"生成屋顶"→"坡屋顶"菜单命令,参数设置,如图2.317所示。

②参数设置完成后,单击确定,完成坡屋顶建筑建模,如图2.318所示。

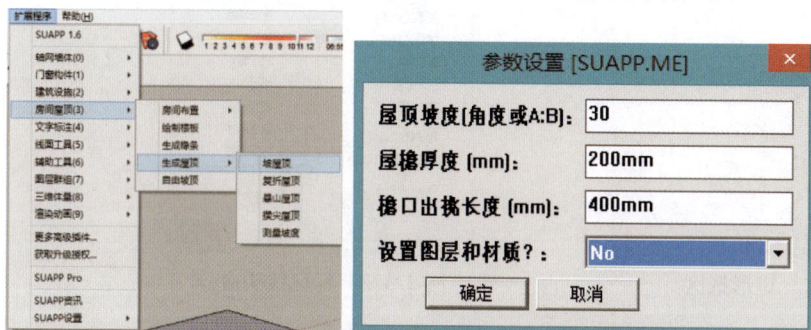

图2.317   执行坡屋顶菜单命令与参数设置

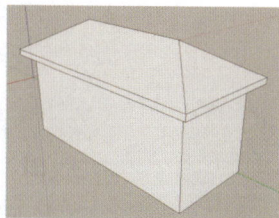

图2.318   完成坡屋顶建模

（2）悬山屋顶

①在视图中绘制长方体,选择顶面,然后执行"扩展程序"→"房屋屋顶"→"生成屋顶"→"悬山屋顶"菜单命令,参数设置,如图2.319所示。

②参数设置完成后,单击确定,完成悬山屋顶建筑建模,如图2.320所示。

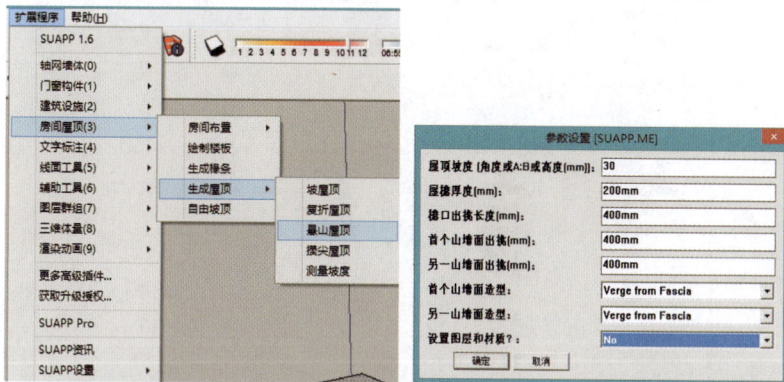

图2.319   执行悬山屋顶菜单命令与参数设置

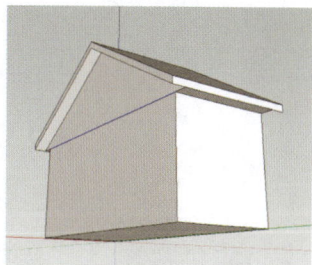

图2.320   完成悬山屋顶建模

2.4.5 面域生成

在SketchUp建模过程中模型量较大或者图形线条较复杂的情况下,难以将面域全部封全,可以借助SUAPP插件里面标记线头、生成面域工具生成面域。

（1）标记线头

①在视图中有两个未封面的矩形,然后执行"扩展程序"→"文字标注"→"标记线头"菜单命令,如图2.321、图2.322所示。

②在视图中将图面中线条未闭合的区域标记出来,补齐未闭合的线条,使之闭合,即可封好面域,如图2.323、图2.324、图2.325所示。

（2）生成面域   在视图中形成未封面域的矩形框,选择图形,然后执行"扩展程序"→"线面工具"→"生成面域"菜单命令,自动封面,如图2.326、图2.327、图2.328所示。

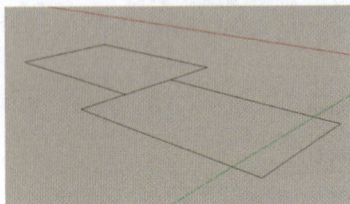

图2.321　矩形选区

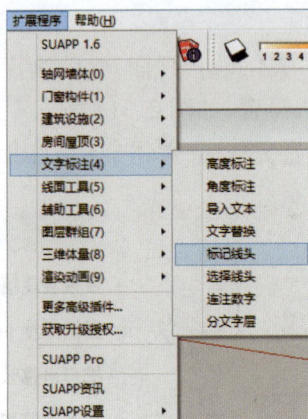

图2.322　标记线头命令

图2.323　显示标记线头

图2.324　修补线条

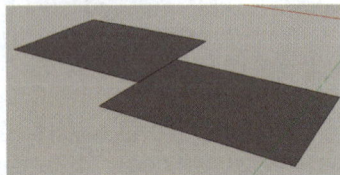

图2.325　面域形成

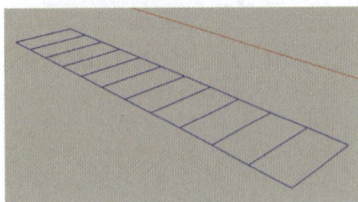

图2.326　选择未封面的矩形框

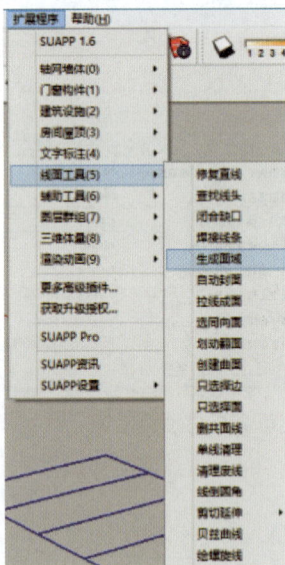

图2.327　生成面域命令

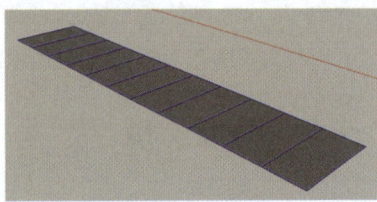

图2.328　完成封面

实践技能篇

3 单体建模案例

实例 1 景观桥模型制作

①使用圆弧工具 A 在立面上绘制圆弧，长度为 7 600 mm，弧高为 1 200 mm，运用直线工具将圆弧封面，如图 3.1 所示。

②运用直线工具 L 绘制台阶，高度 150 mm，宽度 400 mm，平台宽度 1 200 mm，如图 3.2 所示。

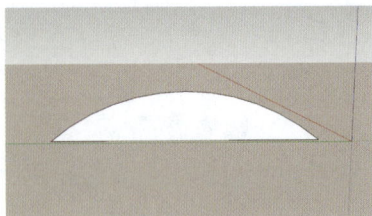

图 3.1　圆弧封面

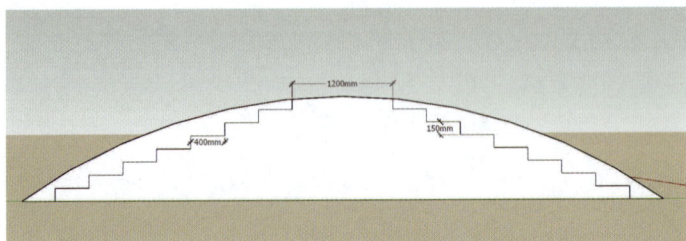

图 3.2　绘制台阶

③选择该块面和线，按 Delete 键删除，如图 3.3 所示。

④选择面运用推拉工具推拉 1 800 mm，如图 3.4 所示。

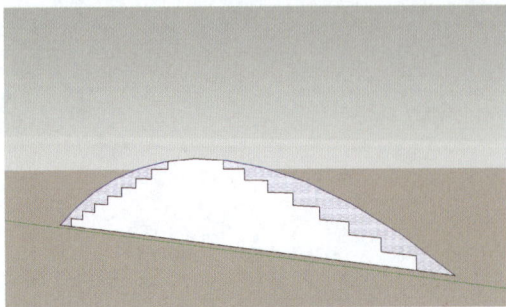

图 3.3　删除面和线

图 3.4　推拉面

⑤借助卷尺工具作辅助线，以辅助线两端头为圆弧两端点，使用圆弧工具绘制圆弧，长度为

3 937 mm,弧高为 712 mm,如图 3.5 所示。

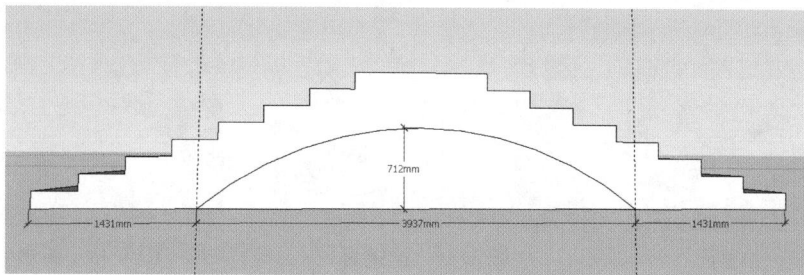

图 3.5　绘制弧线

⑥将辅助线删除,选择桥洞(面),如图 3.6 所示。使用推拉工具,制作桥洞,如图 3.7 所示。

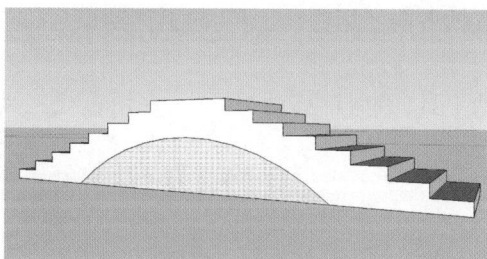

图 3.6　选择弧形面

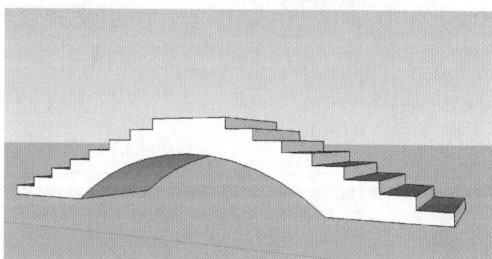

图 3.7　使用推拉工具制作桥洞

⑦按 Ctrl + A 全选所有对象,单击右键创建群组,如图 3.8 所示。

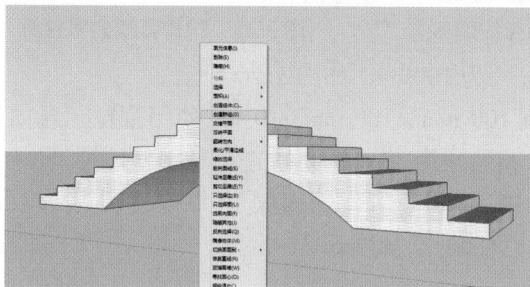

图 3.8　创建群组

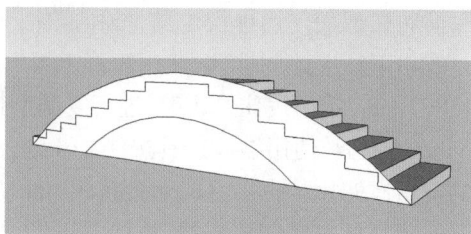

图 3.9　绘制圆弧面

⑧使用圆弧工具,在桥台阶立面上绘制圆弧,以桥两端头为起始点,大圆弧高为 1 350 mm,小圆弧为 712 mm,然后运用直线工具,将其封面,如图 3.9 所示。选择小圆弧面(桥洞部分)将其面删除,如图 3.10 所示。得到的图形,右键成组,如图 3.11 所示。

⑨双击鼠标左键进入群组,选择面,使用推拉工具,推拉 150 mm,如图 3.12 所示。

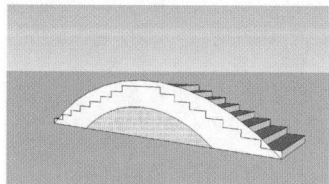

图 3.10　删除面

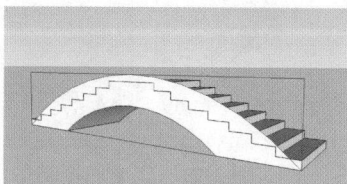

图 3.11　创建群组

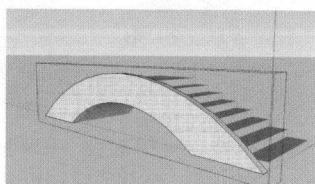

图 3.12　推拉面

⑩使用偏移工具,向内偏移 80 mm,如图 3.13 所示。

⑪选择偏移产生的面,使用推拉工具,将面向里推拉 50 mm,如图 3.14 所示。

⑫使用圆弧工具 A,长度为 6 800 mm,弧高 1 350 mm,运用移动复制命令,沿蓝轴方向移动

50 mm,再用直线工具将面封上,如图 3.15 所示,选择面,使用推拉工具,推拉 100 mm,如图 3.16 所示。

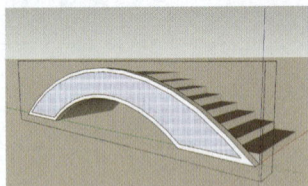

图 3.13   偏移面

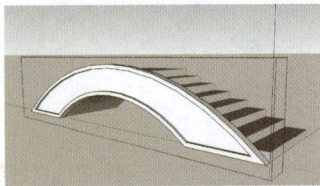

图 3.14   推拉面

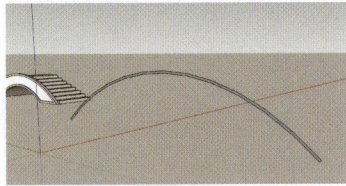

图 3.15   弧形生成面

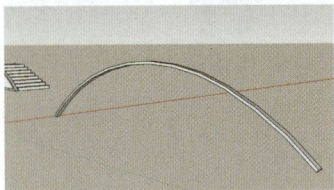

图 3.16   面推拉成体

⑬将画好的弧形体块剪切(Ctrl + X)到桥面的组内,并且捕捉至中点,如图 3.17 所示。

⑭选择弧线沿蓝轴方向使用移动工具,向上移动 675 mm,如图 3.18 所示。

⑮再次使用移动工具,沿蓝轴移动 70 mm,并用直线工具将其封面,如图 3.19 所示。

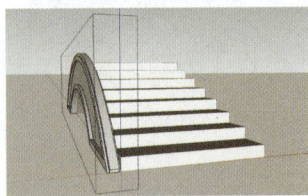

图 3.17   剪切到桥面组内

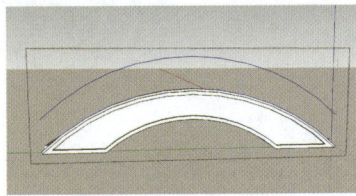

图 3.18   选择弧线偏移

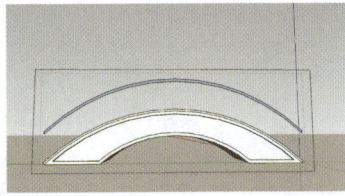

图 3.19   选择弧线偏移封面

⑯将弧形面使用推拉工具,推拉成体,推拉尺寸为 100 mm,如图 3.20 所示。

⑰由下往上绘制柱体,使用矩形工具 R,绘制 100 mm × 100 mm 的矩形,使用推拉工具向上推拉897 mm,然后按住 Ctrl 键,进行复制型推拉,其尺寸为 28 mm,再次进行复制型推拉,尺寸为 28 mm,选择面,使用缩放工具按住 Ctrl 键,沿面中心点进行等比例缩放,其缩放比例为 1.2,得到的面再次使用推拉工具向上推拉 55 mm,完成栏杆制作,如图 3.21 所示。

⑱将栏杆右键创建成群组,如图 3.22 所示。

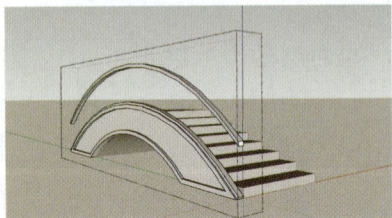

图 3.20   选择弧线偏移封面

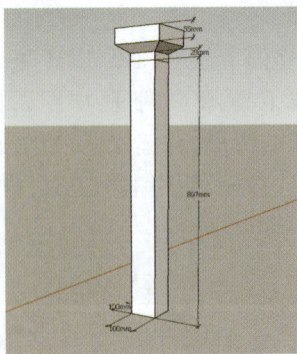

图 3.21   完成栏杆制作

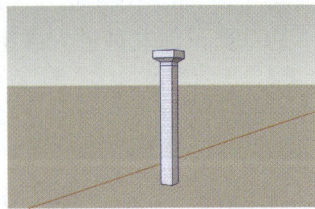

图 3.22   创建群组

⑲将成组的栏杆剪切(Ctrl + X),再使用移动工具 M,将模型移动放置在桥面模型组内,如图 3.23 所示。

⑳将模型按照同样的方式使用移动工具,等分放置在弧形桥面上,放置栏杆,将栏杆右键分解,然后右键使用模型交错选项,将栏杆与桥面模型交错,产生的多余线段使用 Delete 键删除,

如图 3.24 所示。

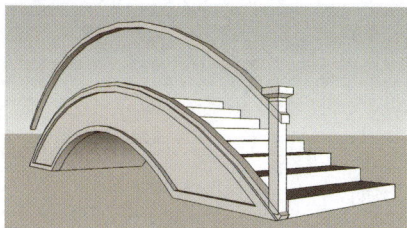

图 3.23　移动栏杆放置于桥面组内

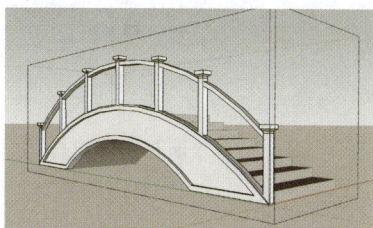

图 3.24　模型交错与整理后线段效果

㉑单击鼠标右键,在菜单中选择"创建群组"命令,将栏杆成组,如图 3.25 所示。

㉒将栏杆与面板成一个大组,如图 3.26 所示。

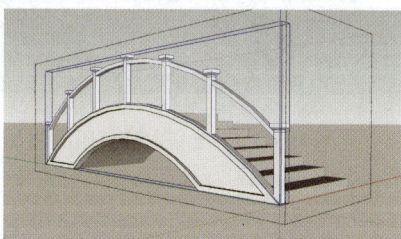

图 3.25　创建群组

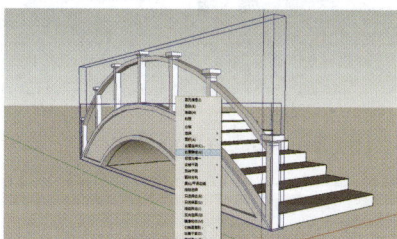

图 3.26　创建大的群组

㉓运用移动复制命令,复制出另外一侧的栏杆组合,再将其运用缩放工具 S,选择侧面的中点,输入"﹣1",进行镜像,如图 3.27 所示。

㉔运用移动工具将栏杆组合使用移动工具移至台阶处,如图 3.28 所示。

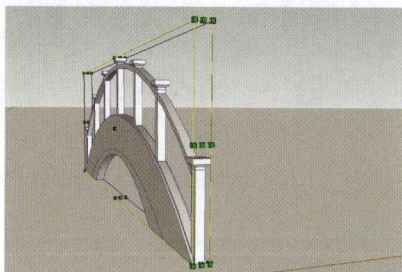

图 3.27　移动复制与镜像

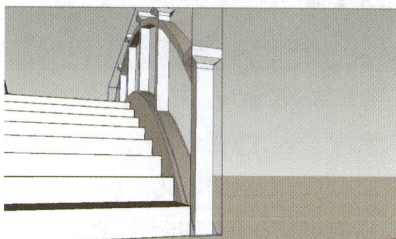

图 3.28　移动复制与镜像

㉕完成桥体建模,如图 3.29 所示。

㉖使用矩形工具 R,绘制矩形尺寸为 12 520 mm×12 520 mm 的草坪,然后使用手绘线绘制水面轮廓线,如图 3.30 所示。

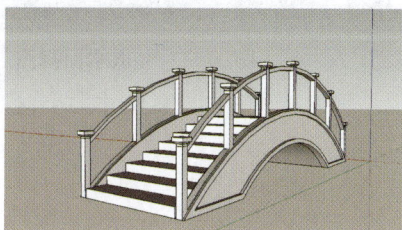

图 3.29　初步桥体建模

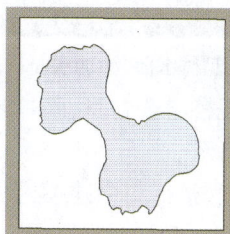

图 3.30　绘制草坪与水面

㉗选择水面,使用推拉工具,向下推拉 450 mm,如图 3.31 所示。

㉘分别将草坪与水面用鼠标右键创建成群组,如图 3.32 所示。

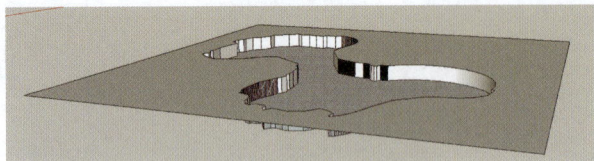

图 3.31　水面与草坪组合

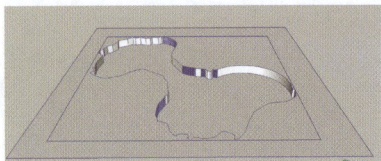

图 3.32　分别将水面与草坪创建成群组

㉙使用移动工具,将桥移动到场景中,如图 3.33 所示。

㉚使用材质工具,给桥和草坪添加材质,如图 3.34 所示。

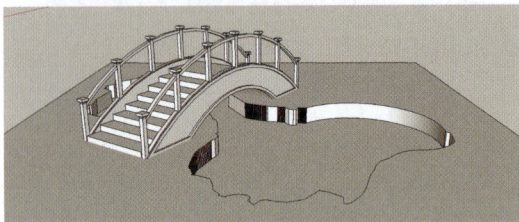

图 3.33　移动桥至场景中

图 3.34　草坪与木纹材质的添加

㉛选择水池,使用材质工具从外部添加"石子"素材贴图,在材质编辑里调整素材比例为
1 000 mm×1 000 mm,如图 3.35 所示。

㉜赋予"石子"材质完成,如图 3.36 所示。

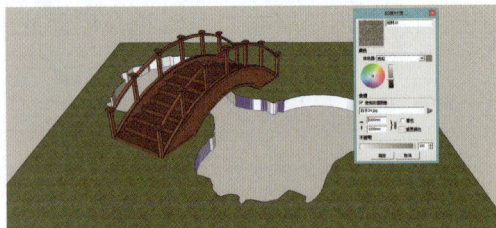

图 3.35　添加"石子"素材

图 3.36　添加"石子"素材

㉝进入水池组内,选择地面,使用移动复制工具("M + Ctrl"),沿蓝轴移动复制 400 mm,并
添加水面材质,调整不透明度为 50%,如图 3.37 所示。

㉞完成水面材质添加,如图 3.38 所示。

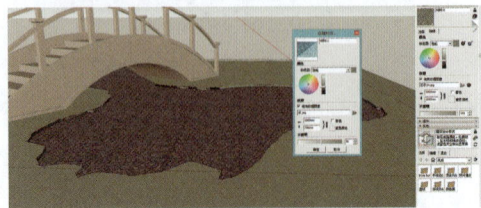

图 3.37　制作水面,添加水面材质

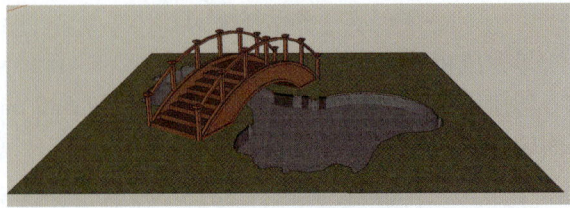

图 3.38　完成水面制作

㉟打开景观桥组合素材,将植物、石头、假山添加入场景中,调整尺寸大小,打开组件添加人
物,如图 3.39 所示。

㊱调整角度,选择集中建模区域,设置完后,打开阴影,如图 3.40 所示。

图3.39　添加配景

图3.40　角度调整与打开阴影

实例2　中式景观亭模型制作

例2中式景观亭制作

①使用多边形工具,绘制半径为2 500 mm的八边形,如图3.41所示。
②使用偏移工具F,向内偏移距离为450 mm,如图3.42所示。
③使用直线工具L,将各角点相连接,如图3.43所示。
④使用卷尺工具T,在八边形上绘制辅助线,其尺寸为150 mm,然后再用直线工具绘制台阶的直线,如图3.44所示。

图3.41　绘制八边形

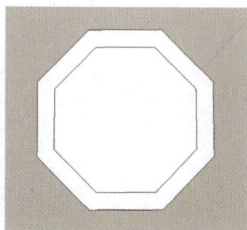

图3.42　偏移

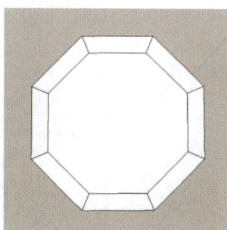

图3.43　绘制直线

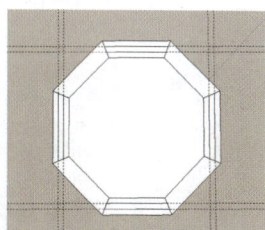

图3.44　绘制台阶直线

⑤使用推拉工具P,绘制台阶。台阶高度为两层,其高度均为120 mm。随后绘制中间的平台,其高度为240 mm,如图3.45所示。
⑥将多余的线与面删除,其余3处台阶面采取同样的方式完成,如图3.46所示。

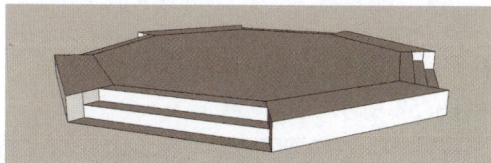

图3.45　制作台阶与平台

图3.46　制作台阶与平台

⑦使用卷尺工具,拉出120 mm辅助线,如图3.47所示,运用直线工具在其底部绘制直线,如图3.48所示,用推拉工具将锐角部分去除,如图3.49所示。

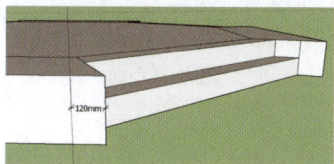

图3.47　拉出120 mm辅助线

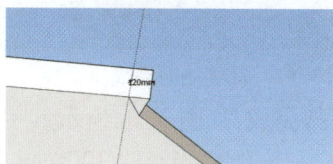

图3.48　在底部绘制直线

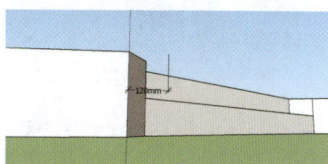

图3.49　推拉面完成

⑧其余 7 个角采取相同方式,将锐角去除,完成效果如图 3.50 所示。

⑨使用圆工具,绘制半径为 150 mm 的圆,并将其创建成组件,如图 3.51 所示。

⑩进入圆形组内,使用推拉工具,向上推拉 2 800 mm,然后根据其比例,在内部使用直线工具,以圆心中心点为起始点,绘制圆柱截面。截面上、下两端尺寸宽 75 mm,长 350 mm,中间宽 40 mm,长 2 100 mm,如图 3.52 所示。

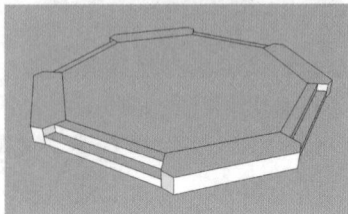

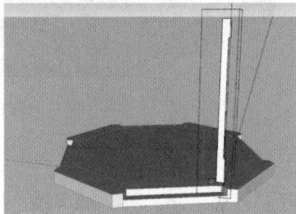

图 3.50　修改细节　　　　　图 3.51　绘制圆　　　　　图 3.52　绘制圆柱截面

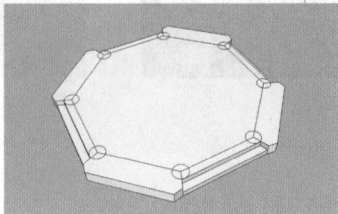

⑪使用路径跟随工具,选择圆形面,在绘制好的圆柱截面上使用路径跟随,完成放样,其余的 7 根柱体,使用移动复制命令完成,如图 3.53 所示。

⑫选择底座的正八边形,使用移动复制命令,复制放置于圆柱体圆心面中心位置,并用鼠标双击选择正八边形,右键单独成组,如图 3.54 所示。

⑬双击进入群组编辑,在组内绘制八角亭截面,以八角形任意一条边线为中点,其屋顶截面宽度为 2 874 mm,高度为 2 816 mm,屋顶倾斜约 38°,其余屋顶细节,可参照图片完成,如图3.55所示。

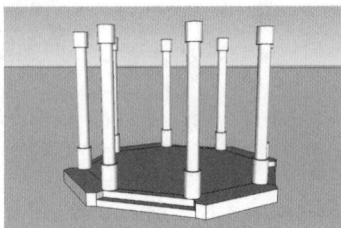

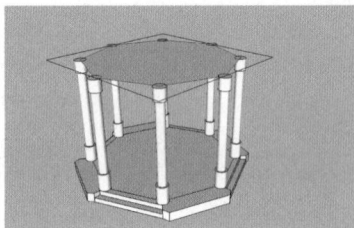

图 3.53　路径跟随　　　　图 3.54　复制底座八边形并成组　　　图 3.55　绘制八角亭
　　　　　　　　　　　　　　　　　　　　　　　　　　　　　　　　　　　屋顶截面

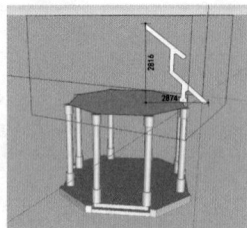

⑭使用路径跟随工具,选择八边线面,单击路径跟随工具放置在绘制好的八角亭屋顶截面上,即可得到亭子顶架,如图 3.56 所示。

⑮将柱体全部选择并用鼠标右键隐藏,将亭子顶部运用直线工具进行补面,如图 3.57 所示,然后选择中心面进行删除,形成镂空效果,如图 3.58 所示。

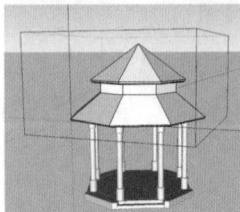

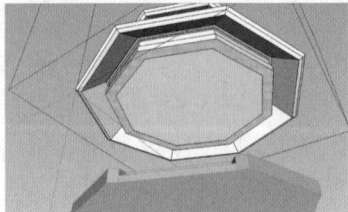

图 3.56　路径跟随　　　　　图 3.57　直线补面完成　　　　　图 3.58　删除中心面

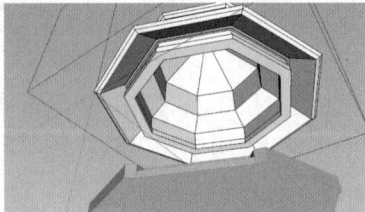

⑯取消隐藏柱体,亭子基本框架完成,如图 3.59 所示。

⑰顶架添加宝顶,使用圆工具 C,先绘制半径为 120 mm 的圆形,参照图 3.60 中的尺寸标注,绘制出宝顶截面,其宝顶高度为 300 mm。使用路径跟随工具,以 120 mm 的圆形为半径,使

用路径跟随放置在绘制好的高 300 mm 的截面上,完成放样,效果如图 3.61 所示。

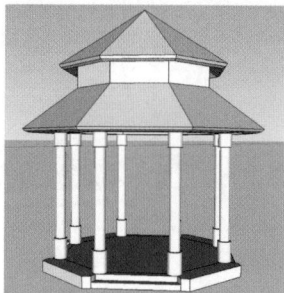

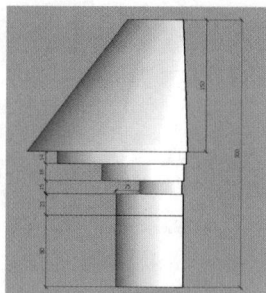

图 3.59 完成框架　　　图 3.60 绘制宝顶截面　　　图 3.61 完成宝顶放样

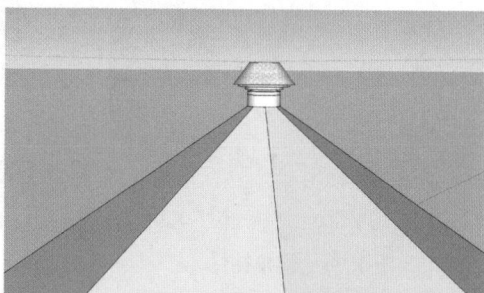

⑱添加脊梁,使用圆工具,分别以八角形亭子顶架 8 个角点为中心,绘制半径为150 mm 的圆,如图 3.62 所示,选择直线,使用路径跟随工具放置于圆形上,得到脊梁,将此选中用鼠标右键创建成组,如图 3.63 所示,其余的采用旋转复制即可完成,如图 3.64 所示。

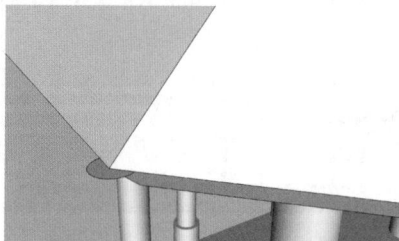

图 3.62 绘制半径为 150 mm 的圆形　　图 3.63 路径跟随完成脊梁并成组　　图 3.64 旋转复制

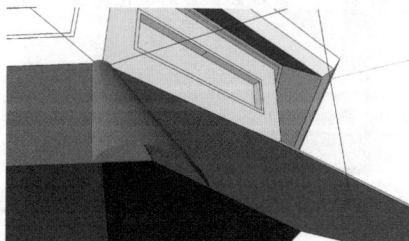

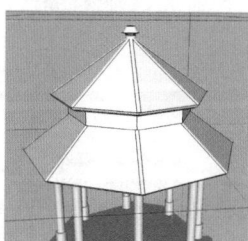

⑲使用矩形工具,在其面的中心位置绘制矩形,长度为 950 mm,宽度为 250 mm,使用偏移工具,选择面向内偏移 20 mm,使用推拉工具,向内推拉 50 mm,选择外框面,向外推拉 10 mm,并将画好的部件用鼠标右键创建成组,如图 3.65 所示。

⑳采取同样的方式可以完成其余部分的操作,效果如图 3.66 所示。

㉑完善梁的细节,使用推拉工具,使梁平齐于上端柱体底部,使其比例更适宜,如图 3.67 所示。

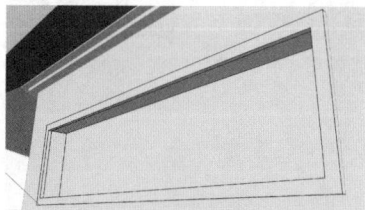

图 3.65 亭子装饰部件完成　　　图 3.66 其余亭子装饰部件的完成　　　图 3.67 推拉梁

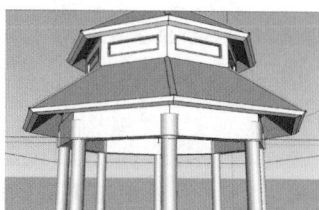

㉒使用推拉工具 P,完善柱体细节,对柱体上端柱头使用推拉工具上移,得到效果,如图 3.68所示。

㉓制作花池,使用推拉工具,选择面,将花池向外推拉 150 mm,其余 3 个花池按照同样的方式操作,如图 3.69 所示。

㉔制作绿篱。选择台阶中间部分的顶面,使用偏移工具 F,向内偏移 60 mm,再对此面使用推拉工具 P,向上推拉 120 mm,单击鼠标右键将绿篱部分并成组,最后完善花池细节,运用圆弧工具 A,在花池的立面绘制一条弧线,使用路径跟随工具,选择花池顶部面,再使用路径跟随工具放置于弧线形成的面上,即可完成花池导圆角,其余 3 个花池采取同样方式完成绿篱、花池倒

圆角操作,如图 3.70 所示。

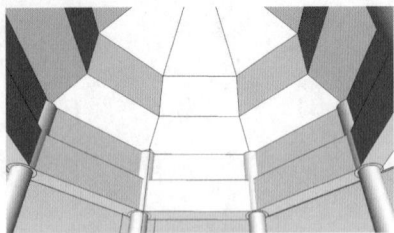

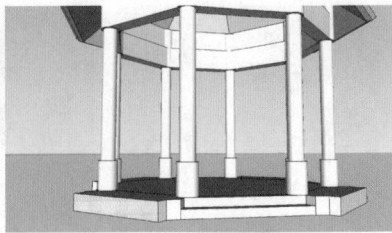

图3.68　推拉柱体　　　　图3.69　推拉花池　　　　图3.70　完成花池制作

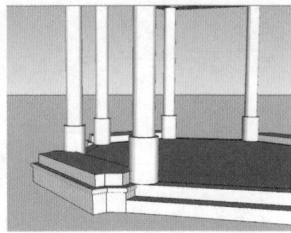

㉕在柱体底端,离地 45 cm 处,使用矩形工具 R,绘制一个 1 242 mm×60 mm 的矩形框,如图 3.71 所示。

㉖使用推拉工具 P,向内、外分别推拉 225 mm,使坐凳的面宽度为 450 mm,如图 3.72 所示。

㉗选择坐凳的底面,如图 3.73 所示,使用推拉复制命令,向下推拉 390 mm,如图 3.74 所示。

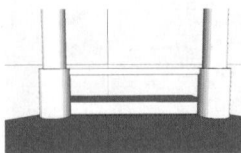

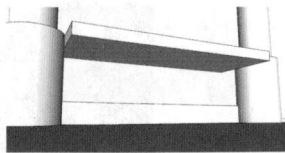

图3.71　绘制矩形　　图3.72　推拉　　图3.73　选择坐凳底面　　图3.74　完成坐凳底座

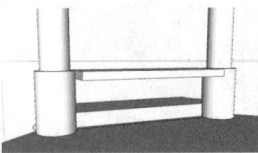

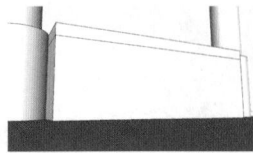

㉘选择坐凳侧面,如图 3.75 所示,使用推拉工具 P,向内推拉 225 mm,如图 3.76 所示。

㉙使用圆弧工具 A,在坐凳立面处,绘制弧高为 30 mm 圆弧,如图 3.77 所示。

㉚使用路径跟随工具,选择坐凳顶面,使用路径跟随将其放置于弧形截面上,完成坐凳侧面导圆角,如图 3.78 所示。

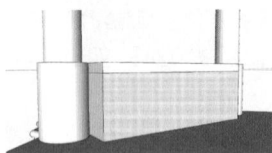

图3.75　选择坐凳侧面　　图3.76　向外进行推拉　　图3.77　绘制圆弧　　图3.78　完成坐凳
　　　　　　　　　　　　　　　　　　　　　　　　　　　　　　　　　　　　　侧面导圆角

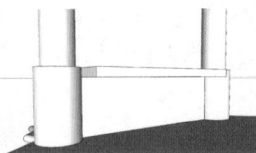

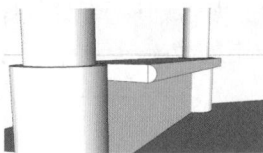

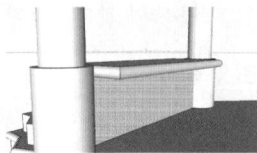

㉛将坐凳全选,单击鼠标右键创建成群组,如图 3.79 所示。

㉜其余 3 处坐凳采取同样的方式即可完成,如图 3.80 所示。

㉝完成建模,如图 3.81 所示。

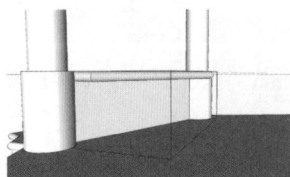

图3.79　创建成群组　　　　图3.80　坐凳完成　　　　图3.81　完成建模

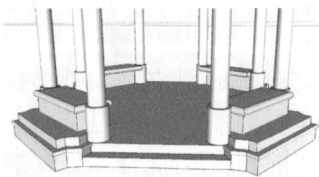

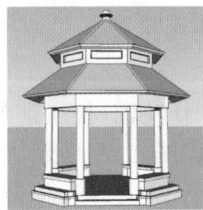

㉞单击材质工具 B,为模型赋予相对应的材质,在组件添加人物,调整风格,将背景设置为白色,将天空关闭,如图 3.82、图 3.83 所示。

㉟打开阴影,完成建模,最终效果如图 3.84 所示。

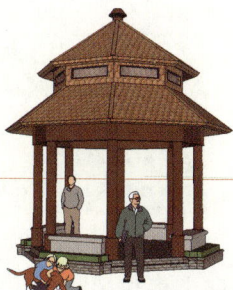

图 3.82　赋予材质　　　图 3.83　添加人物组件　　　　　　图 3.84　最终效果

实例 3　新中式花架模型制作

实例 3 新中式花架制作

最终效果如图 3.85 所示。

①打开 SketchUp 2016,打开"窗口"→"模型信息"→"单位",调整格式为十进制,单位为 mm,精确度为 0 mm,如图 3.86 所示。

②单击矩形命令 R,绘制 6 000 mm×6 000 mm 的矩形。然后向上推拉 100 mm。将顶面向内偏移 200 mm,制作地面铺装收边线。填充工字纹材质,收边留白,如图 3.87 所示。

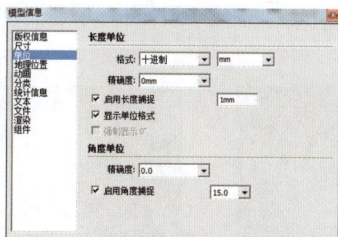

图 3.85　最终效果　　　　　　图 3.86　单位设置　　　　　　图 3.87　地面铺装

③单击卷尺工具 T,从收边线向内拉出 150 mm,定位 4 个立柱的位置。单击矩形命令 R,捕捉到辅助线角点,绘制 250 mm×250 mm 的正方形,创建为组件,在组件内编辑,向上推拉 3 200 mm,填充木质纹材质。随后单击卷尺工具 T,定位出地面的几何中心。选择立柱组件,单击旋转命令 Q,以地面几何中心为圆心进行旋转复制、阵列,得到 4 个立柱的位置,如图 3.88、图 3.89 所示。

图 3.88　创建组件　　　　　　图 3.89　旋转复制

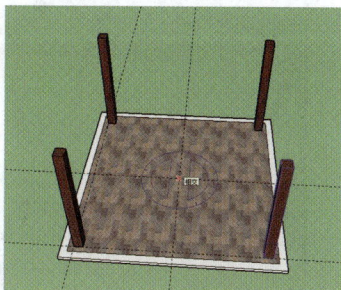

④双击进入其中一个立柱进行编辑,在顶端从边线中点左右拉出 60 mm 的辅助线,绘制 120 mm×120 mm 的正方形,向外推拉对齐到另外一个立柱。由于组件的关联性,4 个立柱得到同样的效果,如图 3.90、图 3.91 所示。

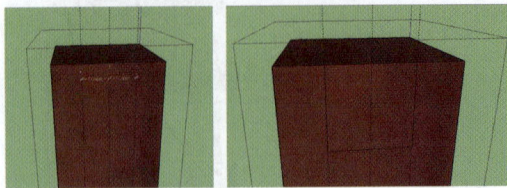

图 3.90　绘制矩形

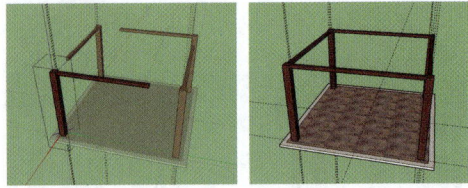

图 3.91　组件内推拉

⑤单击矩形命令 R,以立柱的角点绘制矩形,向上推拉 200 mm,向内偏移 200 mm,将中间的面向下推空,将此对象创建为组件,填充木质纹材质,如图 3.92、图 3.93 所示。

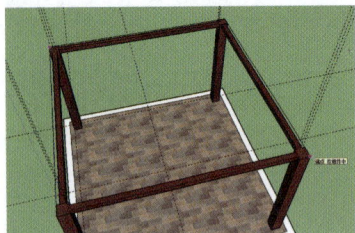

图 3.92　绘制矩形

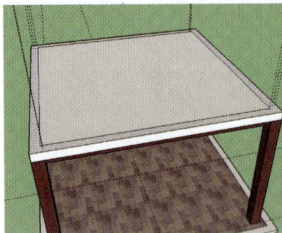

图 3.93　推空、填充材质

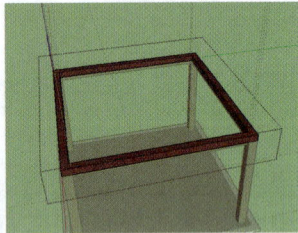

⑥在中间镂空处绘制矩形,创建为组件。向外偏移 250 mm,双击中间的面删掉。然后向内偏移 160 mm,随后做出 4 条辅助线,距离边线 1 000 mm。使用直线工具沿着辅助线破面,然后向两侧偏移出 80 mm,删掉中间的面,向上推拉 160 mm,填充木质纹材质,得到花架顶框架,如图3.94、图 3.95 所示。

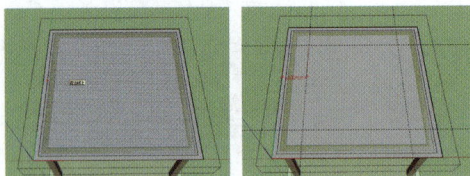

图 3.94　定位

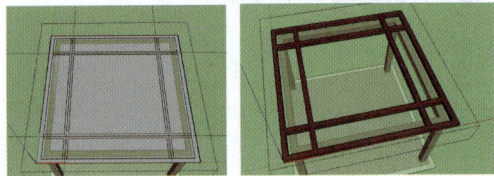

图 3.95　绘制顶框架

⑦拉出如图所示的辅助线,距离边线 200 mm。绘制 100 mm×160 mm 的矩形,将其创建为组件。移动复制和另一条辅助线对齐,移动阵列输入"/12",随后使用组件推拉出木栅格,如图 3.96、图 3.97 所示。

图 3.96　定位木架

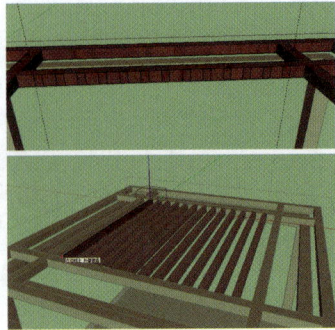

图 3.97　移动复制、阵列木架

⑧单击矩形命令 R,在立面上绘制矩形,对齐角点,将其创建为组件。使用卷尺工具 T,绘制如下尺寸辅助线,如图 3.98 所示。

⑨单击直线工具 L,在平面上沿辅助线绘制出直线。将面删除。在立柱底端绘制120 mm × 120 mm 的矩形,用选择命令选择路径跟随的路径线条,单击路径跟随命令,再单击面,绘制出回字漏窗形状,填充木质纹材质,如图 3.99、图 3.100 所示。

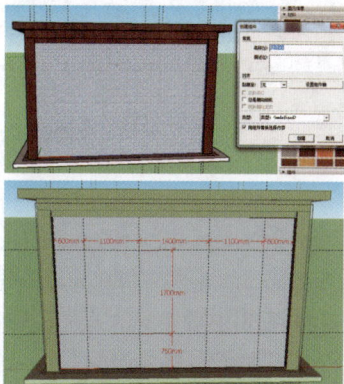

图 3.98　辅助线定位

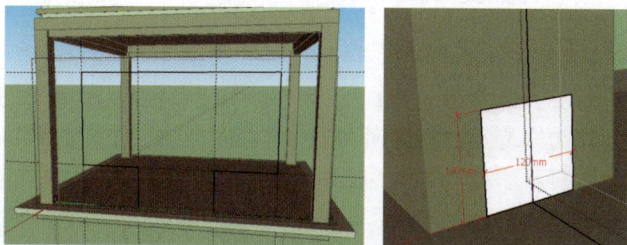

图 3.99　绘制路径和面

⑩随后单击矩形命令 R,在组件内补面,删除中间的面。将漏窗创建为嵌套组件,如图 3.101所示。

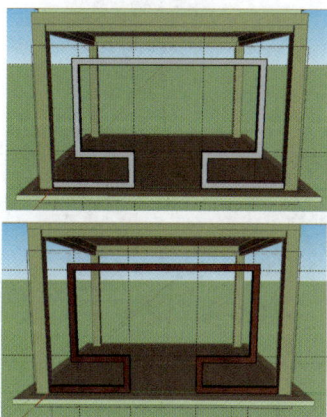

图 3.100　路径跟随、填充材质

图 3.101　补面、创建组件

⑪进入漏窗组件编辑,使用直线工具 L,绘制如下网格。单击偏移命令 F,将每个小面向内偏移 20 mm,随后删掉中间的面和中间的线,向内推拉和边框对齐,材质使之留白,从而得到漏窗,如图 3.102、图 3.103 所示。

图 3.102　绘制窗花 1

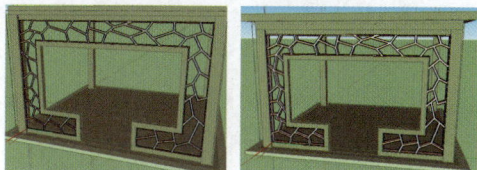

图 3.103　绘制窗花 2

⑫退出组件编辑,选中整个立面组件,使用 Ctrl + X 剪切,进入立柱组件中,在编辑菜单中单击定点粘贴,利用组件的关联性,效果如图 3.104 所示。

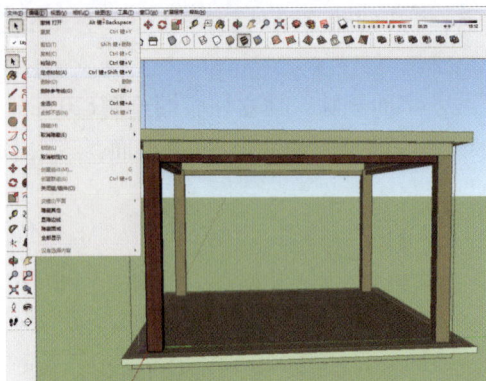

图3.104　定点粘贴

⑬在立柱组件中,顶面边线中心向左右拉出 30 mm 的辅助线,绘制 60 mm × 60 mm 的正方形,创建为嵌套组件。向外推拉 250 mm,将底面的线移动复制 60 mm,向下推拉 80 mm。退出组件编辑,将组件旋转复制,到同一立柱的另一侧中心,如图 3.105、图 3.106 所示。

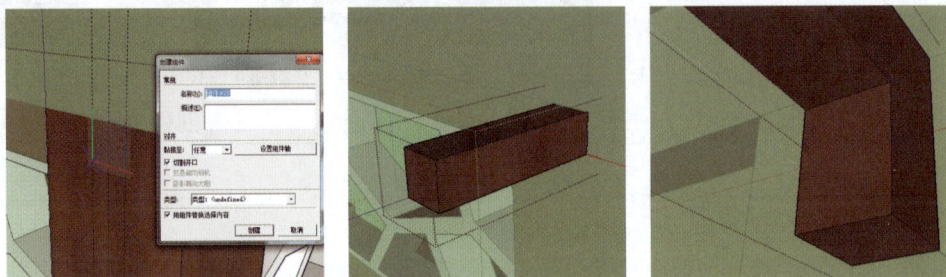

图3.105　创建组件、推拉

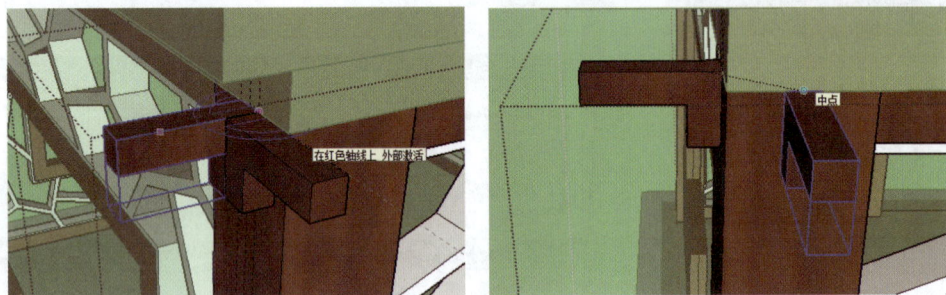

图3.106　旋转复制、移动

⑭调用素材库中的"中式挂灯.skp"组件,放置好位置,利用组件关联性,剪切定点粘贴进嵌套组件中,得到如图 3.107 的效果。

图3.107　定点粘贴

⑮调用素材库中的"中式方桌.skp"组件,放置到地面中心。调用素材库中的"垂吊植物.skp"组件,移动复制放置到顶面,如图3.108所示。

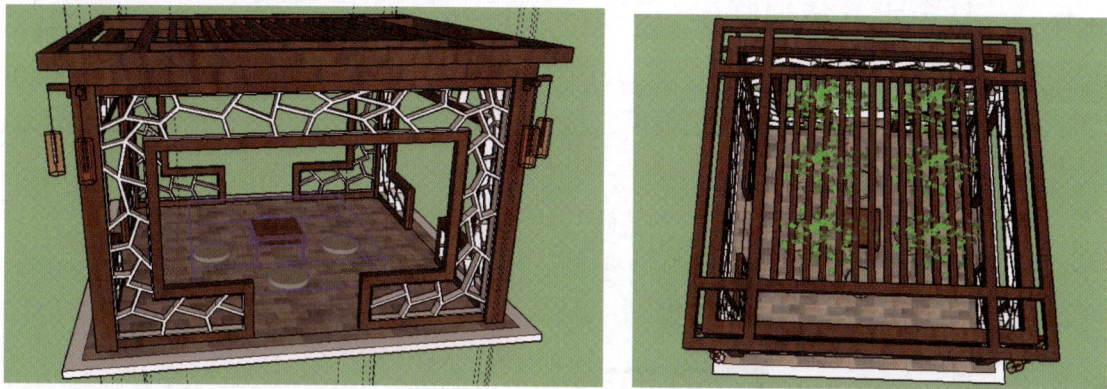

图3.108　调用组件素材

⑯在编辑菜单中单击删除参考线命令,去掉所有的辅助线,随后打开阴影开关,如图3.109所示。

图3.109　删除参考线

⑰选取一个视角,在右侧默认面板的场景面板中,点击⊕按钮,添加场景,用于定位此视角,如图3.110所示。

⑱最终完成效果如图3.111所示。

图3.110　添加场景　　　　　　　　　　**图3.111　最终效果**

实例4   特色水景模型制作

最终效果如图3.112所示。

①打开SketchUp 2016,打开"窗口"→"模型信息"→"单位",调整格式为十进制,单位为mm,精确度为0 mm,如图3.113所示。

图3.112   最终效果

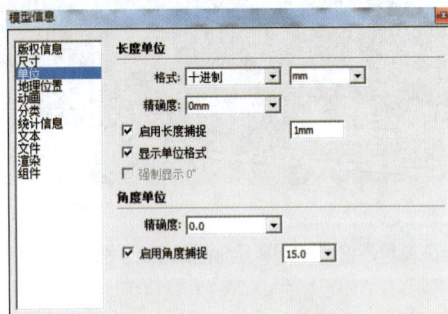

图3.113   单位设置

②打开"文件"→"导入",弹出一个导图对话框。单击"选项"按钮,在弹出的对话框中选择单位为"毫米",勾选最后一个选项"保持绘图原点",单击确定关闭此对话框。在右下角选择文件类型为"AutoCAD文件",在光盘素材案例中选择对应的"特色水景.dwg"CAD文件,单击导入按钮,如图3.114所示。

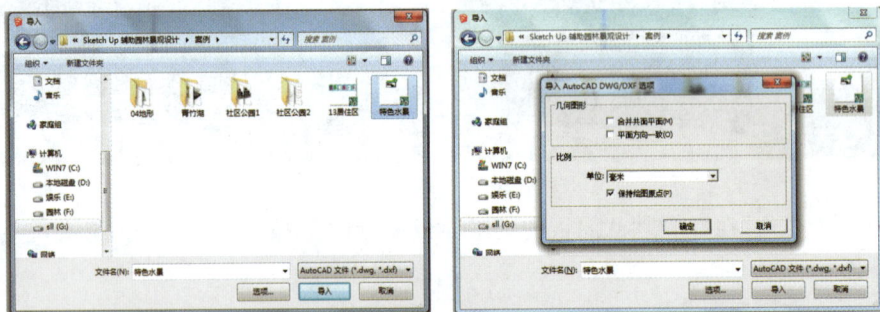

图3.114   选择CAD底图、设置单位

③导入完成后,会出现导入结果对话框,表示导图完成,单击关闭按钮。完成后的结果如图3.115所示。

④使用直线工具L或者矩形命令M,进行封面,封好面后全选所有物体,单击右键,在下拉菜单中单击"反转平面",将白色正面朝上,如图3.116所示。

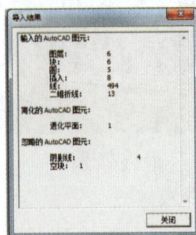

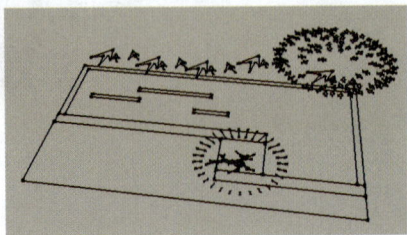

图3.115   导入CAD底图

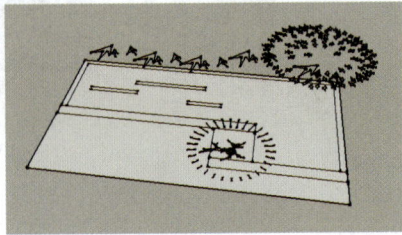

图3.116   封面

⑤做主体景墙部分。选择2个墙体对象创建组件，左边长的景墙推高2 200 mm,右边短的景墙推高1 800 mm。将立面上多余的线条用橡皮擦工具E去掉,如图3.117所示。

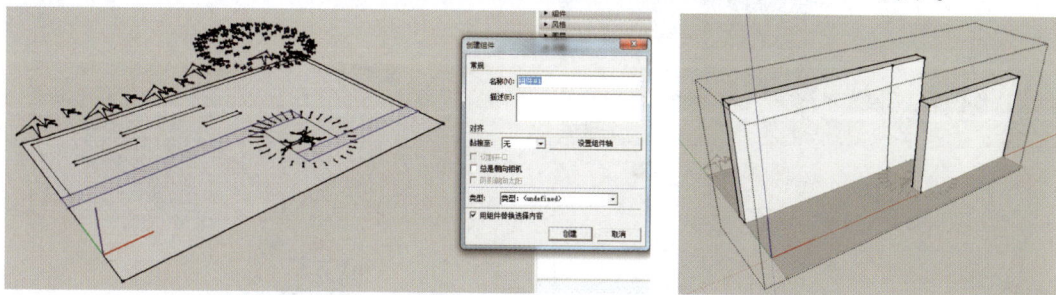

图3.117　创建组件、推拉

⑥将压顶的细节做出来。向外偏移30 mm,推高80 mm。然后在材料面板中选择颜色-M07号深灰色材质,把压顶填充为深灰色,如图3.118所示。

⑦在短的这面墙上添加装饰细节。首先使用卷尺工具T,在墙面绘制如图3.118所示尺寸的辅助线。使用矩形工具T,在相应位置绘制如图3.118所示尺寸的矩形,填充-M07号深灰色。完成装饰细节的绘制,如图3.119所示。

⑧在长的这面墙上添加镂空细节。首先使用卷尺工具T,在墙面绘制如图3.119所示尺寸的辅助线。使用矩形工具T,在辅助线位置绘制的矩形,使用推拉工具P,向后推拉完成镂空细节的绘制。退出景墙组件编辑,如图3.120所示。

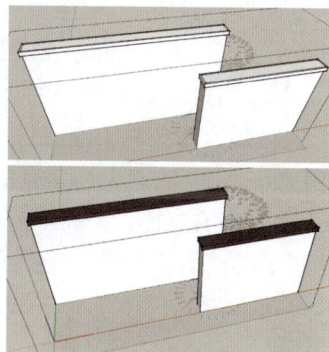

图3.118　绘制景墙压顶

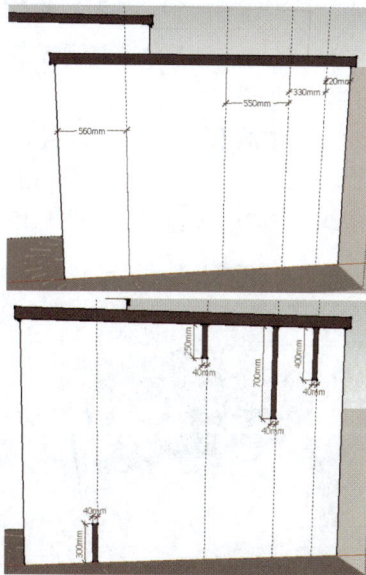

图3.119　装饰细节尺寸

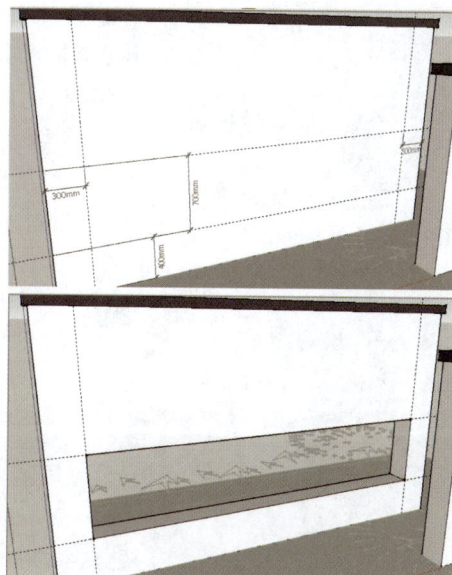

图3.120　镂空细节尺寸

⑨将后面的水池、假山选中,创建为一个整体组件,再选择水池中间的3个片石假山,创建为一个小的嵌套组件。首先将水池壁推高450 mm,将水面推高400 mm,水面填充浅蓝色水纹材质,如图3.121、图3.122所示。

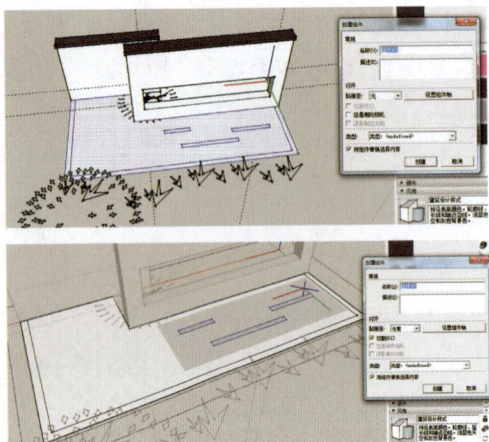

图3.121　创建组件

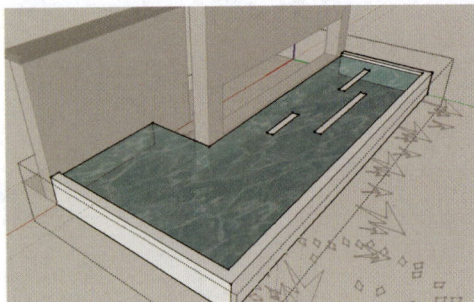

图3.122　组件内编辑

⑩双击进入片石假山的小组件中,使用推拉命令向上推拉,高度和镂空的边线对齐。在立面上,使用直线工具L,绘制如图3.122所示的片石假山的形状(3个假山形状中间大两边小),使用推拉工具P,将上面多余的部分推拉去掉。在材料面板中选择颜色-M07号深灰色材质,按Crtl键关联填充把3个面填充为深灰色,如图3.123、图3.124所示。

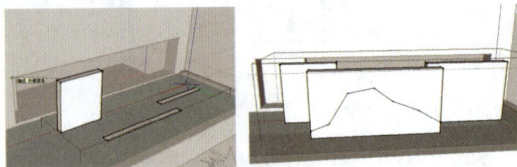

图3.123　推拉、绘制形状

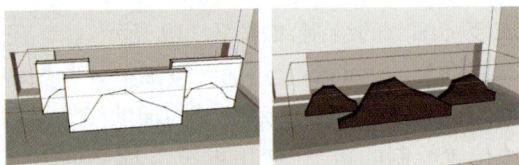

图3.124　推空、填充材质

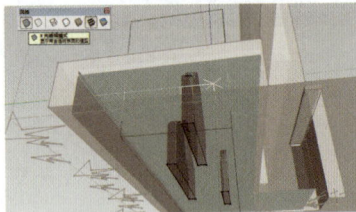

图3.125　向下推拉

⑪在片石假山组件中,开启"X光透视模式",将底面向下推拉,绘制水中的基础部分。然后关闭"X光透视模式",退出组件编辑,完成水池假山组件,如图3.125所示。

⑫将两面墙体中间的树池创建为一个组件。推高400 mm,将顶面向内偏移60 mm,将中间的面填充植被材质,推高50 mm。退出组件编辑,完成树池绘制,如图3.126所示。

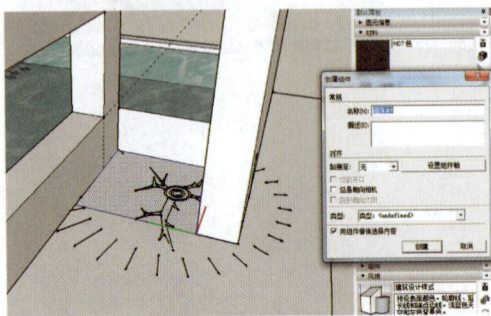

图3.126　树池创建

⑬将前方的地面创建为一个组件,进入组件编辑。使用移动复制命令M,绘制出卵石的边界。将两块分别填充卵石和植被材质。退出组件,完成编辑,如图3.127、图3.128所示。

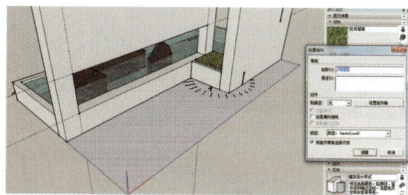

图 3.127 创建组件   图 3.128 填充材质

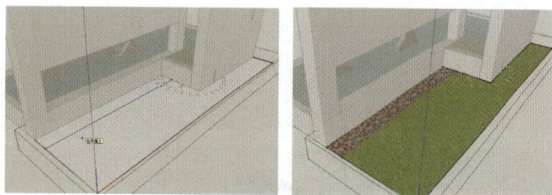

⑭使用直线工具 L,在镂空景墙上绘制如图 3.128 所示的流水形状,将此对象创建为组件。进入组件编辑,将平面和立面推高 5 mm,按住 Ctrl 键关联填充浅蓝色水池材质。退出组件,完成流水组件编辑,如图 3.129、图 3.130 所示。

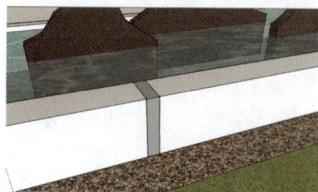

图 3.129 绘制流水形状   图 3.130 创建组件、推高

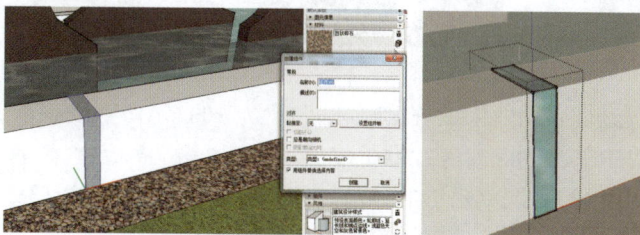

⑮使用移动复制命令 M,将流水组件水平向右复制 2 个。单击缩放命令 S,在红轴方向上单独拉伸其宽度,使 3 个流水组件的宽度大小不一,如图 3.131、图 3.132 所示。

⑯在右侧的默认组件面板中,调用"乔木.skp"组件,将位置放好,大小缩放适当,如图 3.133 所示。

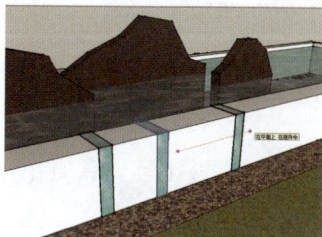

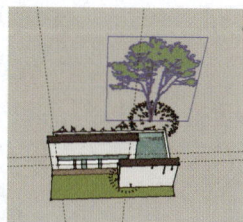

图 3.131 移动复制   图 3.132 拉伸   图 3.133 调用乔木组件

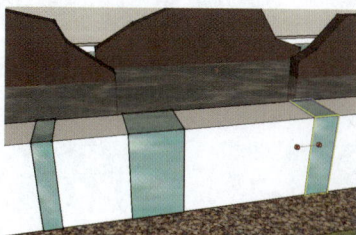

⑰在组件面板中,调用"竹子.skp"组件,将位置移动复制放好,大小缩放适当,如图 3.134 所示。

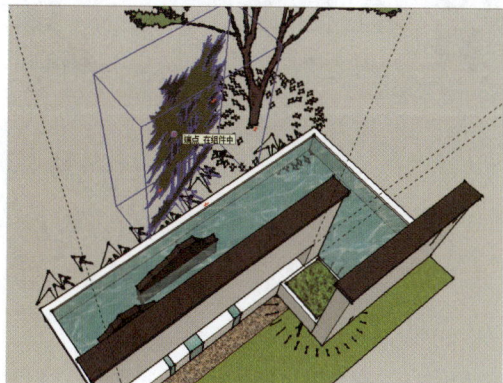

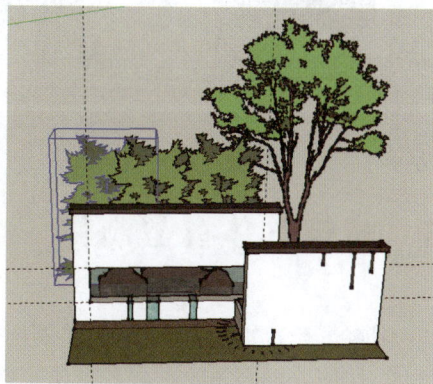

图 3.134 调用竹子组件

⑱在组件面板中,调用"灌木1.skp"和"灌木2.skp"组件,将位置移动复制放好,大小缩放适当,如图3.135所示。

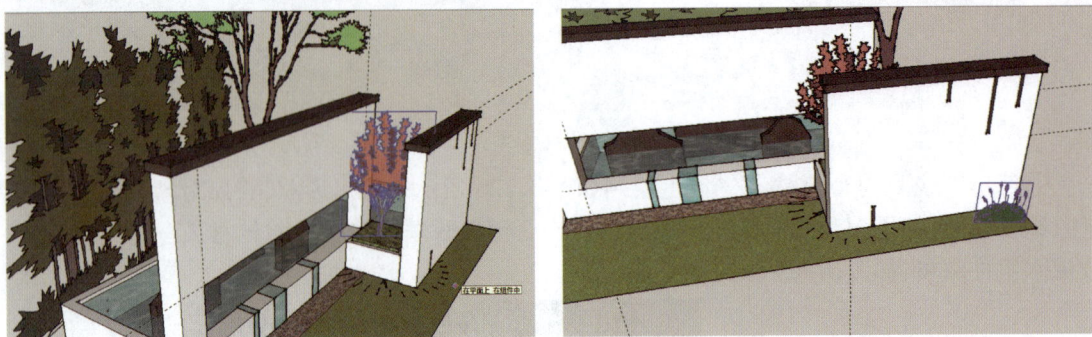

图3.135　调用灌木组件

⑲进行后期效果处理。首先将模型中的CAD植物模块删掉。然后去掉所有辅助线,在编辑菜单中单击删除参考线即可。其次在"风格"面板中,选择"预设风格"→"普通样式"。最后打开阴影开关,调整阴影的月份时间,如图3.136—图3.138所示。

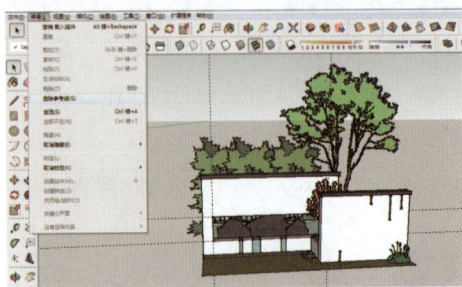

图3.136　删除参考线　　　　　图3.137　调整风格

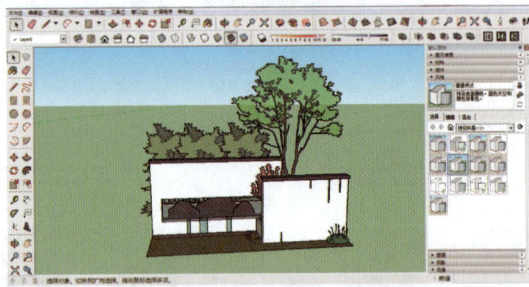

⑳调整出图视角,最终完成效果如图3.139所示。

图3.138　设置阴影　　　　　图3.139　最终效果

实例5　建筑单体模型制作

　　这个案例将进行建筑模型制作,主要阐述如何整理CAD底图,包括平面图、立面图,如何处理底图的图层和对象来提高建模的效率,以及准确推敲建筑模型空间划分过程,以及在整体建模过程中的技巧和思路。

3.5.1　整理 CAD 图纸

①打开素材库中提供的"建筑施工图.dwg"文件,如图 3.140 所示。冻结轴网、尺寸标注、家具、填充等图层,然后删掉文字标注,如图 3.141 所示。将一层平面、二层平面、屋顶平面、东立面、西立面、南立面和北立面分别处理成如图 3.142—图 3.148 所示效果。

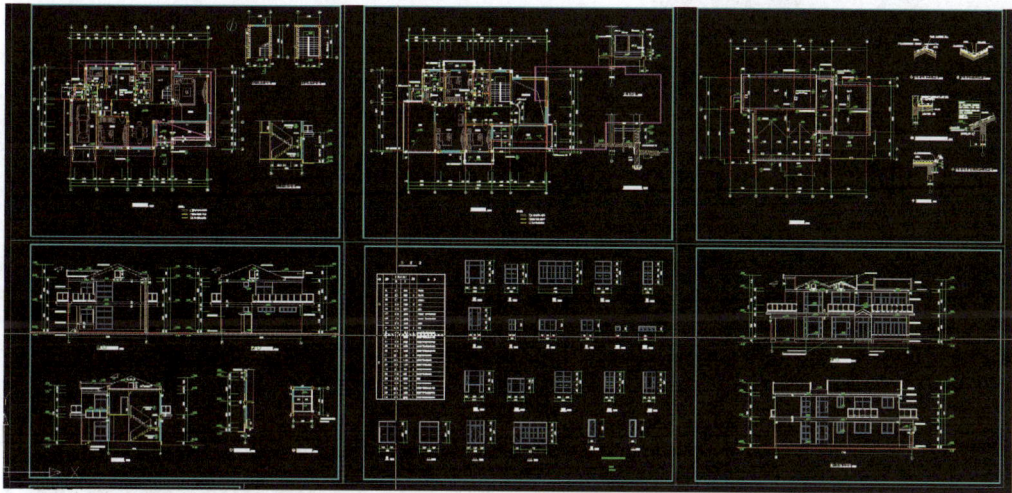

图 3.140　打开 CAD 文件

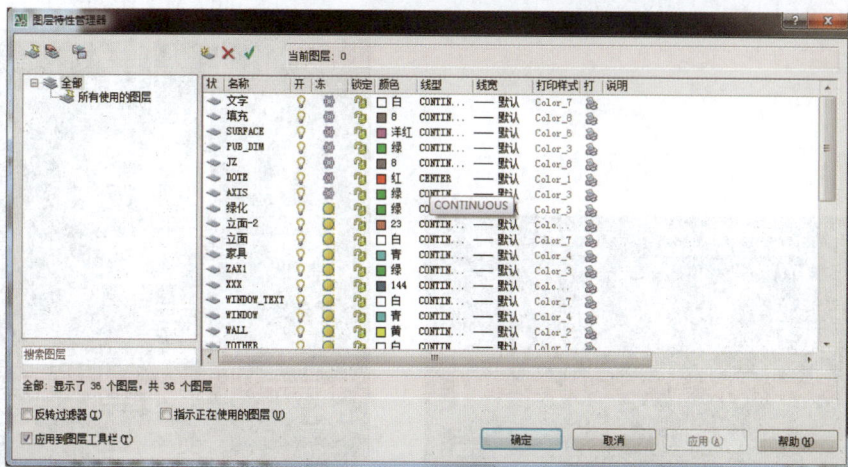

图 3.141　冻结图层

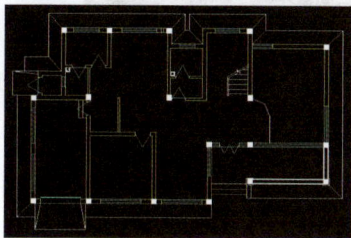

| 图 3.142　一层平面图 | 图 3.143　二层平面图 | 图 3.144　屋顶平面图 |

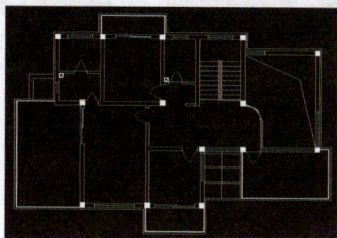

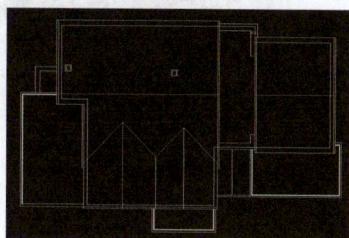

图3.145　东立面图

图3.146　西立面图

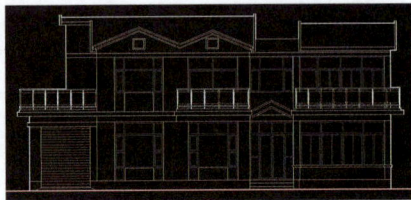
图3.147　南立面图

图3.148　北立面图

②新建 CAD 文件,分别新建平面、立面图层,如图3.149所示。然后在 CAD 源文件中单独选择一层平面图,复制到新建的 CAD 上,分别单独选择图形,复制到新建的 CAD 上,选择放到对应的图层上。然后使用相同方法处理其他图形,如图 3.150、图 3.151 所示。最后删掉多余的图层,则 CAD 底图处理好,保存为"整理建筑底图.dwg",如图 3.152 所示。

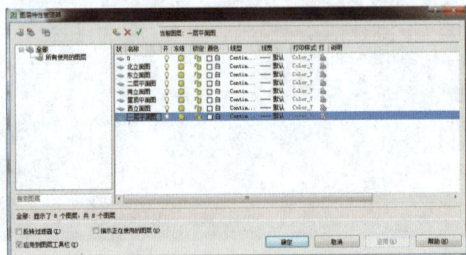
图3.149　图层管理

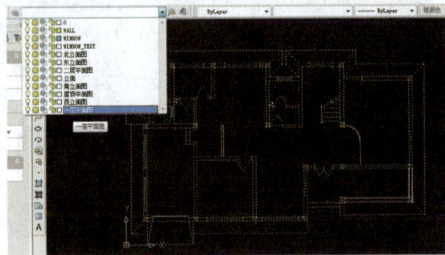
图3.150　对象移动图层

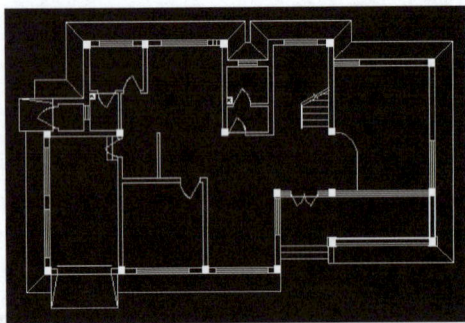
图3.151　一层平面图处理完成

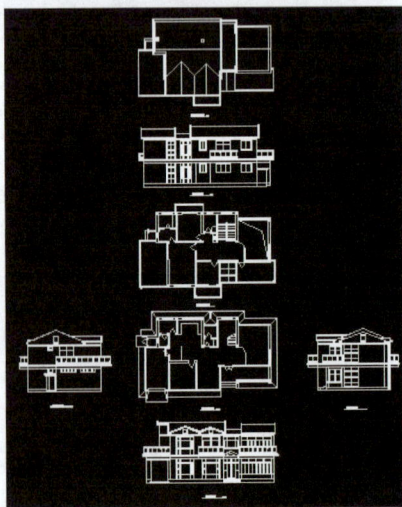
图3.152　最终处理效果

3.5.2　建模操作

①打开 SketchUp 2016 软件,建模开始前注意设置单位,建筑园林专业一般常用毫米(mm)为单位,如图 3.153 所示。

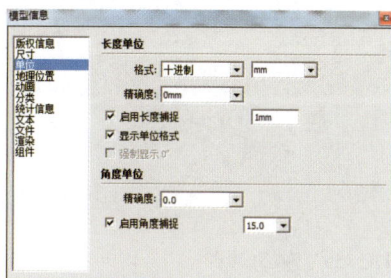

图 3.153　单位设置

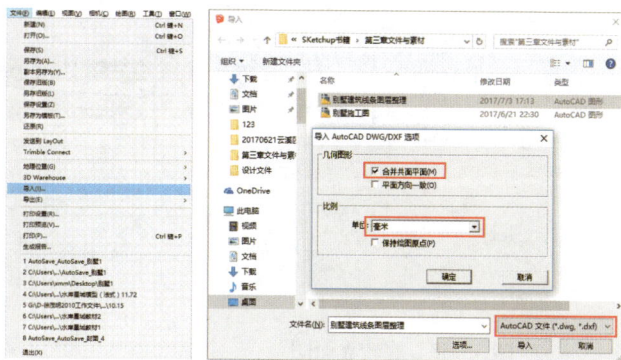

图 3.154　导图设置

②单击"文件"的"导入",并设置单位为"毫米(mm)",如图 3.154 所示。导入成功后,如图 3.155 所示。

③打开图层面板,显示所有图层,如图 3.156 所示。

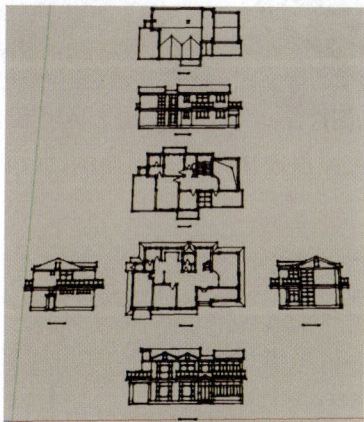

图 3.155　导入结果

图 3.156　图层面板

④将南立面、北立面、东立面、西立面、一层平面、二层平面、屋顶分别成组,如图 3.157 所示。

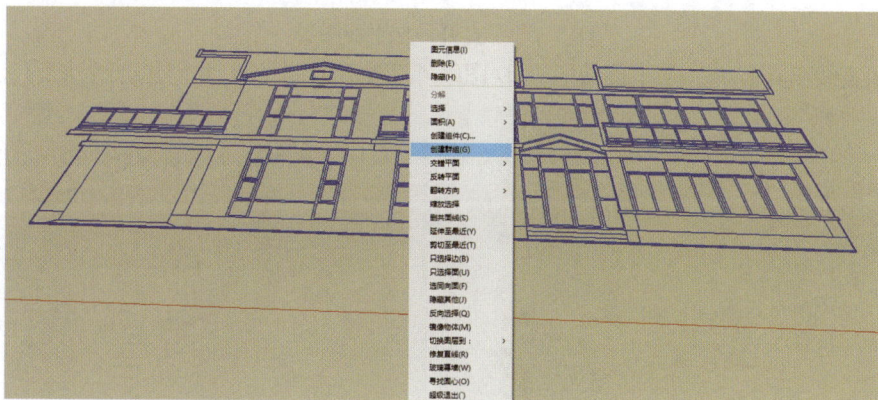

图 3.157　创建群组

⑤将南立面运用旋转工具旋转90°,使其垂直于平面,其余将北立面、东立面、西立面运用同样的方式,旋转90°,将其移至垂直平面,并捕捉到相对应的立面位置,如图 3.158—图 3.162 所示。

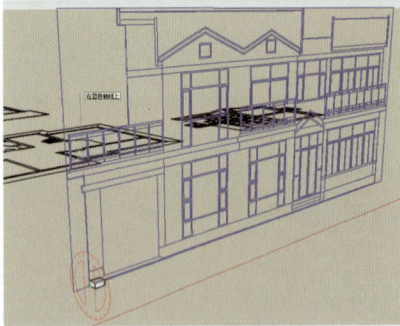

图3.158　旋转立面图

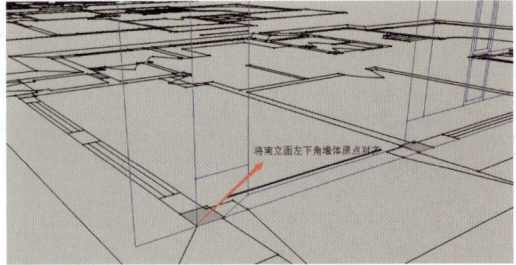

图3.159　移动对齐

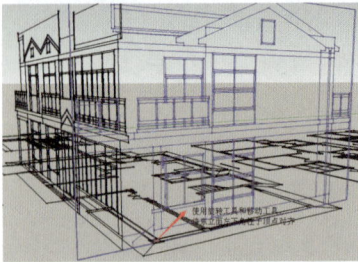

图3.160　移动对齐

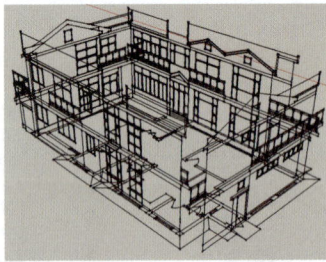

图3.161　立面图拼合

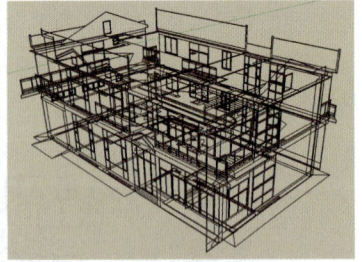

图3.162　组合完成

⑥将南立面、北立面、东立面、西立面、二层平面、屋顶选择图层关闭显示,保留一层平面,如图3.163所示。

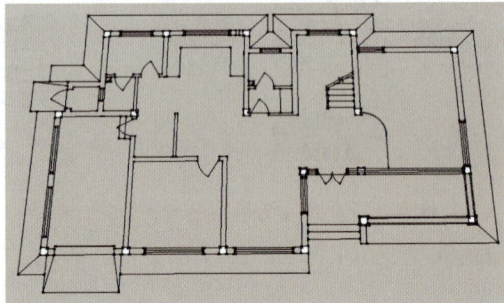

图3.163　打开一层平面图层

⑦使用直线工具L,将一层平面按照CAD图纸外墙轮廓绘制平面,并创建群组,如图3.164所示。

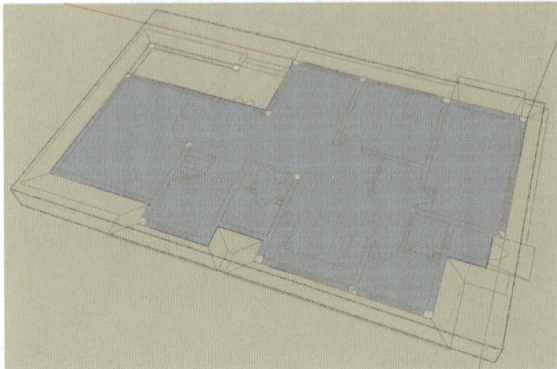

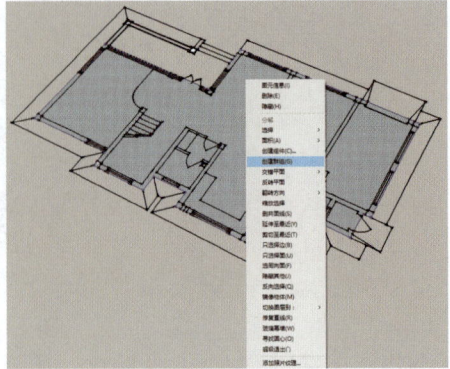

图3.164　创建群组

⑧将南立面图层打开,如图 3.165 所示。

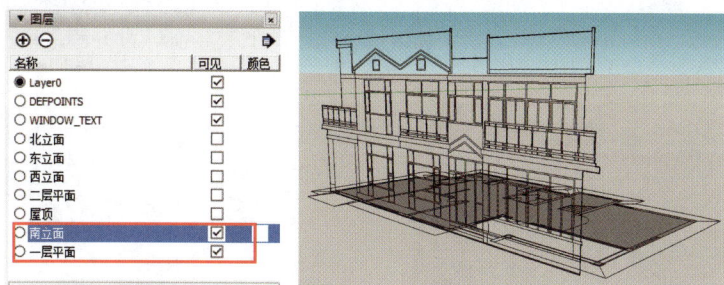

图 3.165 打开南立面图层

⑨双击进入一层平面群组,将一层平面使用推拉工具推拉至南立面一层楼板位置,高度为3 550 mm,楼板厚度 200 mm,如图 3.166 所示。

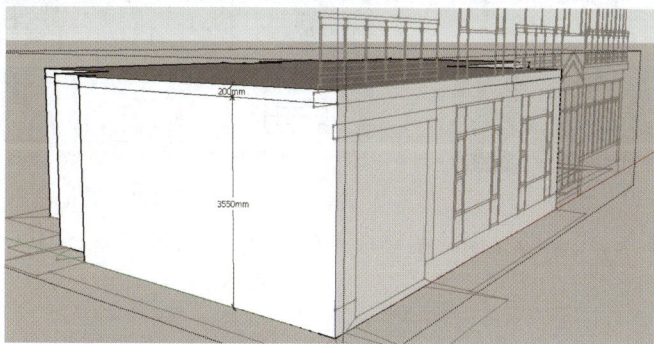

图 3.166 推拉

⑩从南立面细节开始绘制,运用矩形工具 R 绘制南立面车库门,使用矩形工具 R、推拉工具 P 和圆形工具 C 绘制车库卷帘门细节,如图 3.166 所示。使用矩形工具 R 绘制车库平面并创建群组,双击群组,选择平面使用推拉工具往里推拉 240 mm 厚度,根据图片绘制卷帘门细节,卷帘门单个叶片尺寸 2 400 mm×30 mm,如图 3.167、图 3.168 所示。

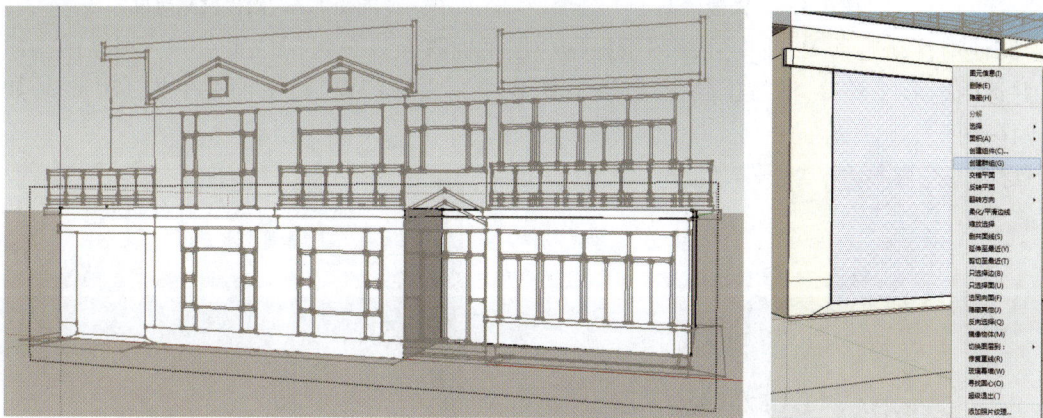

图 3.167 车库门群组

⑪打开西立面图层,根据南立面和西立面图纸,运用矩形、推拉、材质工具绘制窗户和楼板。类似窗户同样方法制作,如图 3.169 所示。使用推拉工具 P 将窗户平面往里推拉 120 mm,使用材质工具给窗框赋予金属材质,窗户赋予玻璃材质,使用推拉工具往外推出窗框厚度,厚度为30 mm,如图 3.170 所示。根据南立面图纸,以相同的方法绘制其他窗户,如图 3.171 所示。

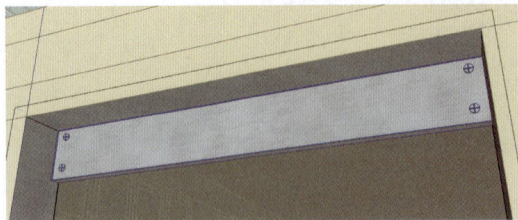

图 3.168　车库门细节

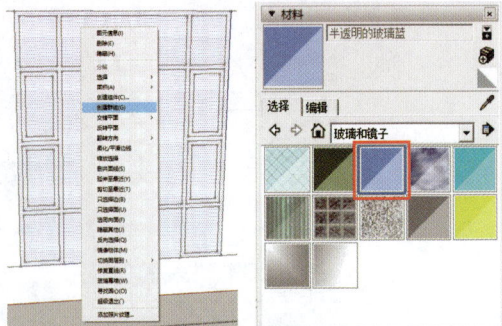

图 3.169　窗群组

图 3.170　推拉

图 3.171　其他窗户

⑫打开西立面图层,根据西立面绘制楼板挑檐宽度,如图 3.172、图 3.173 所示。

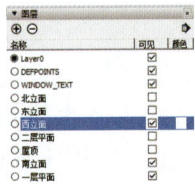

图 3.172　楼板挑檐

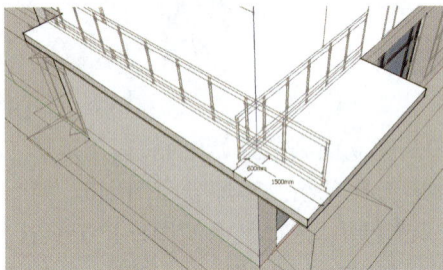

图 3.173　楼板挑檐宽度

⑬使用移动工具 M,将南立面图纸根据一层平面移至入户大门位置对齐。根据南立面尺寸,并运用矩形工具 R、推拉工具 P、材质工具 B 绘制入户门窗,将平面往里推 120 mm,如图 3.174—图 3.176 所示。

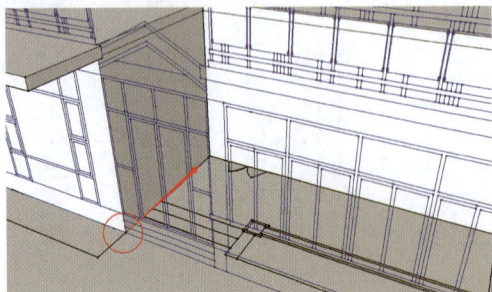

图 3.174　捕捉到入户大门左下角

图 3.175　入户大门细节

⑭使用矩形和推拉工具,根据一层平面和南立面图纸绘制入户台阶、一层阳台和柱子,台阶高度为 150 mm,长度参考一层平面图。使用推拉工具推出一层阳台,高度为 450 mm,如图 3.177、图 3.178 所示。

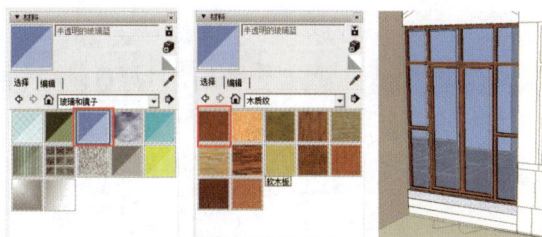

图 3.176 材质填充

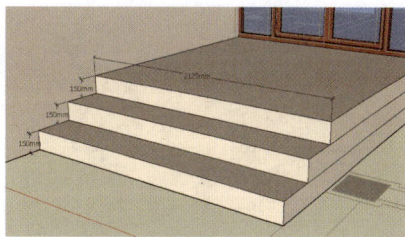

图 3.177 台阶尺寸

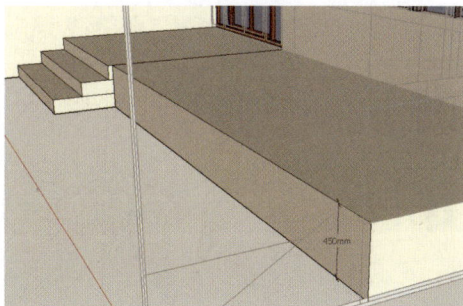

图 3.178 阳台尺寸

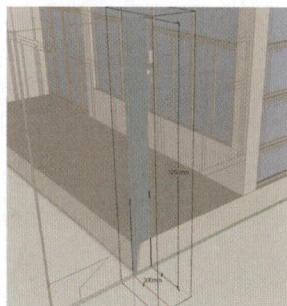

图 3.179 立柱尺寸

⑮打开南立面和东立面图层,根据立面使用矩形工具 R、推拉工具 P 绘制阳台柱子和围栏,如图 3.179—图 3.181 所示。

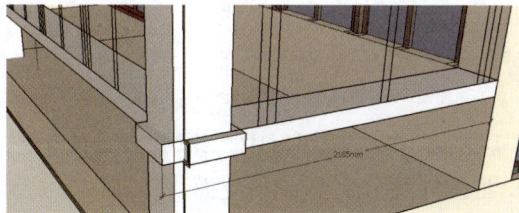

图 3.180 围栏尺寸

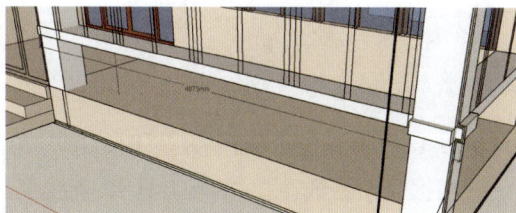

图 3.181 围栏尺寸

⑯下面根据南立面图纸绘制入户雨棚,使用直线工具 L 根据南立面绘制雨棚立面,然后创建群组,随后使用推拉工具 P 根据东立面设计,推拉出阳台楼板宽度和雨棚长度,并使用材质工具 B 给入户雨棚顶添加扇形屋顶材质,如图 3.182—图 3.184 所示。

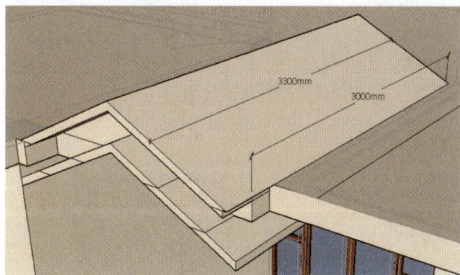

图 3.182 入户雨棚尺寸

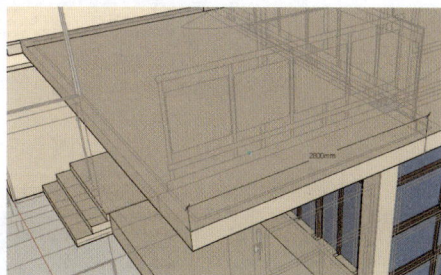

图 3.183 阳台楼板尺寸

⑰根据二层平面和南立面图纸,使用直线 L、矩形 R、推拉 P 工具绘制二层建筑体量,层高为 2 600 mm,楼板厚度为 200 mm,并采用前绘制门窗模型的方法绘制二层门窗,如图 3.185 所示。

⑱打开所有立面图层,根据各立面绘制楼板挑檐,如图 3.186、图 3.187 所示。

⑲分别打开北立面、西立面、东立面图纸,使用直线 L、矩形 R、推拉 P 和材质 B 工具分别绘制各个面的外立面门窗,如图 3.188—图 3.190 所示。

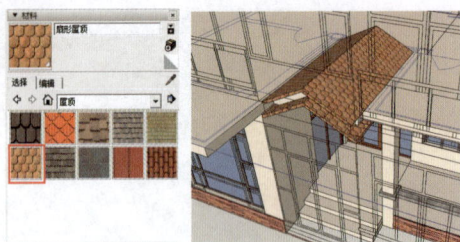

图3.184　填充材质

图3.185　二层模型绘制

图3.186　打开立面图层

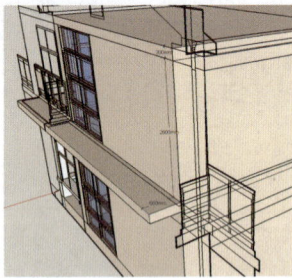

图3.187　打开立面图层

图3.188　打开立面图层

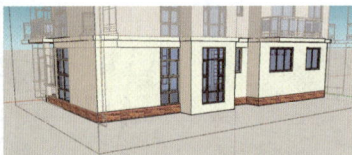

图3.189　绘制一层其他门窗

图3.190　绘制二层其他窗户

⑳根据立面图纸,使用矩形工具R、直线工具L,根据立面图,绘制护栏立面,并创建群组,删除多余面,区分护栏金属框架和玻璃,并赋予金属材质和玻璃材质,如图3.191—图3.194所示。

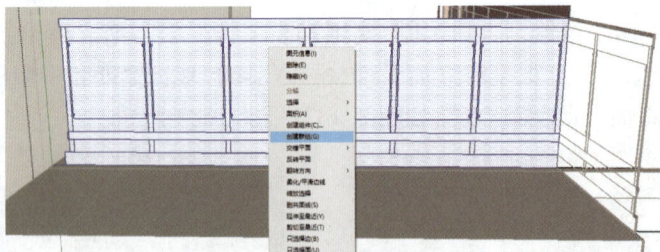

图3.191　创建群组

图3.192　填充材质

㉑以相同方法绘制其他方向护栏,如图3.195所示,交错处数据如图3.196所示,以相同的方法绘制其他露台护栏,如图3.197所示。随后完成车库顶露台,如图3.198所示。

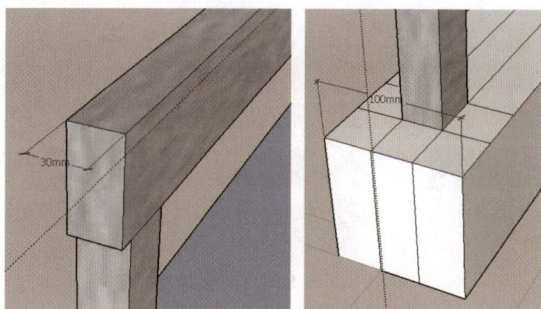

图3.193 栏杆尺寸

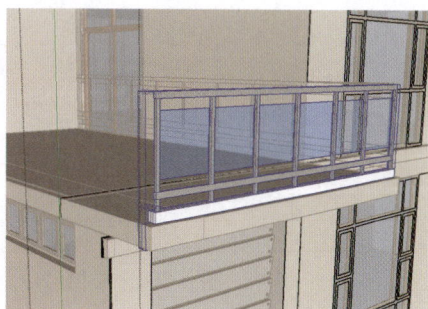

图3.194 栏杆群组完成

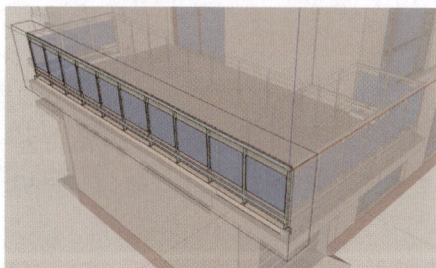

图3.195 栏杆完成效果

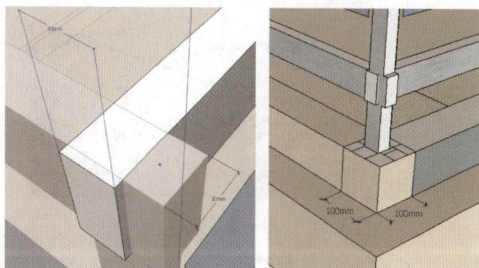

图3.196 栏杆转角尺寸

㉒根据立面图纸和屋顶平面,使用直线工具 L、矩形工具 R、偏移工具 F、推拉工具 P 和材质工具 B 分别绘制屋顶,根据南立面使用直线工具将屋顶立面绘制出来,使用推拉工具推拉出屋顶厚度,如图 3.199—图 3.206 所示。随后使用模型交错命令,完成屋顶的建模,填充屋顶材质,如图 3.207、图 3.208 所示。

图3.197 其他露台护栏

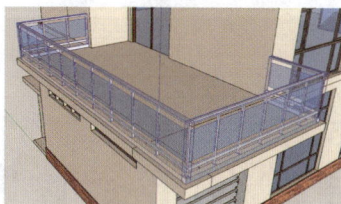

图3.198 车库顶露台

图3.199 屋顶楼板

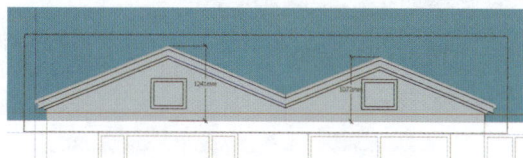

图3.200 屋顶立面尺寸

图3.201 屋顶尺寸

图3.202 屋顶效果

图3.203 屋顶立面

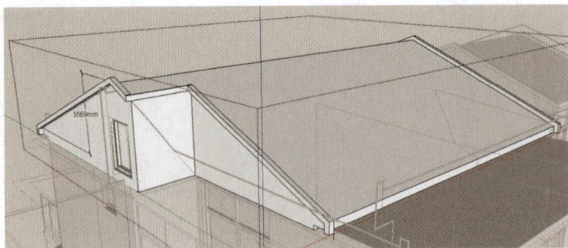

图 3.204　屋顶尺寸

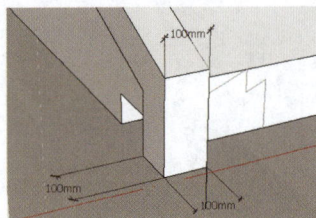

图 3.205　屋顶细节尺寸

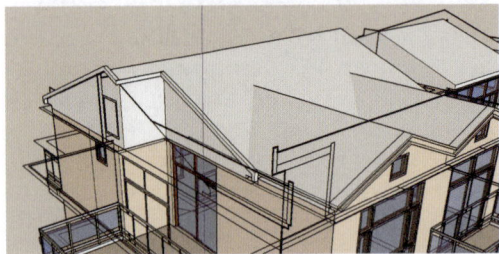

图 3.206　屋顶完成

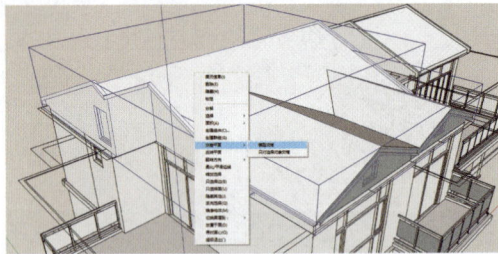

图 3.207　屋顶模型交错

㉓将从 CAD 导入的平面、立面群组线条隐藏,如图 3.209 所示。随后选择合适的角度,导出图片如图 3.210—图 3.212 所示,即完成建筑单体模型建立。

图 3.208　屋顶填充材质

图 3.209　隐藏

图 3.210　成果图片 1

图 3.211　成果图片 2

图 3.212　成果图片 3

4 整体场景建模实战

实战1别墅庭院景观设计

实战1 别墅庭院景观设计

本案例最终效果如图4.1所示。

4.1.1 导入CAD底图

①打开 SketchUp 2016,打开"窗口"→"模型信息"→"单位",调整格式为十进制,单位为mm,精确度为 0 mm,如图4.2所示。

图4.1 最终效果

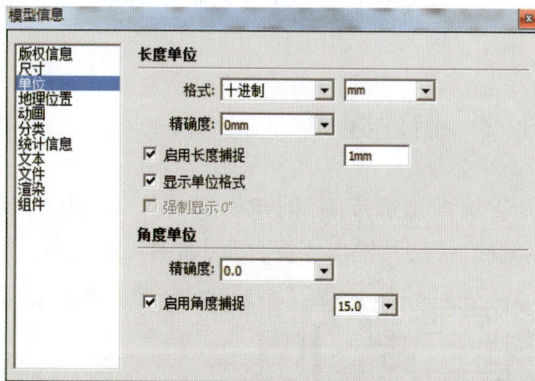

图4.2 单位设置

②打开"文件"→"导入",弹出一个导图对话框。单击"选项"按钮,在弹出的对话框中选择单位为"毫米",勾选最后一个选项"保持绘图原点",单击"确定"关闭此对话框。在右下角选择文件类型为"AutoCAD 文件",在素材库中选择对应的"别墅方案底图-导图.dwg"CAD 文件,单击导入按钮,如图4.3所示。

③导入完成后,会出现导入结果对话框,表示导图完成,单击"关闭"按钮。完成后的效果,如图4.4所示。

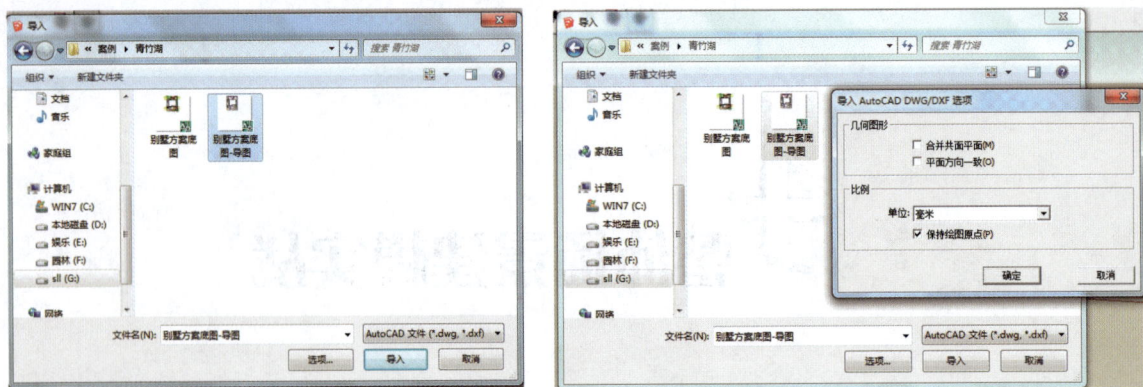

图 4.3 导入 CAD 底图

④使用直线工具 L 或者矩形命令 R 进行封面,封好面后全选所有物体,单击右键,在下拉菜单中单击"反转平面",将白色正面朝上,如图 4.5 所示。

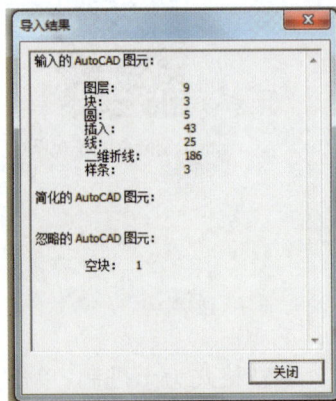

图 4.4 导入结果

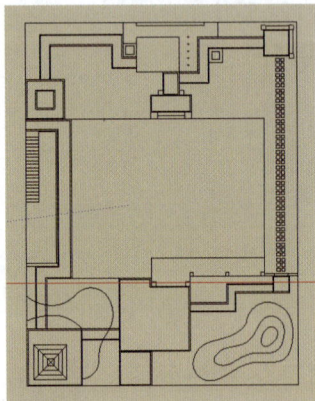

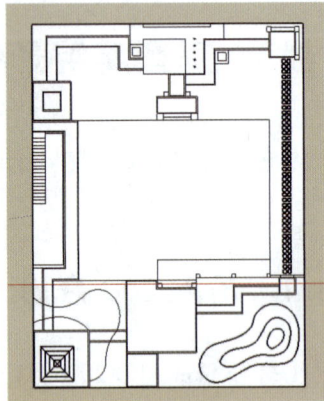

图 4.5 封面

4.1.2 创建建筑

①选择建筑范围,创建为组件。双击组件,进入组件编辑,首先处理入户台阶,向上推高 120 mm 一级,共推出 3 级台阶,如图 4.6 所示。

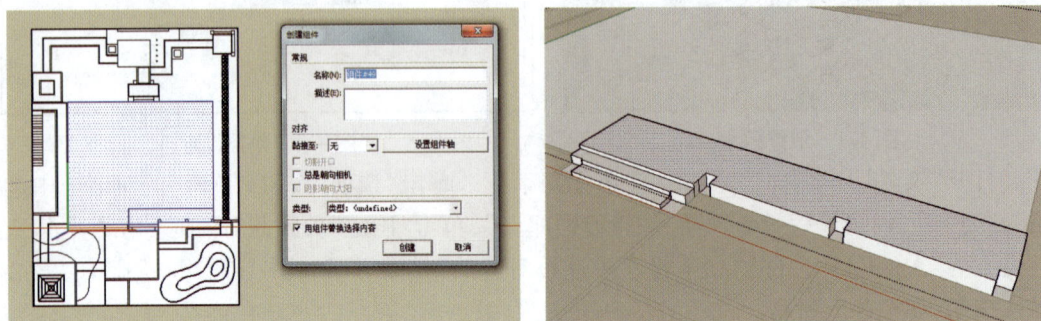

图 4.6 创建组件、推高台阶

②然后将建筑基础层推高 360 mm,和台阶平齐。使用推拉复制 P 命令,往上推建筑 3 层

楼,每层楼3 500 mm,楼板厚120 mm。将立面上多余的线删除,完成楼层推拉,如图4.7所示。

③然后处理一楼入户处的露台。首先将柱子向上推高3 860 mm,将楼板向外推,和柱子对齐,然后在图4.9所示位置使用直线工具L补一条线,分割一个面出来,再将此面向外推拉,和柱子对齐。删掉一些立面上多余的线,退出组件编辑,完成建筑组件的创建,如图4.8—图4.10所示。

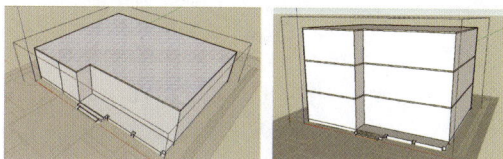

图4.7　创建建筑基础、楼层、楼板　　　　图4.8　推高立柱、推拉楼板

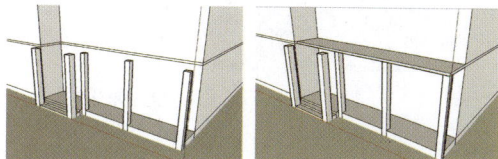

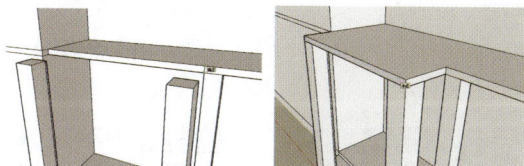

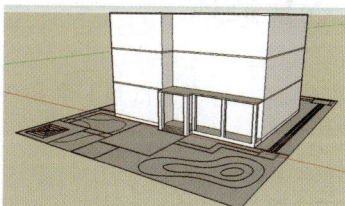

图4.9　补线、推拉　　　　图4.10　完成建筑组件

④选择建筑后门的台阶、平台,创建组件。台阶和前面的台阶一样,推高120 mm一级。选择一个花坛,创建为一个组件,然后推高480 mm,将顶面向内偏移50 mm,然后向下推30 mm,完成花坛细节绘制。退出花坛组件,使用移动复制M命令将花坛复制到台阶另一侧,如图4.11—图4.13所示。

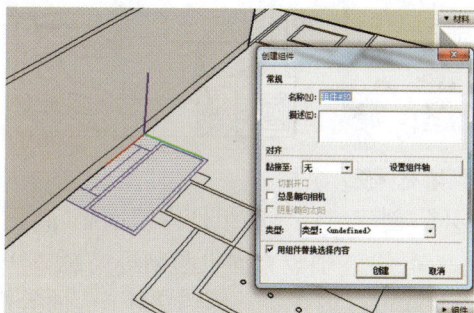

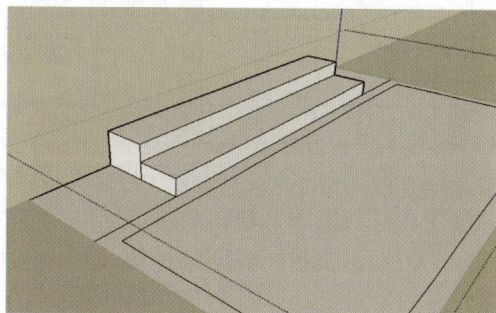

图4.11　完成建筑组件

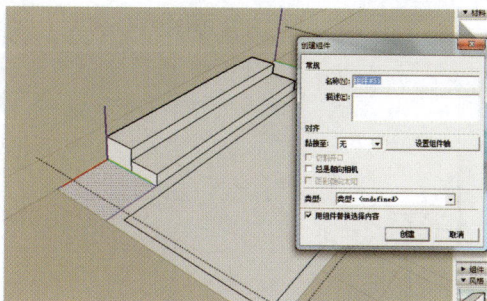

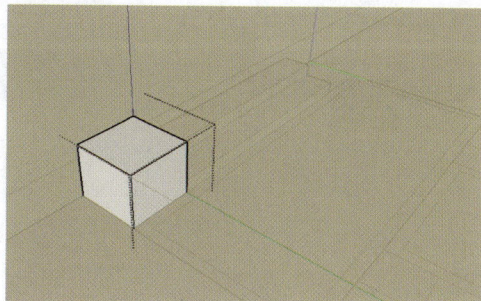

图4.12　创建嵌套组件、推拉

⑤在材质面板中选择多色石块材质填充平台铺装,然后选择模糊植被02填充花坛内部,最后选择-M06号色材质填充平台铺装收边。退出组件编辑,完成后门入户台阶平台组件创建,如图4.14所示。

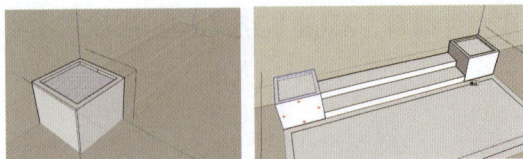

图4.13　移动复制嵌套组件

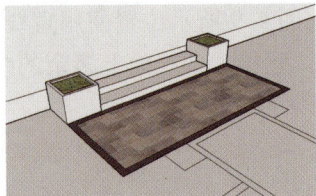

图4.14　填充材质

4.1.3　创建草地

①选择场地中的草地区域(除去入口右侧那块微地形),创建组件。填充草被1材质,如图4.15所示。

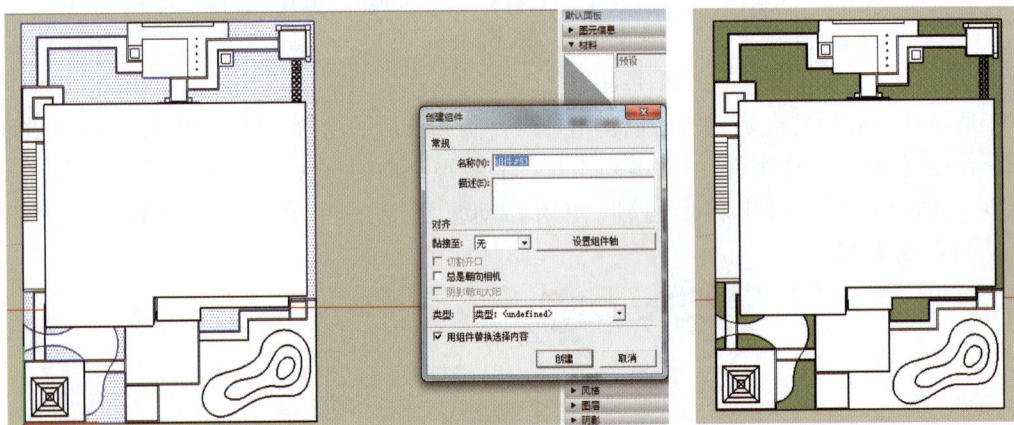

图4.15　创建组件、填充材质

②选择入口右侧的一块微地形草地区域和地形线,创建组件。在组件内把面删除,只保留线。然后三击地形线选中外侧第一条,使用移动命令M,沿蓝轴竖直向上移动等高距200 mm,第二条竖直向上移动400 mm,第三条竖直向上移动600 mm,形成等高距为200 mm的等高线,如图4.16、图4.17所示。

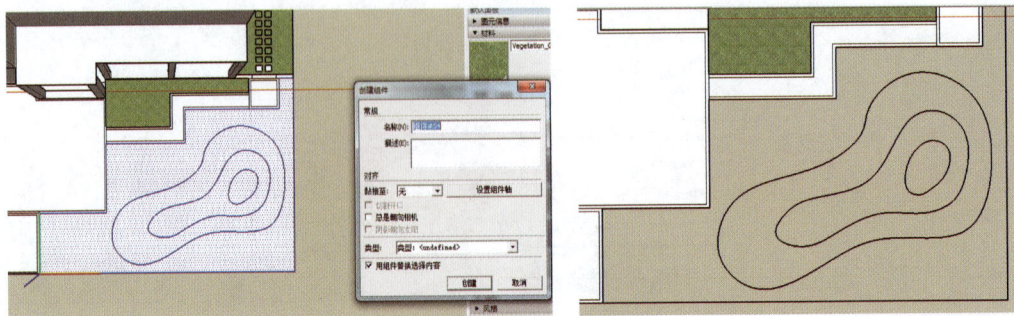

图4.16　创建地形组件、删除面

③选择所有的等高线，单击沙盒工具中的"根据等高线创建"命令，生成微地形。将微地形填充草被1材质，随后选择新生成的微地形组，如图4.18所示。

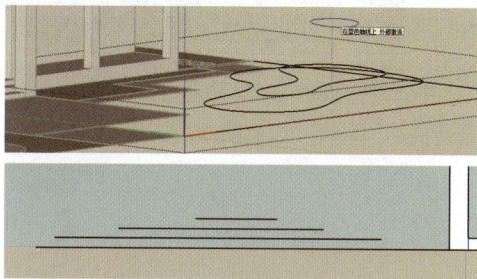

图4.17　竖直向上移动线　　　　　图4.18　创建地形、填充材质

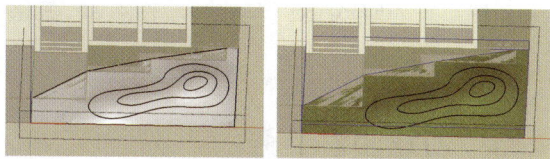

④右键单击"柔化/平滑边线"命令，将参数调到20度，显示出地形中的结构线，进入地形组中，使用橡皮擦工具E，将系统生成多余的草地结构线删除，再将微地形组柔化/平滑边线，参数调到122.4度，使结构线隐藏起来，微地形平滑，退出组件，完成微地形的创建，如图4.19—图4.23所示。

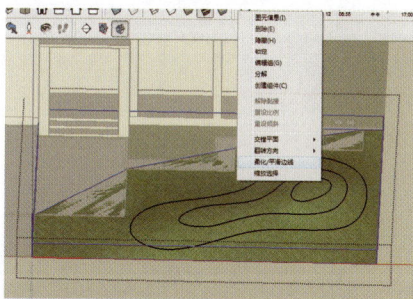

图4.19　柔化/平滑边线命令　　　　　图4.20　参数调整

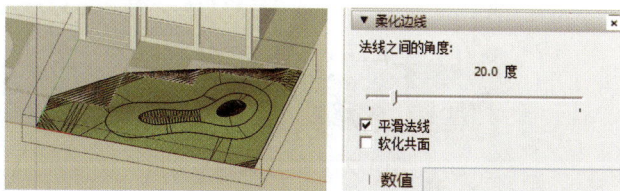

图4.21　删除周边多余的线　　　图4.22　柔化边线参数调整　　　图4.23　地形完成

4.1.4　创建水体

选择水体范围，创建组件。将顶面向下推拉复制800 mm，形成水体池底，然后再将顶面向下推100 mm，生成水体的水面。随后将顶面删除，三击选择水体组件中的所有对象，右键单击"柔化/平滑边线"，使弧形边界上的多余边线隐藏起来。最后将水池水面填充浅蓝色水池材质，完成水体组件，如图4.24—图4.27所示。

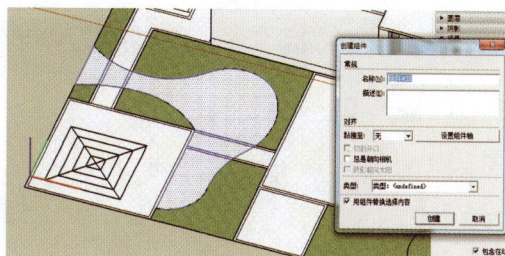

图4.24　创建水体组件

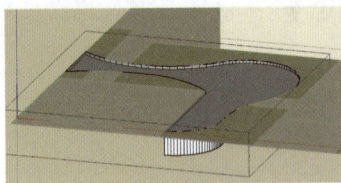

图 4.25　推拉复制

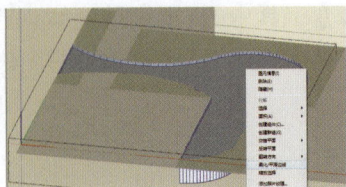

图 4.26　柔化/平滑边线

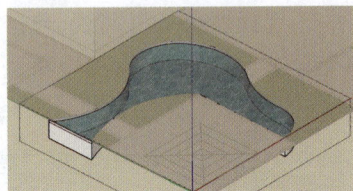

图 4.27　填充材质

4.1.5　创建园林铺装

①选择庭院中铺装平台范围,创建为组件。分别填充不同材质,收边填充-M06 号色材质。然后将木平台推高 100 mm,另外一块平台中间推高 120 mm。完成铺装平台组件,如图 4.28—图 4.30所示。

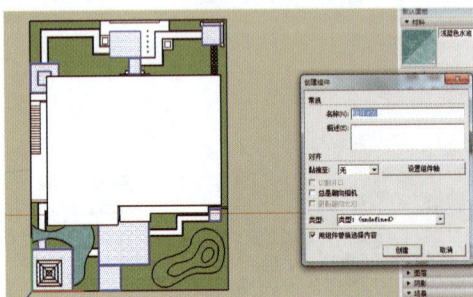

图 4.28　创建铺装平台组件

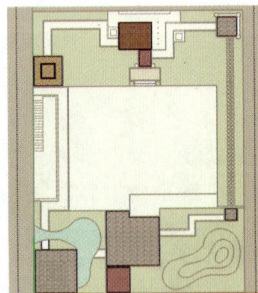

图 4.29　填充材质

②选择庭院中的园路范围,创建为组件。园路部分填充走道石材铺面材质,收边留白。将水池部分的园路用直线命令 L 补上线、面,向下推 100 mm 的厚度。完成园路组件,如图 4.31—图 4.34 所示。

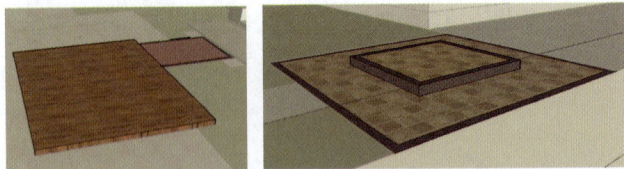

图 4.30　推高

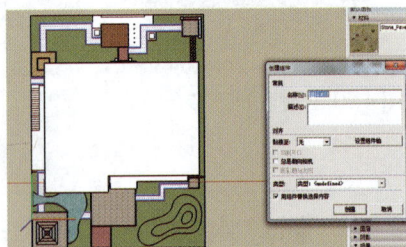

图 4.31　创建园路组件

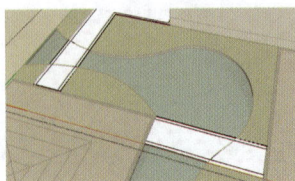

图 4.32　水池处补线

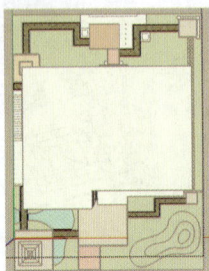

图 4.33　填充材质

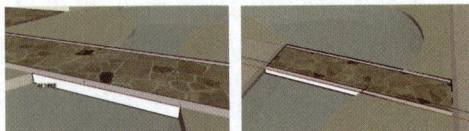

图 4.34　水池处推拉

③选择封好面的2块汀步创建组件,填充汀步材质。然后推高20 mm,完成汀步组件。随后,将汀步组件移动复制阵列,完成整条汀步,如图4.35—图4.37所示。

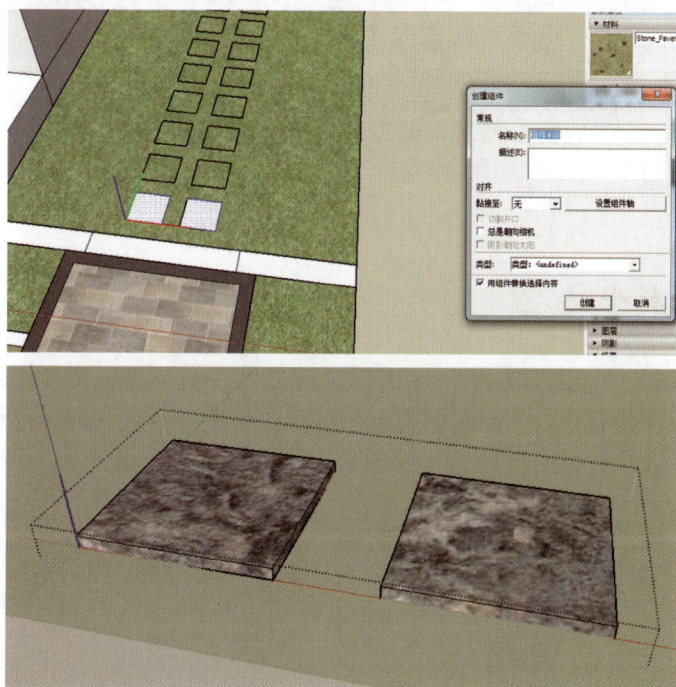

图4.35 创建汀步组件、推高

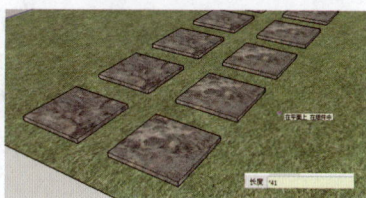

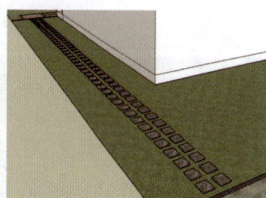

图4.36 移动复制阵列

图4.37 汀步完成

④选择室外台阶范围,创建组件。然后将底面向下推3 000 mm,台阶依次向下推150 mm,删除多余的边线。在组件面板中,调用素材"栏杆.skp"文件,使用移动命令M,将位置放好,即完成室外台阶组件,如图4.38—图4.40所示。

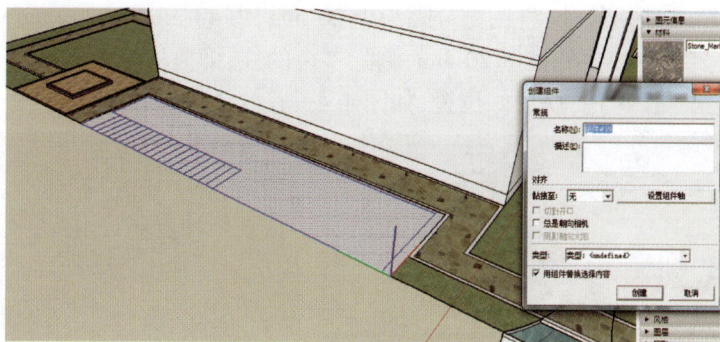

图4.38 创建室外台阶组件

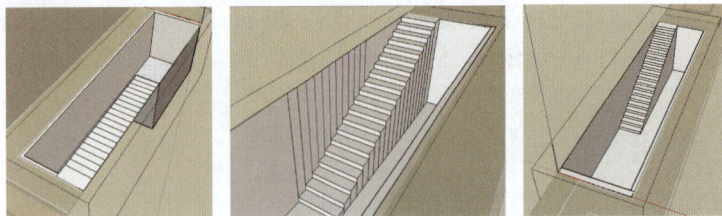

图 4.39　推拉、删除多余线　　　　　图 4.40　调用栏杆组件

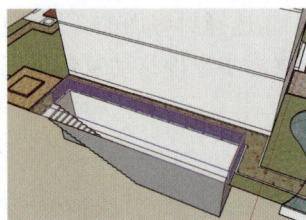

4.1.6　创建园林小品

①选择特色矮墙范围,创建组件。分别填充如下材质。然后将转角处柱体推高 500 mm,中间矮墙推高 400 mm。然后在组件面板中调用"花钵.skp"文件,使用移动复制命令 M,将花钵放置在 3 个柱体上,完成特色矮墙组件,如图 4.41—图 4.43 所示。

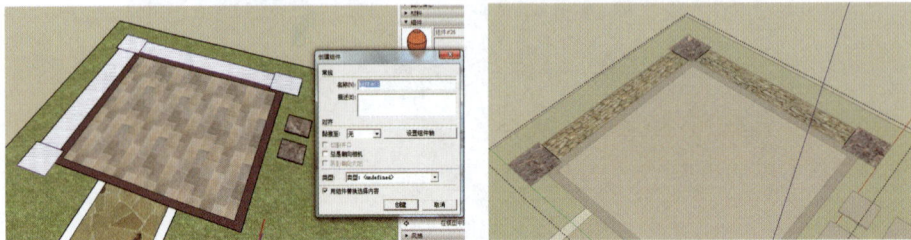

图 4.41　创建组件、填充材质

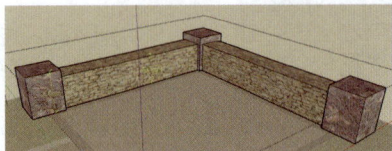

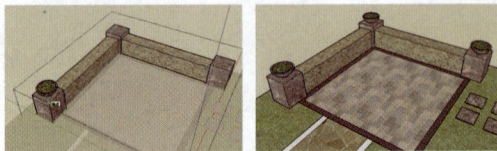

图 4.42　推拉　　　　　　　　　图 4.43　调用组件、移动复制

②选择树池范围,创建组件。填充如图 4.44 所示材质,然后将中间的植被推高 350 mm,将树池基础推高 300 mm。随后选择基础顶面,依次向下移动复制 50 mm,向下移动复制 80 mm,即做出凹槽的位置(图 4.46)。然后把树池凹槽 4 个面分别向内推 30 mm,删除平面上多余线条。随后按照图 4.47 所示尺寸,将凹槽分隔为上 20 mm、中 40 mm、下 20 mm 3 个部分,将中间的部分填充-M07 号色材质,向外推厚 20 mm,删除多余的线,即完成树池组件。最后使用移动复制命令 M,复制出第二个树池,摆放好位置,如图 4.4—图 4.49 所示。

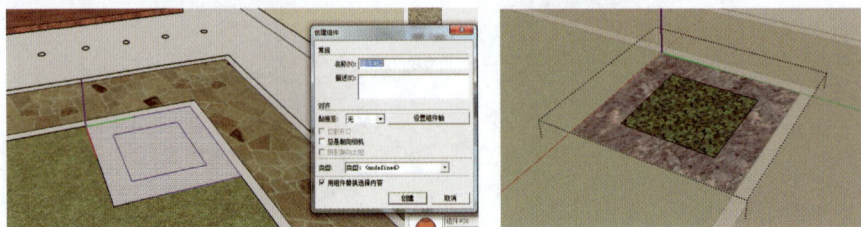

图 4.44　创建组件、填充材质

图 4.45　推拉

图 4.46　移动复制尺寸

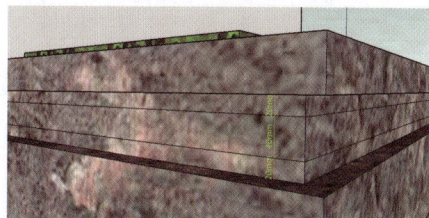

图 4.47　细节尺寸

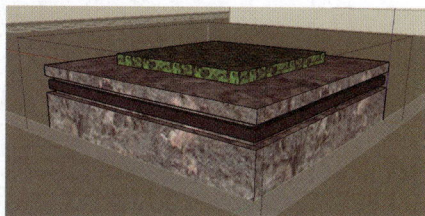

图 4.48　细节绘制

③选择水体和景墙范围,创建组件。将水体向下推 100 mm 做水面,再次向下推 500 mm 做水底,填充水体材质,如图 4.50、图 4.51 所示。

图 4.49　移动复制

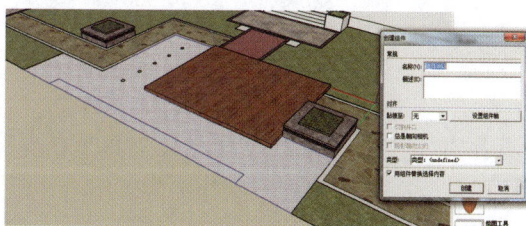

图 4.50　创建组件

④将景墙推高 1 800 mm,按照图示尺寸作出辅助线,用直线工具 L,画出景墙细节,填充有缝金属材质,推厚 40 mm。然后再制作防腐木组件细节,推厚 40 mm,使用移动复制命令将防腐木组件并排排列 13 个,如图 4.52—图 4.56 所示。

图 4.51　水体绘制

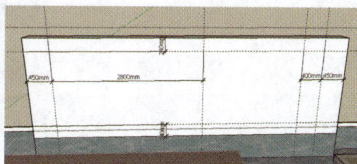

图 4.52　辅助线尺寸

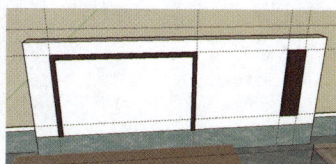

图 4.53　景墙细节绘制

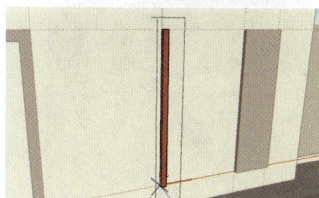

图 4.54　防腐木组件

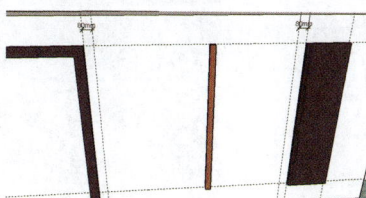

图 4.55　辅助线尺寸

图 4.56　移动复制阵列

⑤调用"跌水"组件,使用卷尺工具 T 来精确调整其大小,随后把位置放置正确。最后调用"喷泉"组件,使用拉伸命令 S 和移动命令 M 调整组件大小和位置,最终完成整个组件的制作,

如图 4.57—图 4.62 所示。

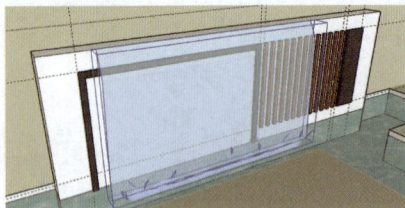

图 4.57 调用组件素材

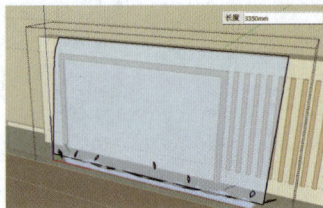

图 4.58 测量长度

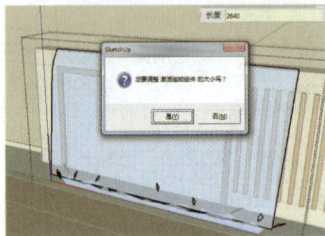

图 4.59 精确缩放

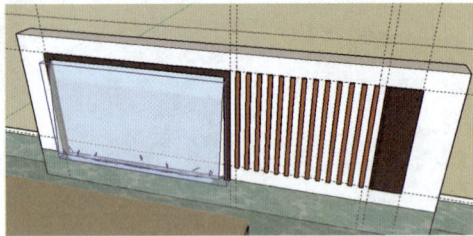

图 4.60 移动位置

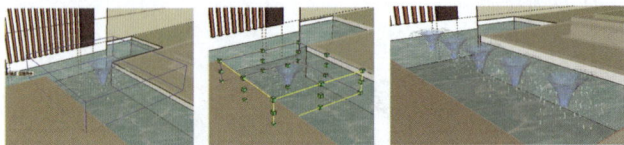

图 4.61 调用、编辑喷泉素材

图 4.62 完成组件

⑥调用"文化灯柱"组件,使用卷尺工具 T 精确调整大小,然后把灯柱放置在后门两侧。调用"陶罐"组件,移动、拉伸旋转制作出陶罐组合小品,如图 4.63—图 4.66 所示。

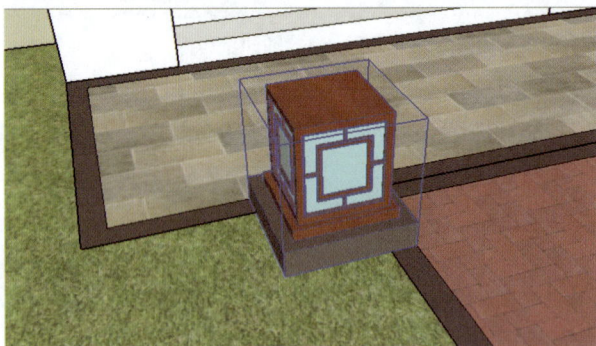

图 4.63 组件精确缩放

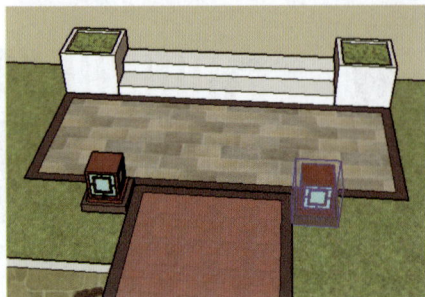

图 4.64 移动复制

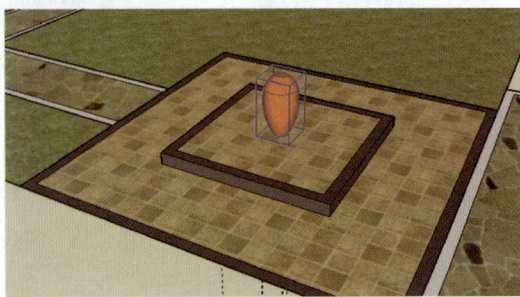

图 4.65 调用组件

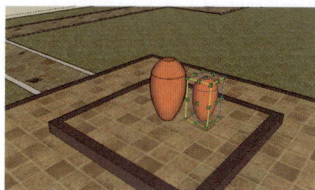

图4.66　陶罐素材编辑

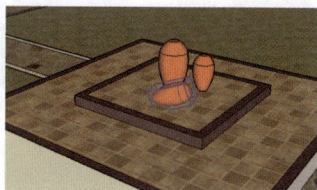

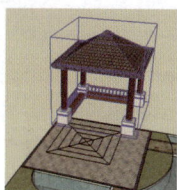

图4.67　调用亭子素材、编辑

⑦调用"亭子"组件，使用卷尺工具 T 精确调整大小，然后把亭子放置在铺装平台上。调用"景石"组件，移动、拉伸制作出假山小品。调用"特色花园门"组件，放置在汀步起始位置，如图4.67、图4.68 所示。

⑧调用"围墙"组件，放置在庭院边界上。调用"铁艺门"组件，移动到入口位置放置好，如图4.69、图4.70 所示。

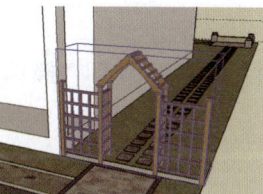

图4.68　调用素材、编辑

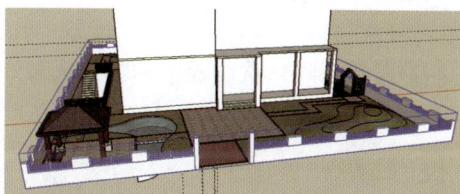

图4.69　调用围墙素材

⑨调用"灰晕植物人物集合"组件，根据 CAD 底图的植物位置，在模型中加入植物元素。然后在适当的位置上，主要是园路上加入人物组件，如图4.71 所示。

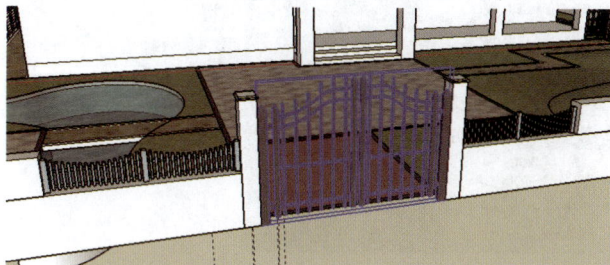

图4.70　调用铁艺门素材

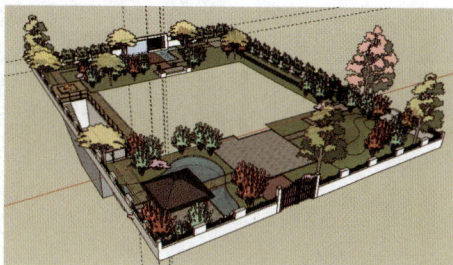

图4.71　调用各种植物素材

4.1.7　调整图形效果

①单击编辑菜单中的删除参考线命令，将辅助线全部删掉，如图4.72 所示。

②在默认面板里的风格面板中，调整线型样式，如图4.73 所示。

③在默认面板里的阴影面板中，设置阴影参数，如图4.74 所示。

图4.72　删除参考线

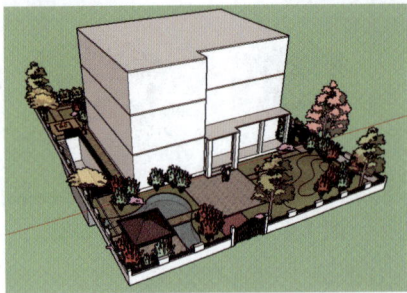

图 4.73　调整风格样式线型

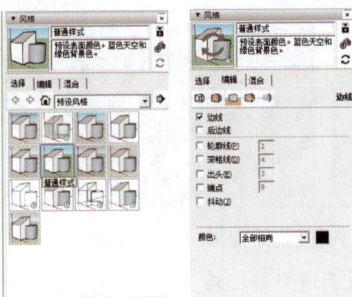

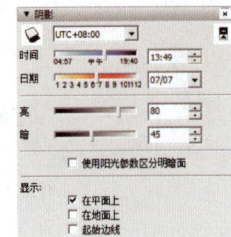

图 4.74　调整阴影参数

4.1.8　导出图片

①点开右侧默认面板中的场景面板,调整好视角,添加鸟瞰图、局部效果图 2 个场景,如图 4.75 所示。

图 4.75　添加场景

②在文件菜单栏中,单击"导出"→"二维图形",在弹出的对话框中选择 JPG 图片保存位置和文件名,还可以单击"选项"按钮,在里面调整输出 JPG 图片的质量参数,像素越高,JPG 图片越清晰,文件导出越慢。最终导出的 JPG 图片鸟瞰图和局部效果图,如图 4.76—图 4.78 所示。

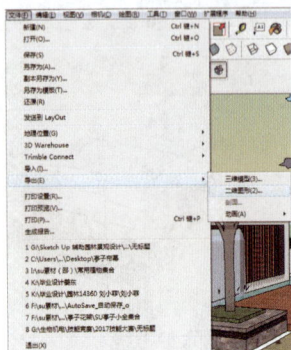

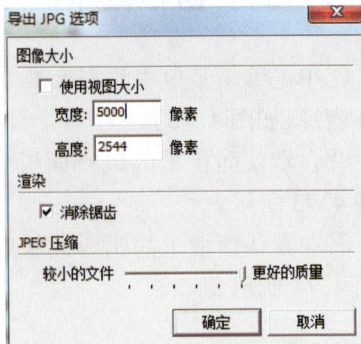

图 4.76　导出二维图片

图 4.77 局部效果图

图 4.78 鸟瞰图

实战 2 社区公园景观设计

本案例最终效果，如图 4.79、图 4.80 所示。

实战 2 社区公园景观设计

图 4.79 鸟瞰图

图 4.80 局部效果图

4.2.1 导入CAD底图

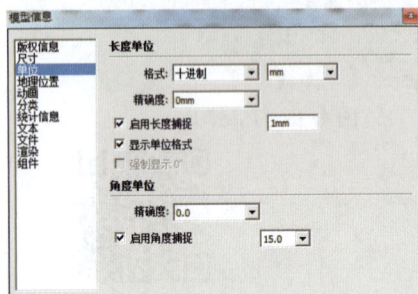

图4.81 单位设置

①打开 SketchUp 2016,打开"窗口"→"模型信息"→"单位",调整格式为十进制,单位为 mm,精确度为 0 mm,如图4.81所示。

②在素材库中选择对应的"社区公园方案底图.dwg" CAD 文件,将此处理好的 CAD 底图"社区公园方案底图.dwg"导入 SketchUp 2016 中。特别注意导图时的单位。导图成功后,在 SketchUp 2016 中出现一个带植物的图和一个没有植物的图。有植物的图是最后加植物组件时用来参考植物位置的,没有植物的图是建模用的,如图4.82、图4.83所示。

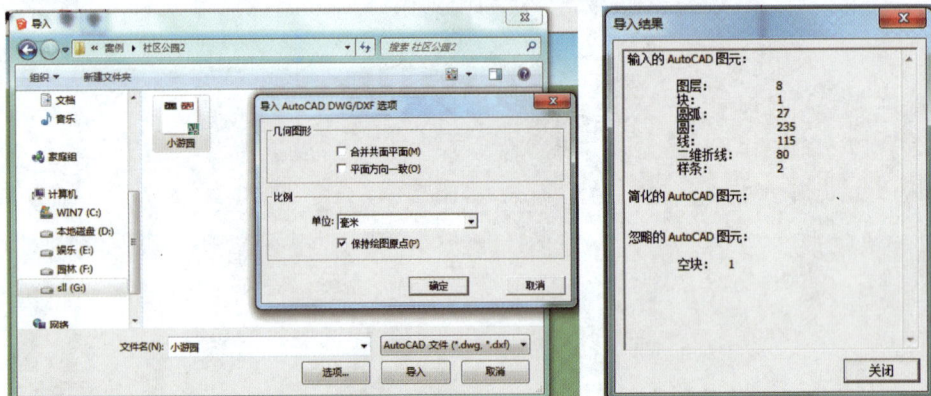

图4.82 导入CAD底图

图4.83 导入成功

③使用直线工具 L、矩形命令 M 或者圆工具 C,进行封面。特别注意此方案中弧线较多,在弧线相交的地方需要检查线条是否连接好。封好面后全选所有物体,单击右键,在下拉菜单中单击"反转平面",将白色正面朝上,如图4.84所示。

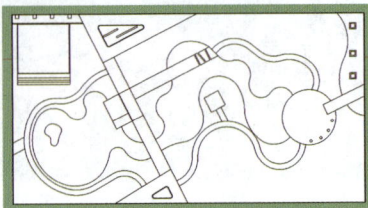

图4.84 封面

4.2.2 创建草地、水体

①选择所有的绿地,创建为一个组件,填充浅绿草色材质,在编辑选项卡中调整拾色器模式为 RGB 颜色模式,将 RGB 值调整为 R170,G220,B100。完成草地组件制作,如图 4.85—图4.87 所示。

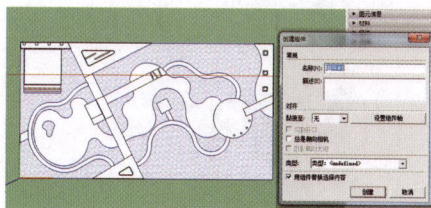

图4.85　创建草地组件

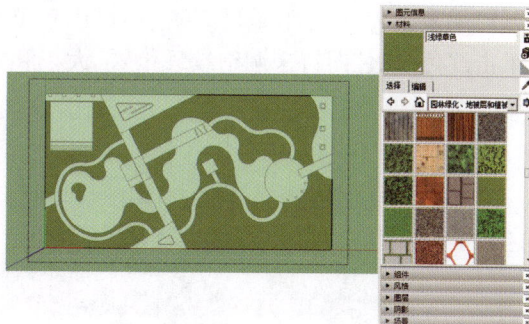

图4.86　填充材质

⑤选择水体范围,创建为一个组件。将顶面向下推拉复制 800 mm 作为水底,将顶面向下推拉复制 100 mm 作为水面,然后将顶面删掉。然后填充材质,水底、侧面填充 4 英寸鹅卵石地被层,水面填充浅蓝色水池。最后单击选中水体组件,单击鼠标右键,在菜单中选择"柔化\平滑边线"命令,按照图示参数调整水体组件的边线样式。完成水体组件制作,如图 4.88—图 4.90所示。

图4.87　材质编辑

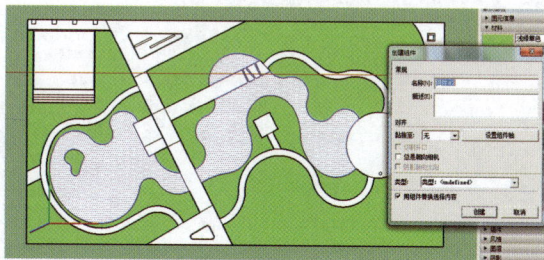

图4.88　创建水体组件

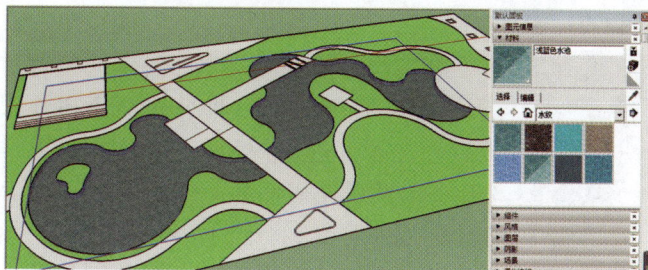

图4.89　填充材质

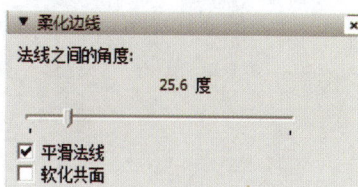

图4.90　柔化水体边线

4.2.3 创建园路铺装

①选择入口处范围,创建为组件。自由弧线处铺装填充灰色方形正拼材质,在编辑选项卡中将材质大小调整为 1 500 mm × 1 500 mm。直线连接出铺装填充青砖材质,单击鼠标右键,在菜单中选择"纹理"→"位置"命令,材质中出现红、绿、黄、蓝 4 个图钉,红色图钉用来移动位置,绿色图钉用来放大、缩小和旋转,黄色图钉用来扭曲变形,蓝色图钉用来调整纹理比例和修剪变形。单击红色、绿色图钉来调整纹理位置、大小和方向,如图 4.91—图 4.94 所示。

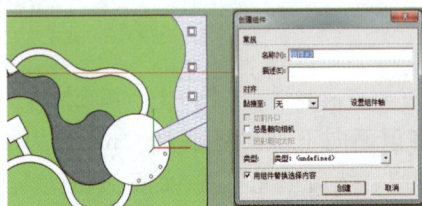

图 4.91　创建入口组件

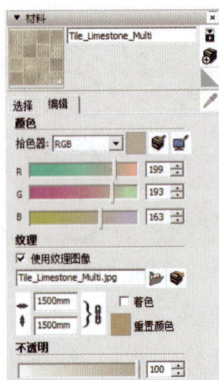

图 4.92　材质编辑

图 4.93　纹理位置命令

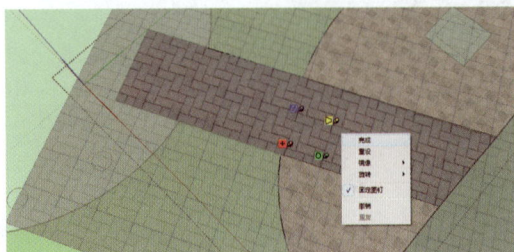

图 4.94　纹理位置编辑

②选择一个树池范围,创建为组件。随后使用移动复制命令,将另外两个树池组件放置好位置。进入树池组件编辑,向上推高 350 mm,然后使用偏移命令 F、推拉命令 P 制作出防腐木坐凳,将中间植物向上推拉,填充相应的材质,完成单个树池组件制作。由于组件的关联性,另外两个树池同步完成,如

图 4.95 所示。

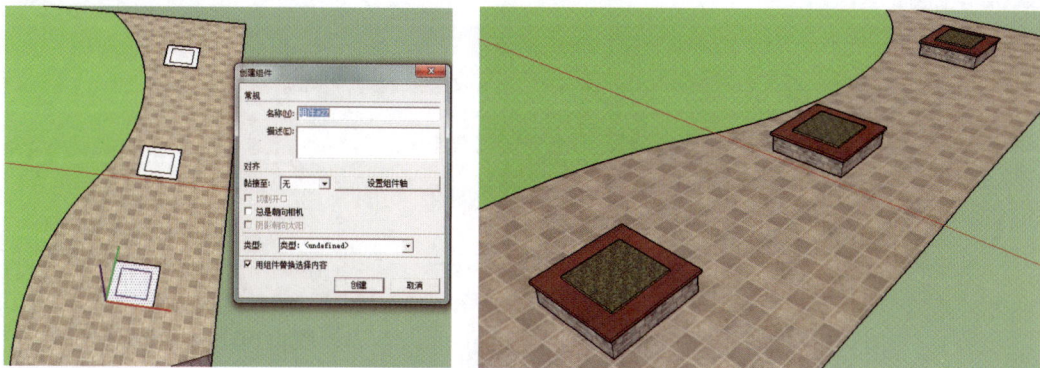

图 4.95 创建树池组件

③选择圆形铺装和部分园路范围,创建为组件。圆形小广场填充圆形放射材质,单击鼠标右键,在菜单中选择"纹理"→"位置"命令,材质中出现红、绿、黄、蓝 4 个图钉,单击红色、绿色图钉来调整圆形材质的纹理位置、大小。随后园路填充碎拼材质。完成组件制作,如图 4.96—图 4.99 所示。

④选择中间方形小广场和周边园路范围,创建为组件。分别填充铺装材质,如图 4.100、图 4.101 所示。

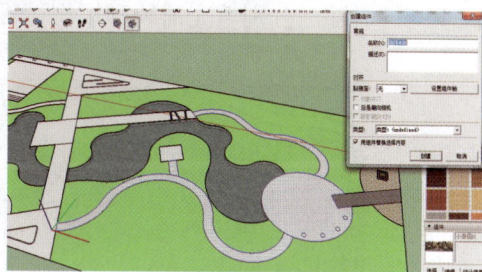

图 4.96 创建园路铺装组件

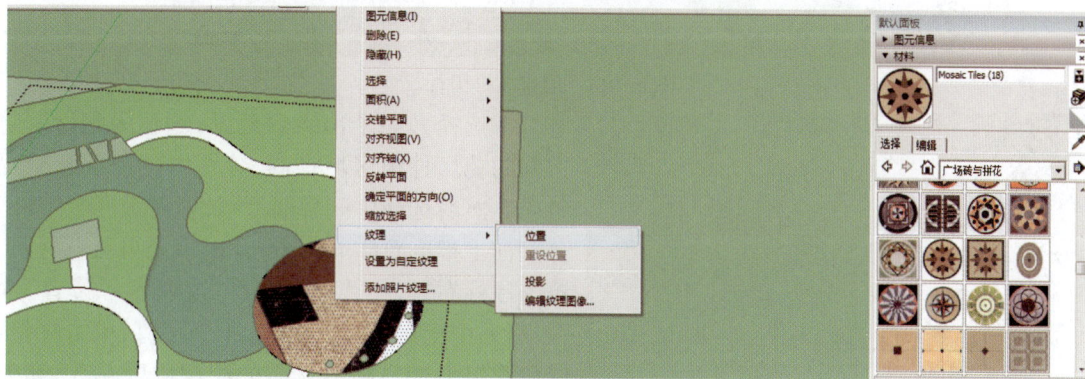

图 4.97 纹理位置命令

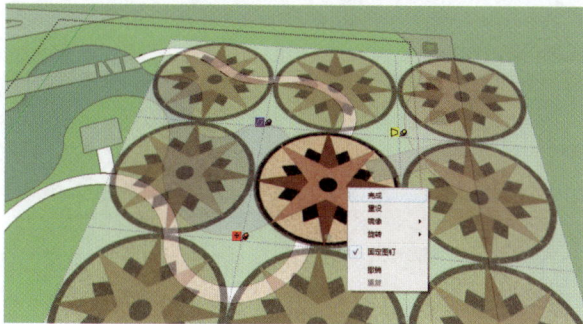

图 4.98 纹理位置编辑

图 4.99 完成组件制作

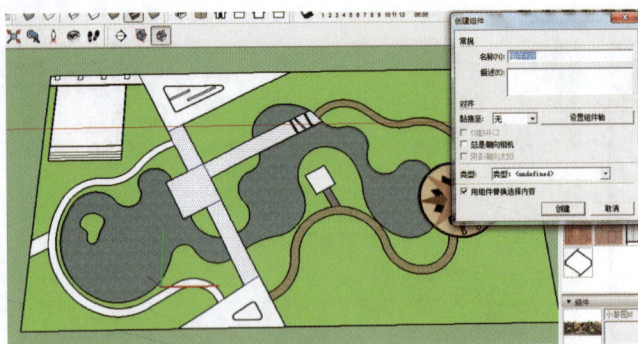

图4.100   创建园路广场组件

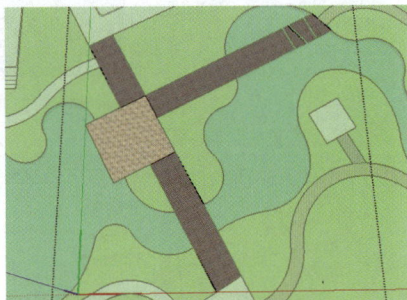

图4.101   填充铺装材质

⑤选择出入口范围,创建为组件。将中间的花坛种植区域推高,花坛边推高100 mm,植物推高150 mm,随后分别填充铺装和植物材质,如图4.102、图4.103所示。

图4.102   创建入口组件

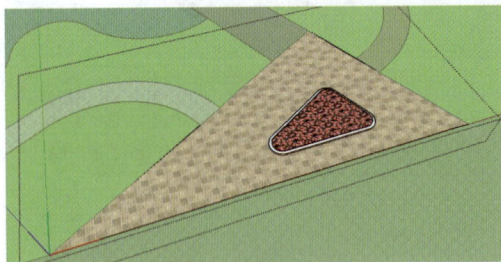

图4.103   填充材质

⑥选择另一个出入口范围,创建为组件。将中间的花坛种植区域推高,分别填充铺装和植物材质。然后选择中间景墙范围,创建为嵌套组件。分别向上推高600 mm、800 mm,填充自然石材质,单击鼠标右键,在菜单中选择"纹理"→"位置"命令,材质中出现红、绿、黄、蓝4个图钉,单击红色、绿色图钉来调整圆形材质的纹理位置、大小和方向,如图4.104—图4.108所示。

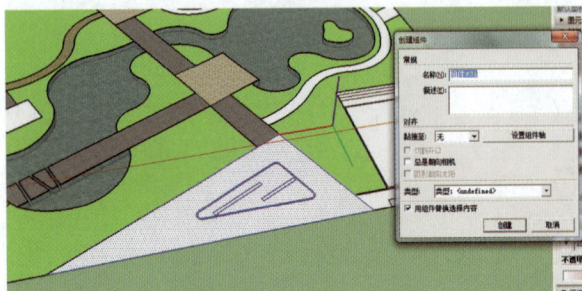

图4.104   创建入口组件

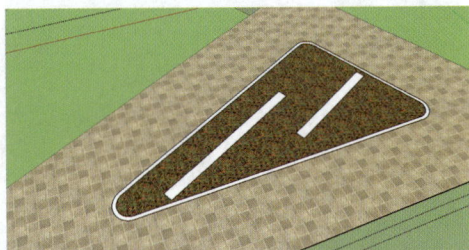

图4.105   填充材质

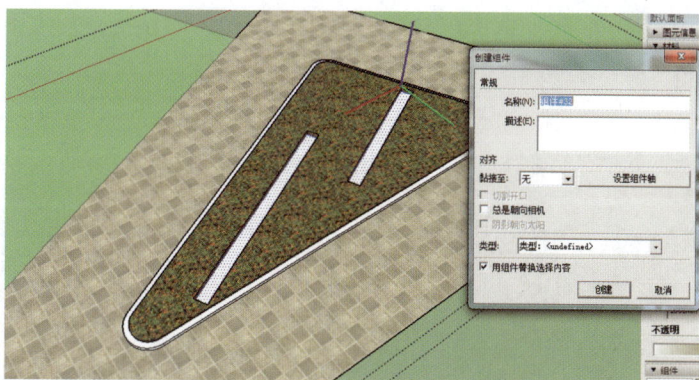

图4.106　创建景墙嵌套组件

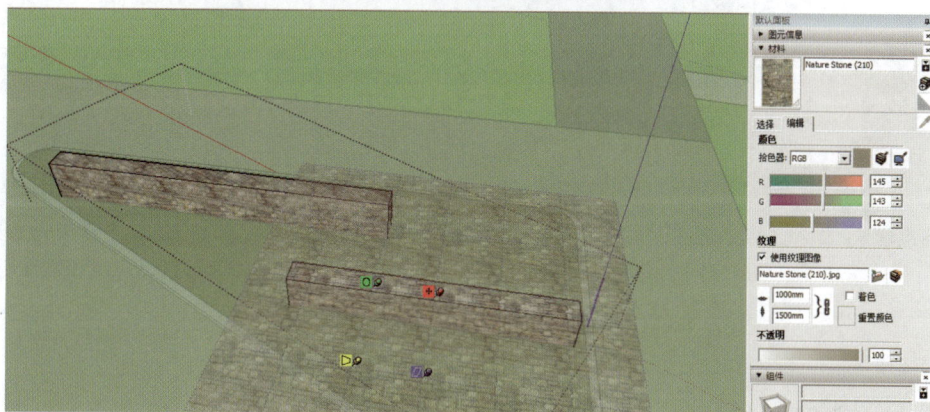

图4.107　材质纹理位置编辑

⑦使用圆弧命令A,在景墙上绘制相切连续弧线,使用推拉工具P,将上半部分向后推拉到与后边线对齐,完成组合景墙组件的制作,如图4.109—图4.111所示。

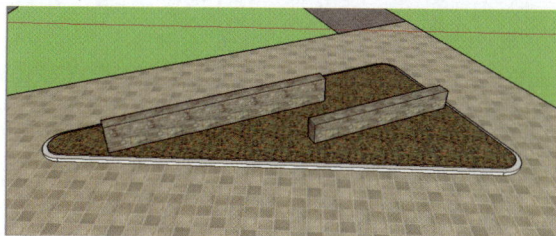

图4.108　材质编辑完成

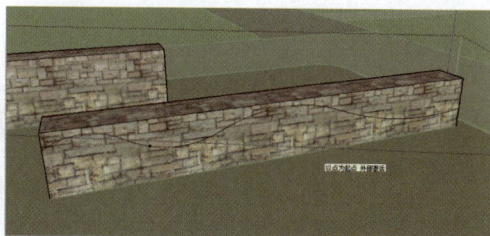

图4.109　绘制弧线

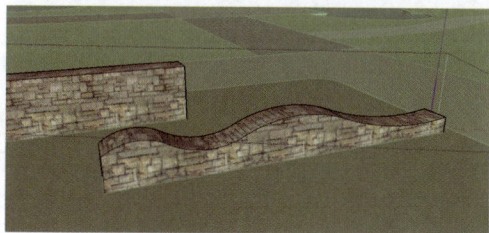

图4.110　推空

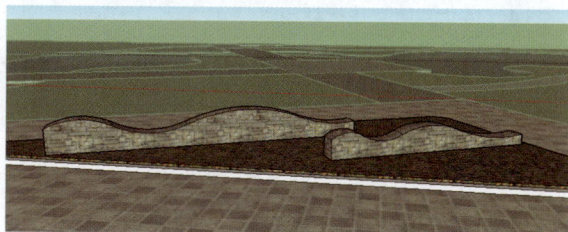

图4.111　完成组合景墙组件

⑧选择园路范围,创建为组件。分别填充碎拼、青砖材质,如图4.112所示。

⑨选择篮球场范围,创建为组件。填充园路、种植池植物材质。然后将篮球场边的看台向

上推高 400 mm 一层,填充混凝土烟熏色材质。调用"篮球场半场"组件,使用旋转命令 Q 和拉伸命令 S,调整组件的大小,摆放好位置,如图 4.113—图 4.115 所示。

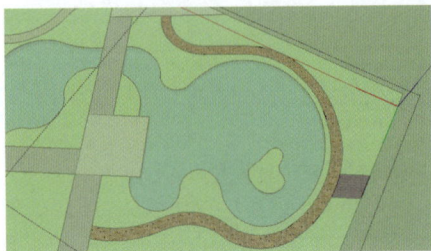

图 4.112   完成园路组件

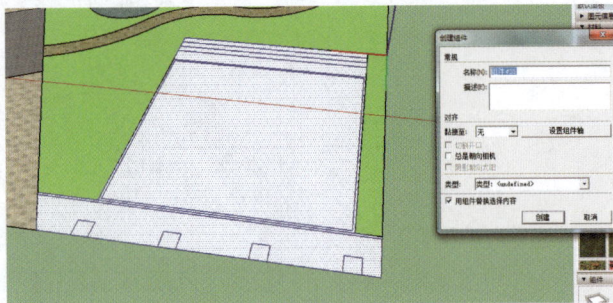

图 4.113   创建篮球场组件

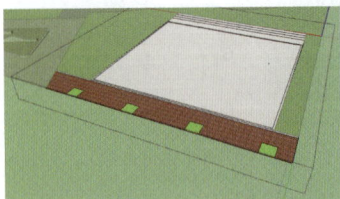

图 4.114   完成园路、看台

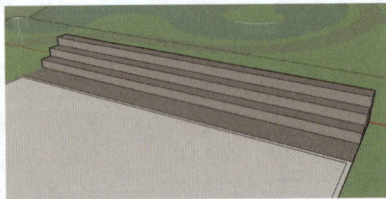

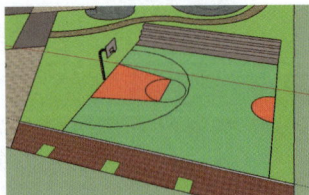

图 4.115   调用篮球场组件

4.2.4   创建园林小品

在素材库中调用"文化灯柱"组件,调整位置和大小,随后将另外 3 个移动复制好位置。调用"景观亭"组件,调整位置和大小。调用"栏杆""长坐凳"组件,调整位置和大小,如图 4.116、图 4.117 所示。

图 4.116   调用文化灯柱组件

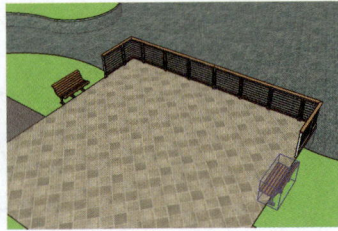

图 4.117   调用景观亭、栏杆、长坐凳组件

4.2.5   创建植物、人物配景

在素材库中调用"灰晕植物人物集合"组件,按照旁边有植物的底图种植好所用植物。特别注意植物之间的搭配,如色彩、形状、大小搭配。随后在场景中适当加入各式各类的人物组件,如图 4.118 所示。

图 4.118　调用灰晕植物、人物组件

4.2.6　调整图形效果

在默认面板里的阴影面板中调整阴影参数,具体设置如图所示。随后在风格面板中调整边线样式,具体设置如图 4.119 所示。

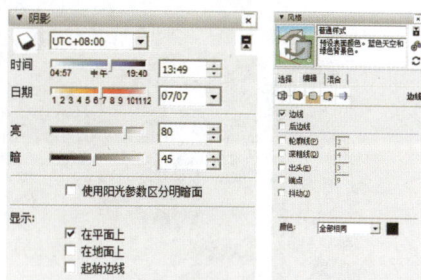

4.2.7　导出图片

图 4.119　调整阴影、风格参数

①在默认面板里的场景面板中增加 6 个局部效果图视角和 1 个鸟瞰图视角,如图 4.120 所示。

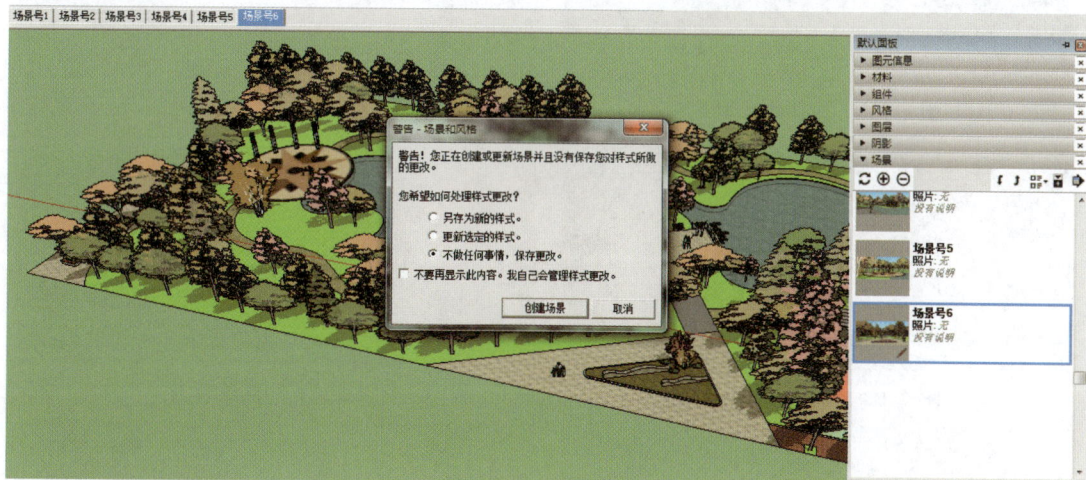

图 4.120　添加场景

②在文件菜单栏中,单击"导出"→"二维图形",在弹出的对话框中选择 JPG 图片保存位置和文件名,还可以单击"选项"按钮,在里面调整输出 JPG 图片的质量参数,像素越高,JPG 图片越清晰,文件导出越慢,如图 4.121 所示。

③最终导出的 JPG 鸟瞰图和局部效果图,如图 4.122—图 4.128 所示。

图4.121   导出二维图片

图4.122   鸟瞰图

图4.123   局部效果图1

图4.124   局部效果图2

图4.125   局部效果图3

图4.126   局部效果图4

图4.127   局部效果图5

图4.128   局部效果图6

实战3　居住区景观设计

在居住区设计时,除了要选定景观设计风格、注意公共空间的设计外,居住区设计也是相当重要的。居住区设计是借助园林景观规划设计的各种手法,使得居住环境得到进一步优化,以满足人们各方面的需求。本居住区景观以"水岸新城"为案例,从CAD底图整理、建模思路、建模流程以及技巧等几个方面来详细阐述。

本案例最终效果,如图4.129—图4.132所示。

图4.129　居住区景观东侧鸟瞰图

图4.130　居住区景观西侧鸟瞰图

图4.131　居住区景墙节点效果图

图4.132　居住区入口景观节点效果图

4.3.1　整理 CAD 图纸

本居住区景观实例将以 CAD 平面图纸为参考,完成整个模型的创建,首先整理 CAD 图纸并通过图纸分析出建模思路。

①启动 CAD 软件,按 Ctrl + O 快捷键,打开素材库中的"居住区景观方案平面图. dwg",单击图层工具栏下拉按钮显示图层列表,单击"开/关图层"图标,隐藏标注、文字等与建模无关的图层,如图 4.133、图 4.134 所示。

②选择其中的"乔、灌木配置总平面图"隐藏,然后在新建 CAD 文档全选进行粘贴,如图 4.135 所示。调整整体图形颜色为白色,如图 4.136 所示。按下 Ctrl + S 组合键,将总平面图保存为"整理平面底图. dwg"文件,如图 4.135—图 4.137 所示。

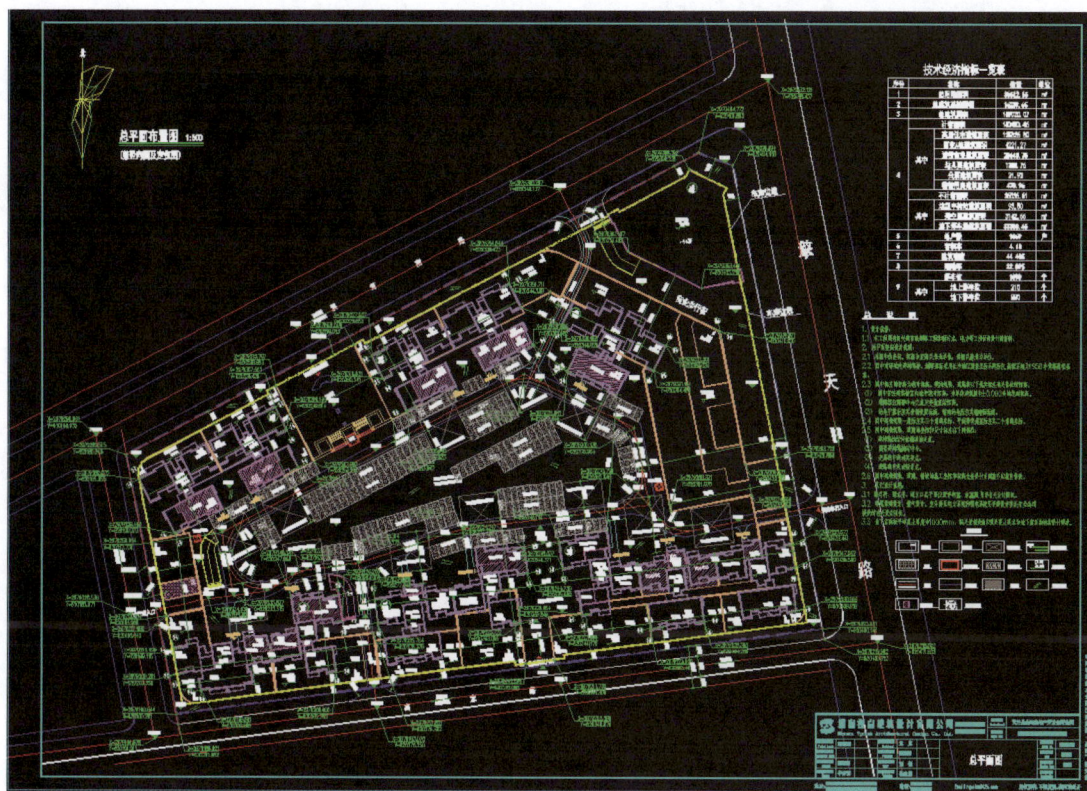

图 4.133　打开 CAD 图纸

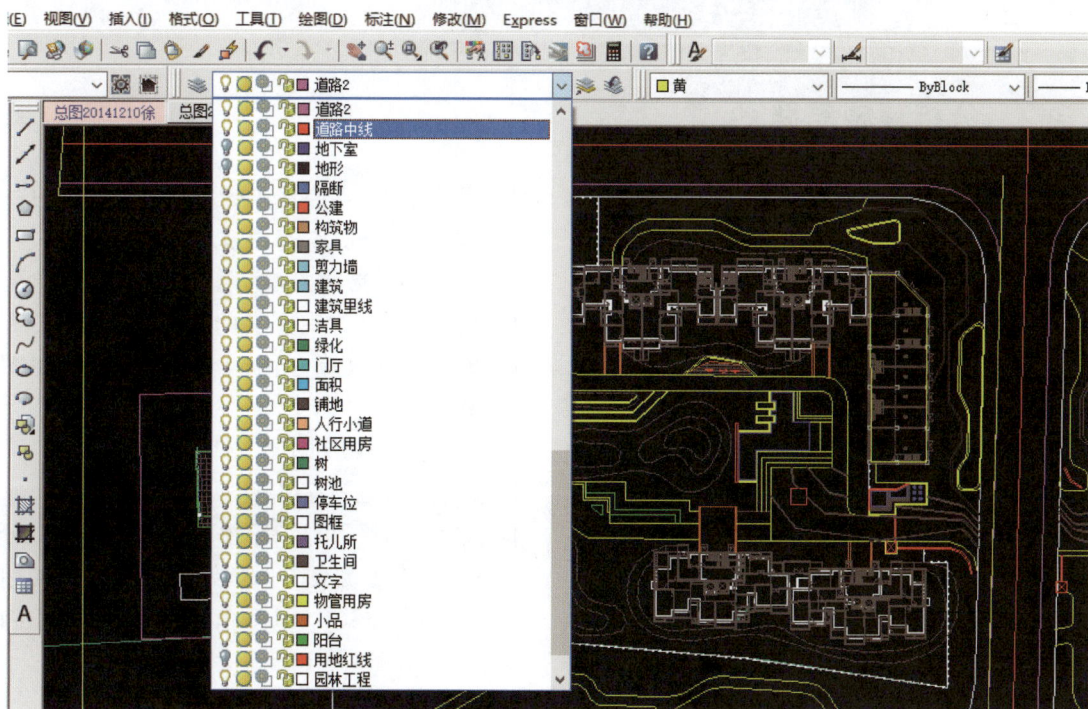

图 4.134　隐藏标注、文字和绿化等图层

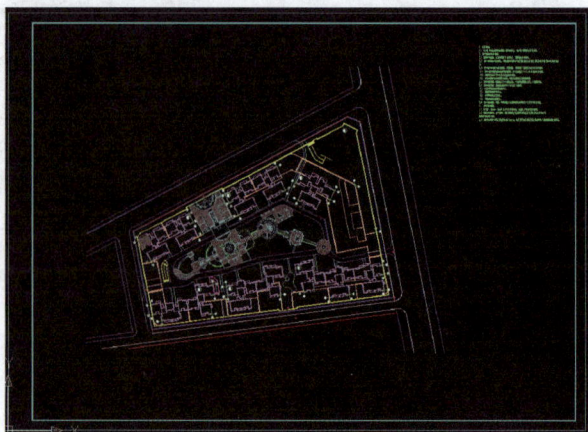

图 4.135　新建 CAD 文档并复制

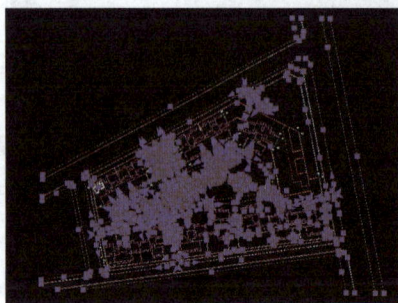

图 4.136　调整图层颜色

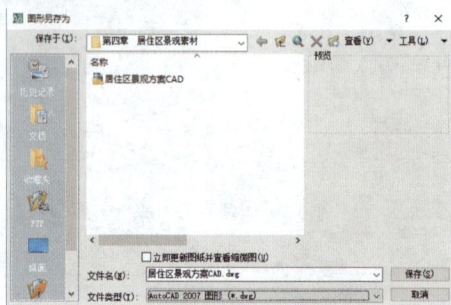

图 4.137　将图纸单独保存

4.3.2　分析建模思路

①景观模型的建立将以入口景观广场和中心景观节点展开,在完成水景主体以及配套设施后,再逐个完成其他景观小品,最后加入植物,完成最终效果。观察图纸可以发现,除去植物以及与其方案无关的线条之外,主要有廊架以及花池等常用园林设计元素,如图 4.138 所示。

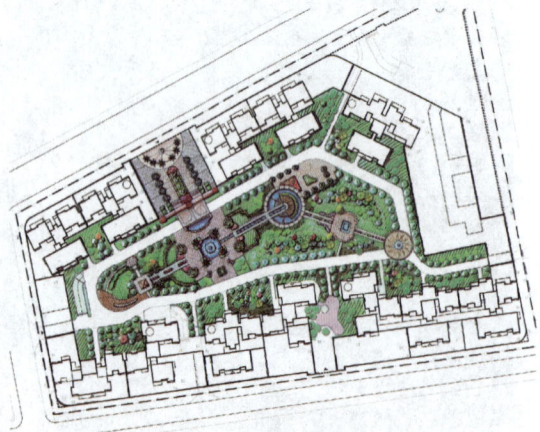

图 4.138　小区绿化平面图

②通过 CAD 图层文件整理,本居住区大体模型由建筑(高层、裙楼)、道路、景观(水体、绿地、园路、小品等)组成,将 CAD 文件分别另存为"建筑底图(高层)""建筑底图(裙楼)""道路底图""景观节点底图"4 个单独文件,如图 4.139—图 4.142 所示。

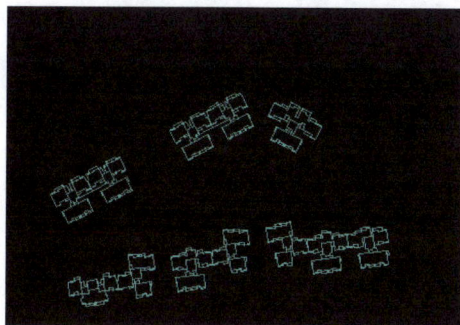

图4.139　建筑底图(高层)

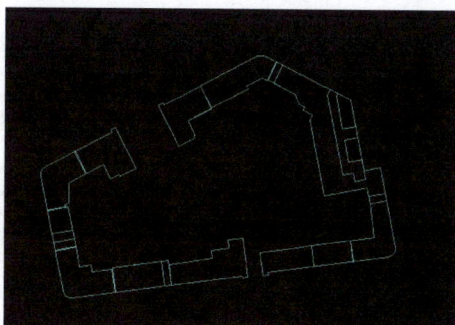

图4.140　建筑底图(裙楼)

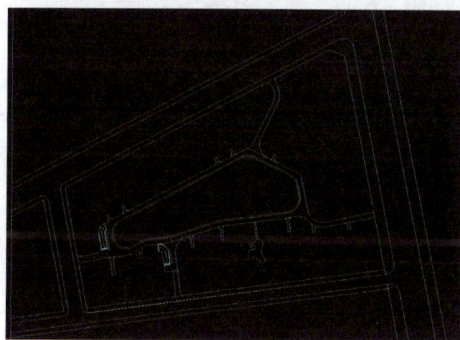

图4.141　规划道路底图

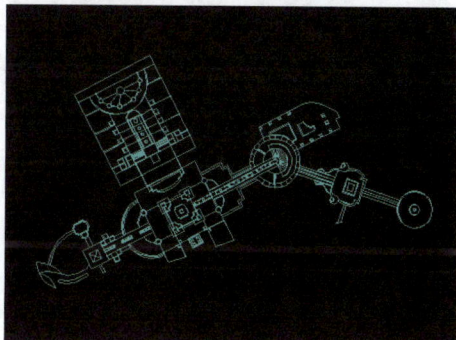

图4.142　景观节点底图

4.3.3　导入整理图形

①打开 SketchUp 2016,在"窗口"→"模型信息"→"单位"中,设置场景单位为 mm,精确度为 0 mm,如图 4.143 所示。

②执行"文件"→"导入"菜单命令,如图 4.144 所示。在弹出的"打开"面板中设置文件类型为 CAD 文件,单击"选项"按钮设置导入选项,如图 4.145 所示。依次导入 5 张 CAD 图纸。启用移动工具 M 将 5 张图纸排列好,如图 4.144—图 4.146 所示。

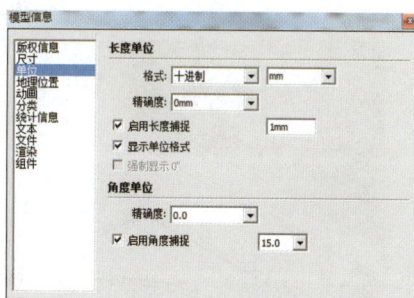

图4.143　单位设置

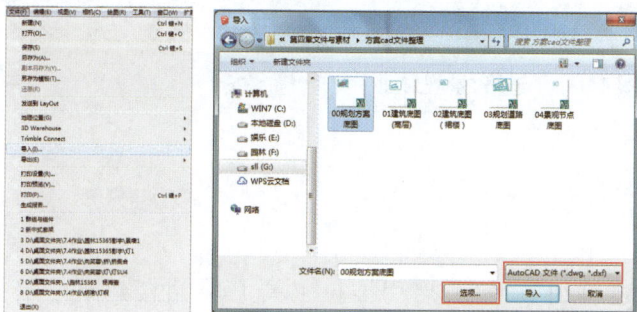

图4.144　执行"文件"→"导入"菜单命令

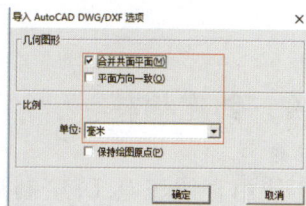

图4.145　调整导入选项参数

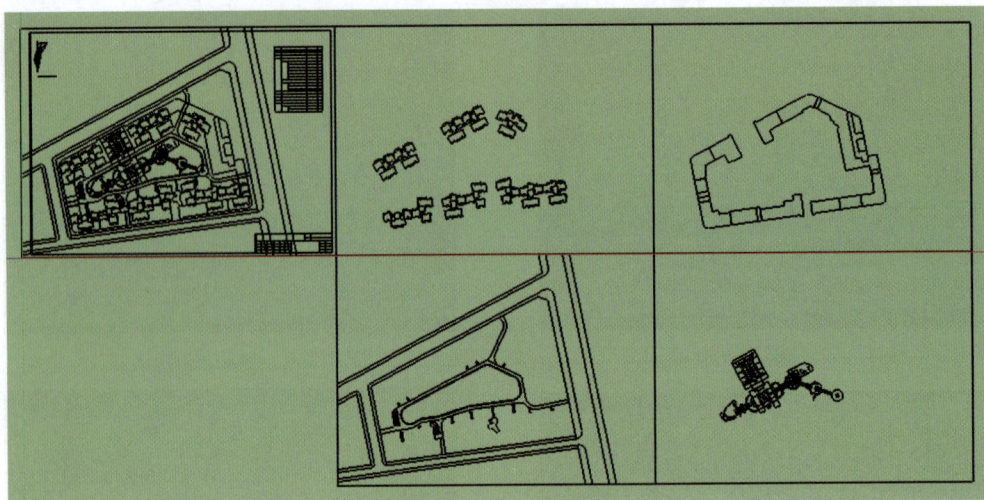

图4.146　排列图纸

③使用直线工具 L、矩形命令 R,对图纸进行封面,如图 4.147—图 4.148 所示。

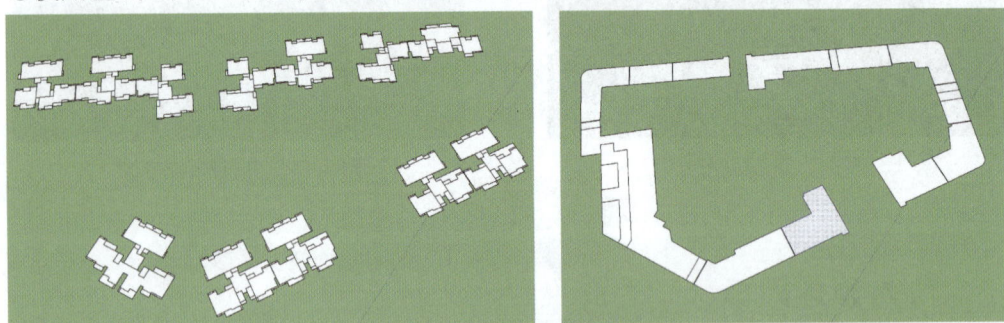

图4.147　高层、裙楼建筑封面

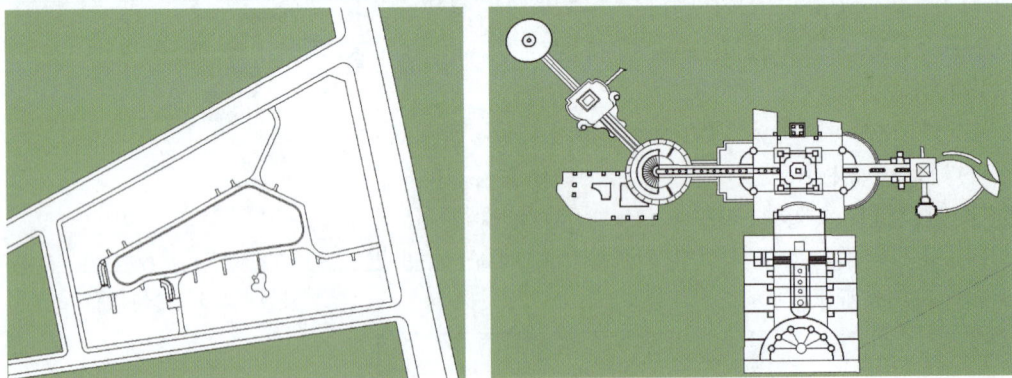

图4.148　道路、景观封面

4.3.4　创建裙楼

①使用直线工具 L,绘制裙楼建筑细节平面,启用推拉工具 P 将裙楼建筑一层推高 4 500 mm,二层推高 3 200 mm,楼板厚 150 mm,如图 4.149、图 4.150 所示。

②为了清晰地表达小区主入口的裙楼与景观的景观效果,结合规划平面图,使用推拉 P 等工具,制作两侧群楼的门面立面细节。从入口右侧裙楼开始绘制裙楼细节,首先绘制一层商铺玻璃门和玻璃幕墙。随后绘制建筑立面装饰挑檐。最后使用材质工具在二层玻璃窗添加广告贴图,推拉出 1 200 mm 高女儿墙,如图 4.151—图 4.155 所示。

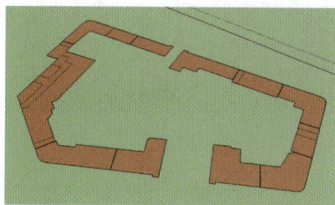

图 4.149　平面细节补充完整

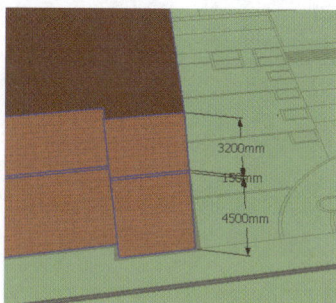

图 4.150　裙楼建筑尺寸

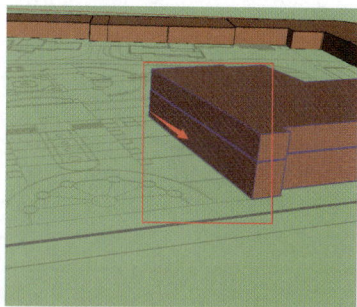

图 4.151　绘制顺序

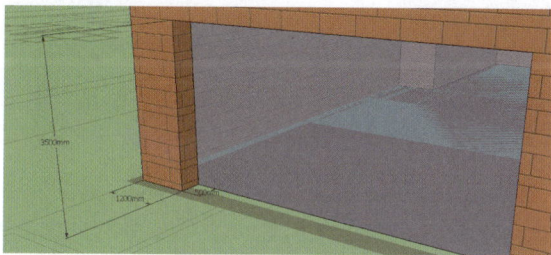

图 4.152　门定位尺寸

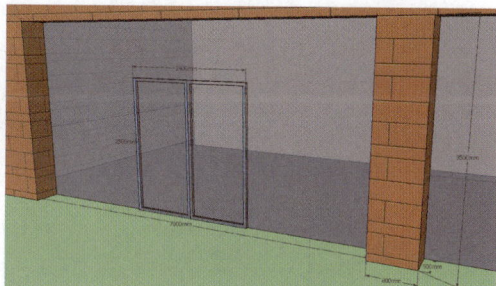

图 4.153　商铺玻璃门尺寸

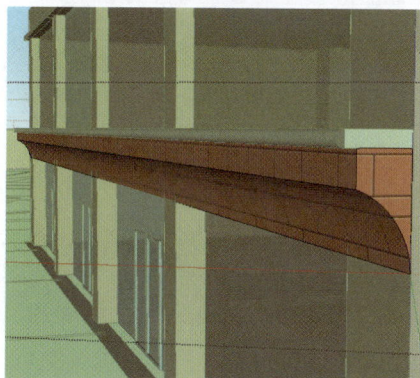

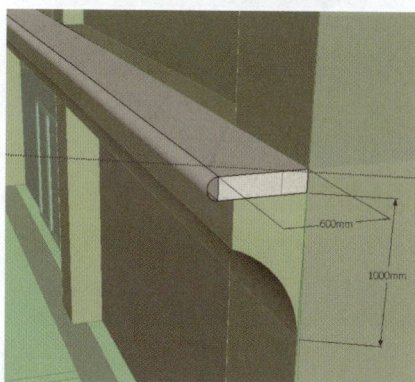

图 4.154　建筑立面装饰挑檐尺寸

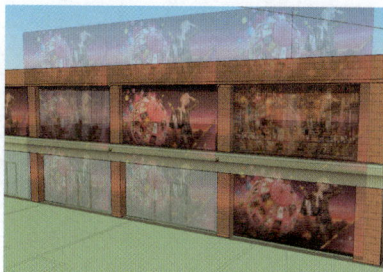

图 4.155　添加广告贴图、推拉女儿墙

③绘制裙楼细节,使用直线 L、偏移 F 和推拉 P 工具,绘制建筑细节并赋予材质,推拉厚度为 300～500 mm。使用矩形 R 和推拉 P 工具绘制裙楼屋顶细节,如图 4.156—图 4.160 所示。

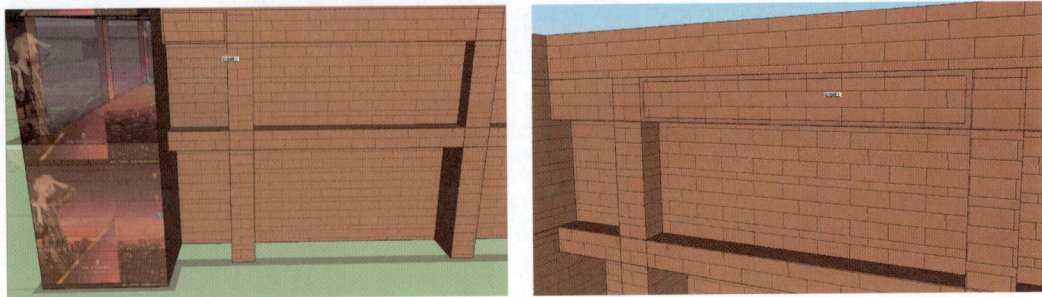

图 4.156　绘制裙楼细节

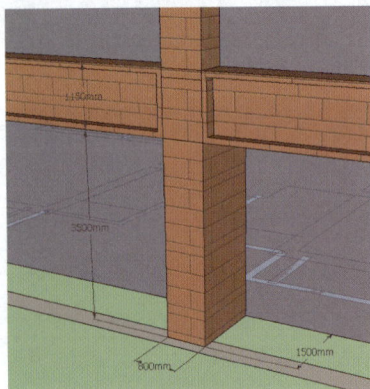

图 4.157　裙楼细节尺寸

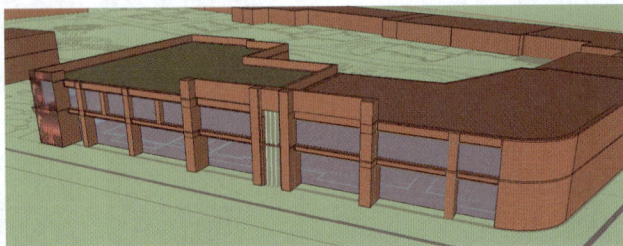

图 4.158　裙楼细节完成

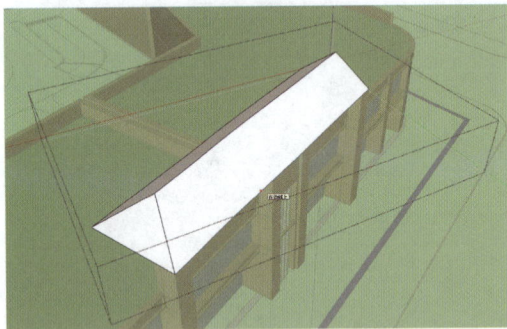

图 4.159　绘制裙楼屋顶细节

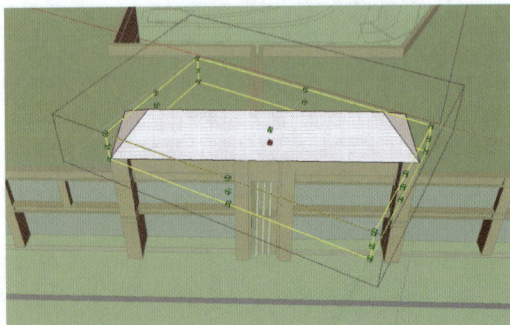

④观察规划方案,主入口两侧裙楼对称,以相同的方法绘制左侧裙楼模型。然后使用类似的方法制作其他位置的裙楼细节,如图 4.161、图 4.162 所示。

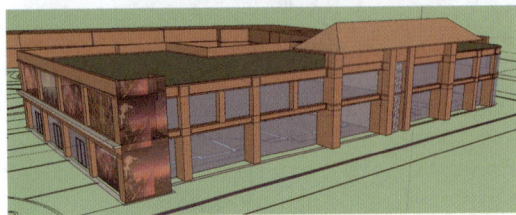

图 4.160　完成右侧裙楼模型

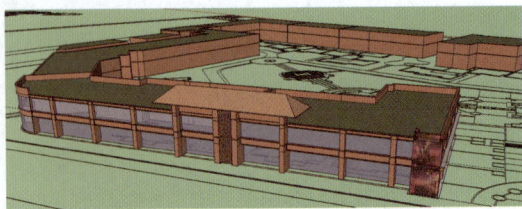

图 4.161　完成左侧裙楼模型

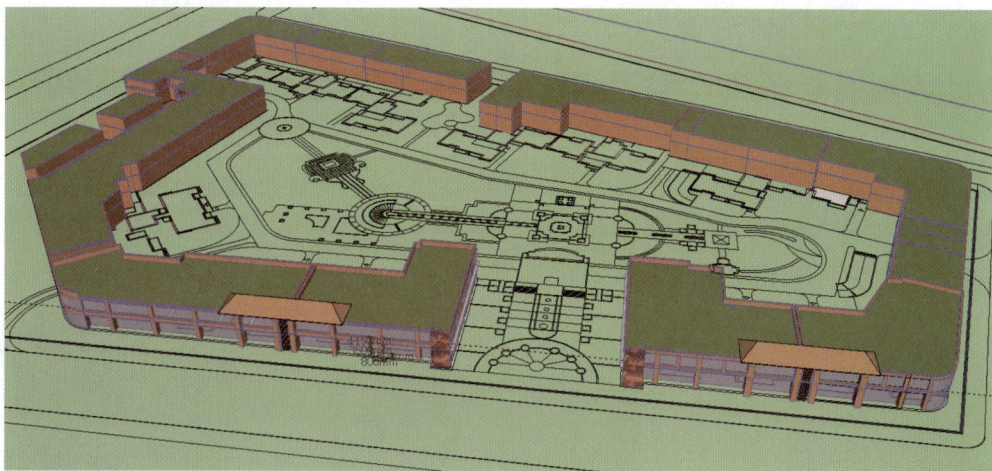

图 4.162 完成全部裙楼模型

4.3.5 创建高层

①将相同户型的高层建筑平面创建组件,并移动复制好位置,如图 4.163 所示。

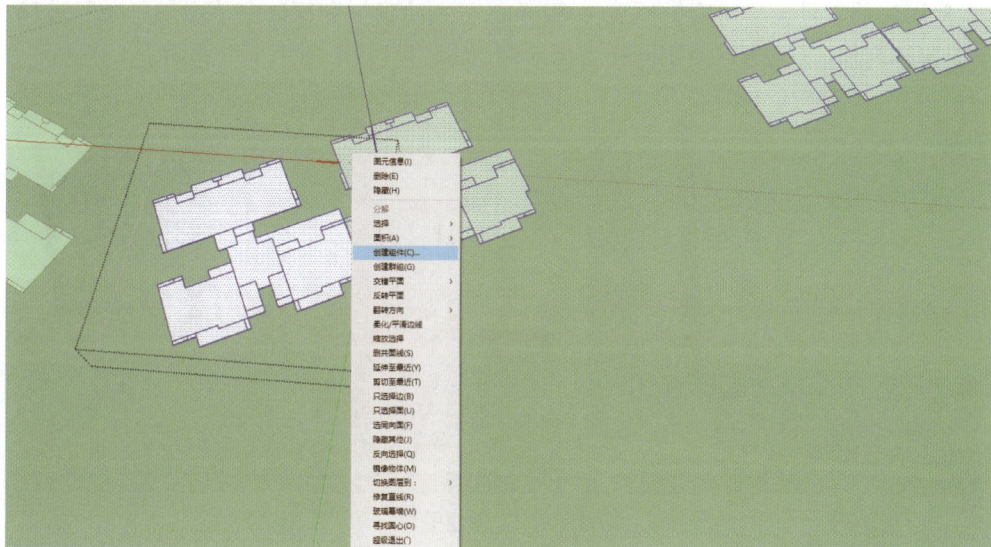

图 4.163 创建组件

②高层一层平面使用推拉工具 P,向上推 120 mm,制作楼板。将选择的区域使用推拉工具 P,向上推 3 200 mm,制作楼层主体。结合使用直线 L、推拉 P 工具绘制高层建筑楼板,如图 4.164、图 4.165 所示。

③从南立面阳台开始绘制建筑高层,使用直线工具 L,绘制门洞,并创建群组。使用推拉 P 工具往里推进 500 mm,结合使用直线 L、矩形 R 以及推拉 P 工具绘制门窗细节。使用偏移工具 F,偏移出门框厚度为 120 mm。给门窗附金属和玻璃材料材质,完成单个门制作,使用类似的方法绘制其他门的模型,如图 4.166—图 4.168 所示。

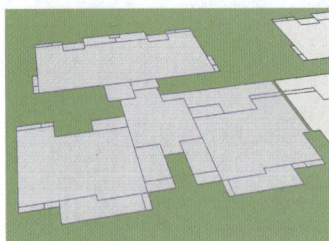

图 4.164   推拉

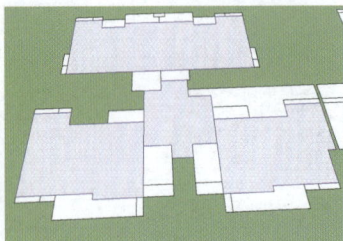

图 4.165   楼层尺寸

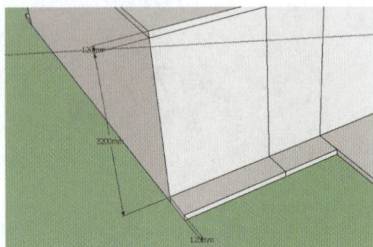

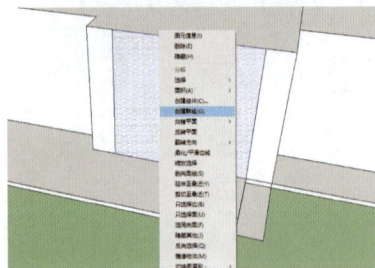

图 4.166   创建组件

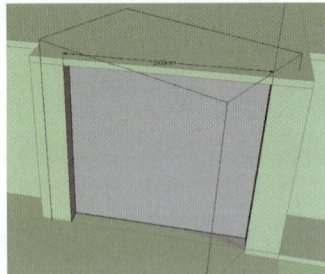

图 4.167   门定位尺寸

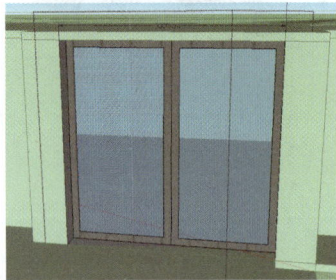

图 4.168   填充材质

④使用移动工具,移动复制 250 mm,创建窗户群组,如图 4.169 所示。使用移动工具将下面的边线向上移动复制 1 200 mm。使用推拉工具,往里推 240 mm 绘制窗洞。使用直线工具绘制中线,使用偏移工具偏移出窗框厚度为 60 mm,分别给窗框和窗体赋予金属材质和玻璃材质,完成单个窗体制作,其他窗户使用同样方法绘制,如图 4.169—图 4.171 所示。

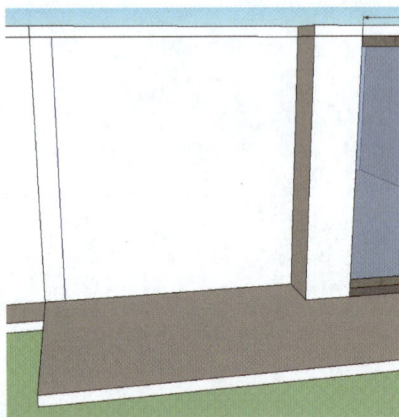

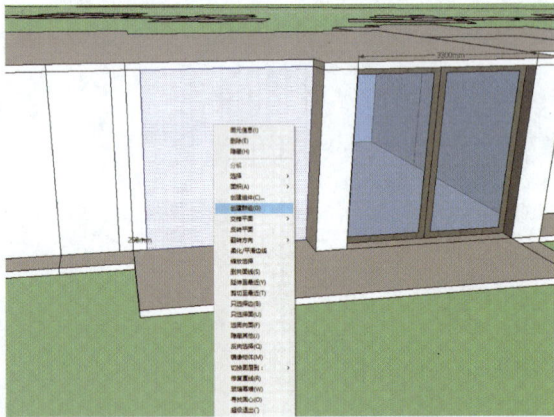

图 4.169   创建组件

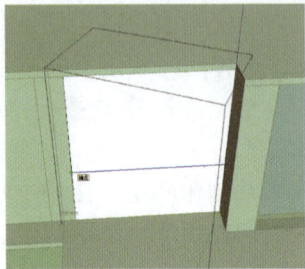

图 4.170   推拉

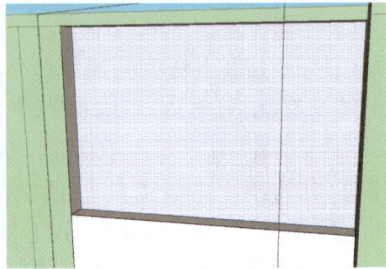

图 4.171   填充材质

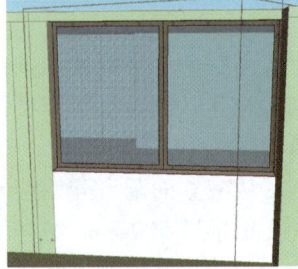

⑤下面使用矩形工具绘制阳台柱子,尺寸为 500 mm × 500 mm × 3 200 mm。使用直线工具

绘制护栏宽度为 100 mm,并创建群组,使用推拉工具向上推拉 1 200 mm。使用偏移工具往里偏移 100 mm,划分护栏框和玻璃。使用材质工具分别给护栏框和玻璃附材质,以相同方法绘制其他类似护栏,如图 4.172—图 4.177 所示。

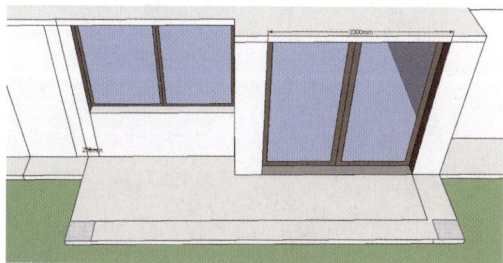

图 4.172 绘制阳台柱子

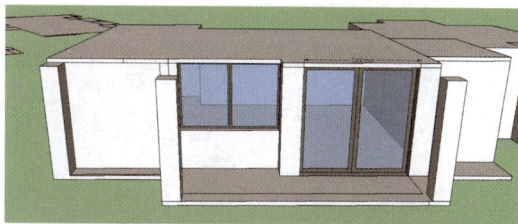

图 4.173 推拉

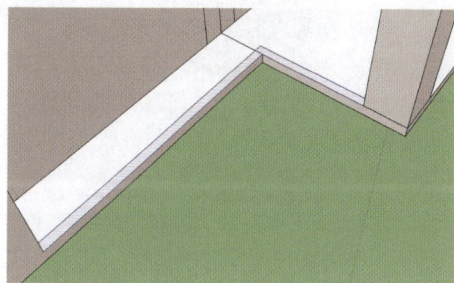

图 4.174 绘制护栏边线

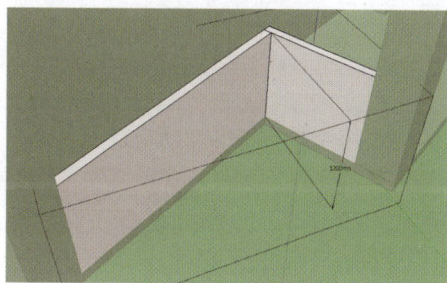

图 4.175 推拉

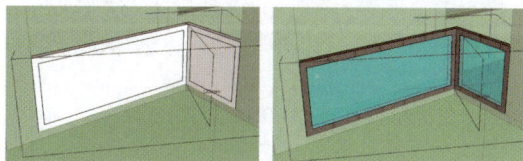

图 4.176 偏移、填充材质

图 4.177 绘制其他护栏

⑥将已完成的一层创建为嵌套组件,移动复制创建好的组件,向上复制 29 层。由于组件的关联性,其他高层也同步完成,如图 4.178、图 4.179 所示。

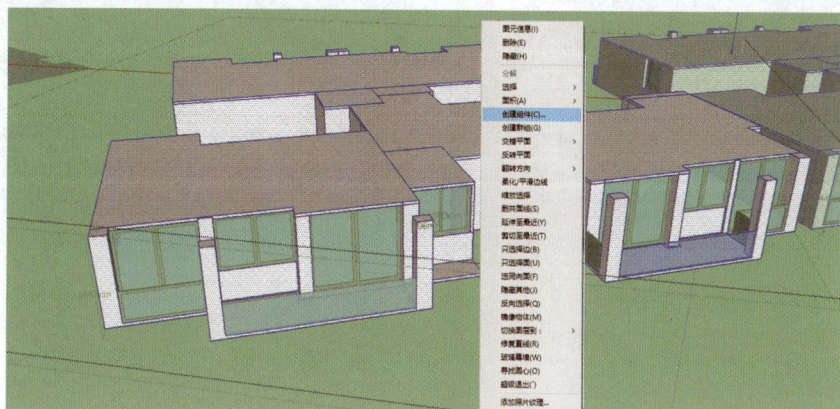

图 4.178 创建组件

⑦使用矩形工具 R 绘制房屋,尺寸为长 23 100 mm,宽 11 000 mm,高 2 000 mm,使用直线 L 工具拾取中线绘制屋顶斜坡,使用推拉工具 P 推出屋顶斜坡。根据屋顶挑檐 600 mm,使用缩放工具 S 按照比例调整屋顶大小,如图 4.180—图 4.182 所示。

图 4.179　向上移动复制

图 4.180　绘制屋顶斜坡

图 4.181　屋顶斜坡尺寸

图 4.182　缩放

⑧使用直线 L 和推拉 P 工具绘制高层与裙楼的交界处架空层,并结合使用移动复制命令将架空层和高层建筑按照规划图位置放置好,如图 4.183、图 4.184 所示。

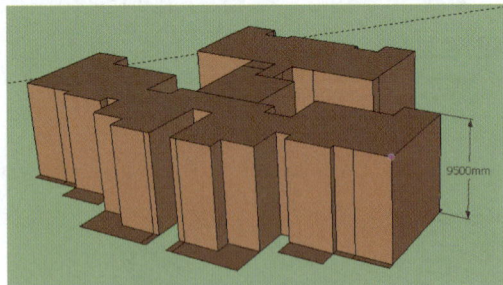

图 4.183　绘制架空层

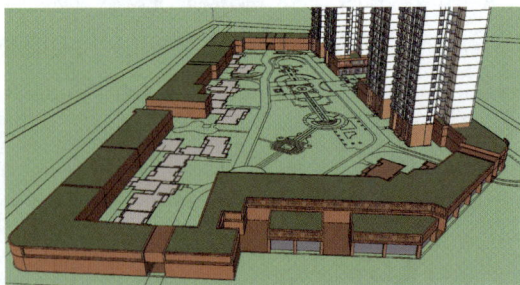

图 4.184　放置好位置

⑨以相同的方法绘制其他户型的高层建筑,并按照规划平面位置对齐,完成高层建筑模型绘制,如图 4.185 所示。

图 4.185　完成高层建筑

4.3.6　创建规划道路

①将道路补面并创建群组，移动至原点对齐。为更好地观察模型关系可将创建好的高层建筑隐藏，如图 4.186、图 4.187 所示。

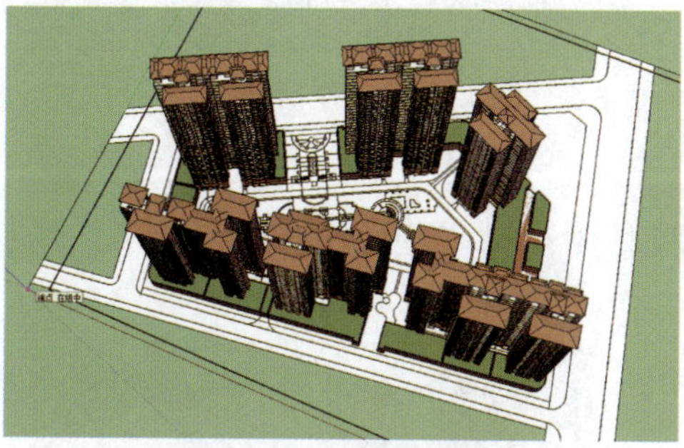

图 4.186　和原点对齐

图 4.187　隐藏

②进入规划道路群组，根据 CAD 文件标高制作规划道路和材质，然后将人行道和其他园路分别赋予对应的材质，如图 4.188—图 4.190 所示。

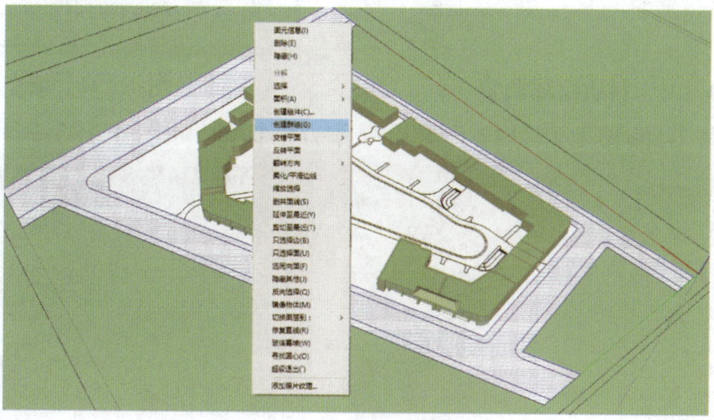

图 4.188　创建群组

图 4.189　填充材质

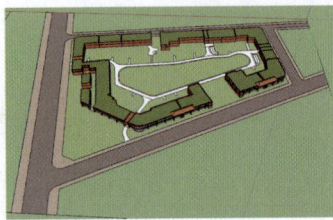

图 4.190　填充材质

4.3.7　创建硬质景观节点

　　将导入的景观节点文件移动到规划平面图对齐原点坐标。分析景观节点 CAD 文件,根据布局标高分割出 5 个区域,并按顺序建模,如图 4.191、图 4.192 所示。

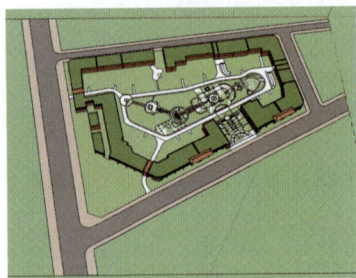

图 4.191　和原点对齐

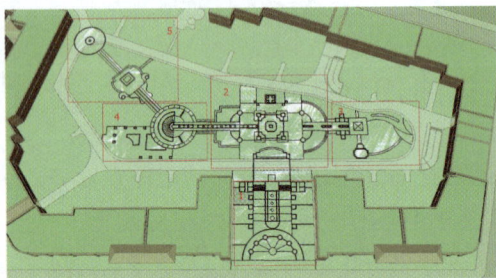

图 4.192　5 个区域

1)第一区域

　　①使用材质命令 B,为平台制作并赋予石板材质,调整贴图拼贴效果,赋予广场材质,如图 4.193、图 4.194 所示。

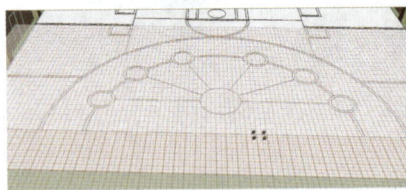

图 4.193　材质纹理调整

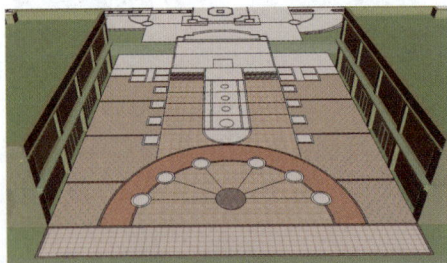

图 4.194　填充材质

　　②结合使用直线 L、偏移 F 和推拉 P 工具制作方形树池,如图 4.195—图 4.199 所示。

图 4.195　创建群组

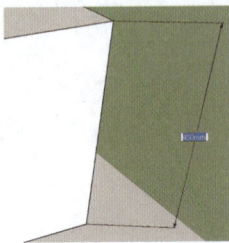

图 4.196　推高

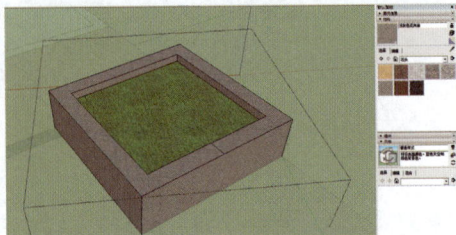

图 4.197　填充材质

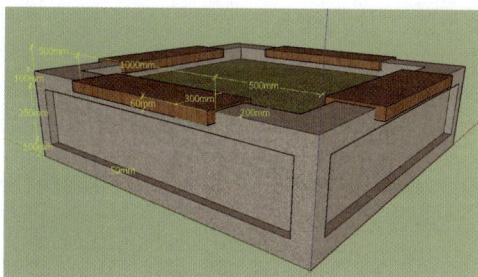
图4.198 树池尺寸

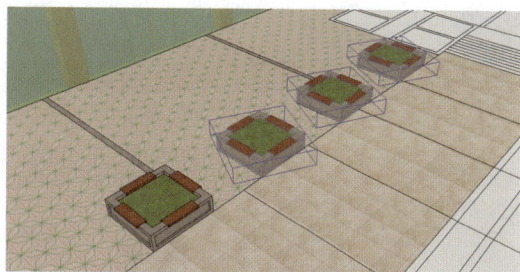
图4.199 移动复制

③使用直线L、圆弧A、路径跟随和推拉P工具制作圆形树池,树池推高200 mm,路径跟随的半圆高100 mm,如图4.200—图4.204所示。

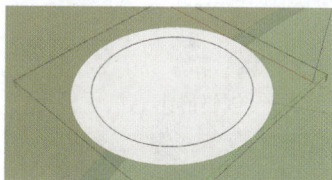
图4.200 创建群组

图4.201 填充材质、推高

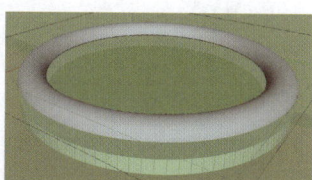
图4.202 路径跟随

图4.203 单个树池

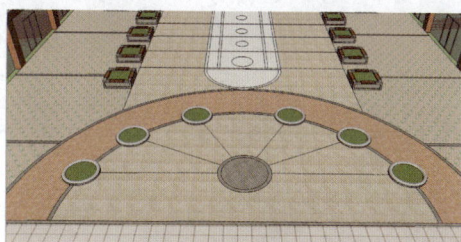
图4.204 移动复制

④选择水池范围,创建为群组。使用直线L、矩形R以及推拉P工具制作水池壁和雕塑底座。启用直线工具L分割深水区,使用推拉工具P将深度设置为500 mm,如图4.205—图4.207所示。

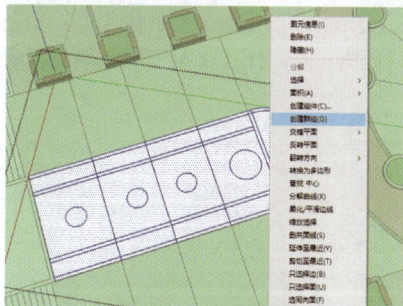
图4.205 创建群组

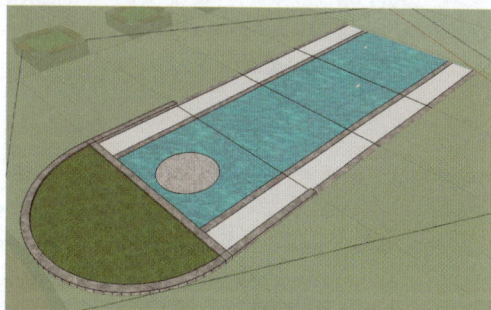
图4.206 创建群组

⑤选择台阶创建群组,使用推拉工具P制作台阶高度,然后赋予材质,树池的详细尺寸如图4.204所示,完成台阶整体效果,如图4.208—图4.210所示。

⑥选择园路范围,赋予"沥青和混凝土"材质。使用推拉P和偏移F工具,制作入户园路,并赋予材质,如图4.211—图4.213所示。

2)第二区域

①选择水池平面,并创建群组。分别赋予材质。结合使用偏移F与推拉P工具,推拉出水

池深度为 300 mm,并制作水池边沿细节。使用路径跟随工具制作其细节。完成水池及景墙基座细节,如图 4.214—图 4.220 所示。

图 4.207　填充材质

图 4.208　创建群组

图 4.209　台阶尺寸

图 4.210　完成效果

图 4.211　创建群组

图 4.212　入户园路

图 4.213　偏移、填充材质

图 4.214　创建群组

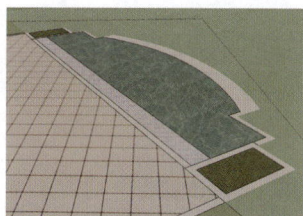
图4.215 填充材质

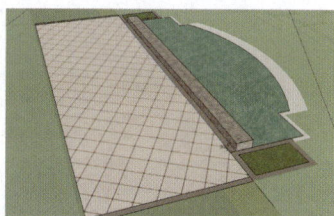
图4.216 推拉

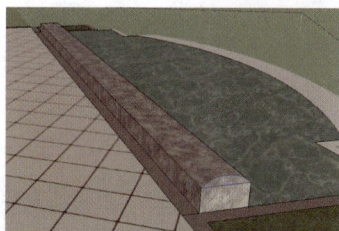
图4.217 水池壁细节

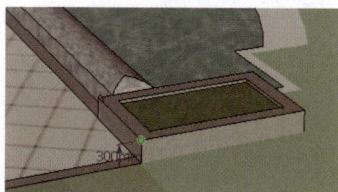
图4.218 推拉

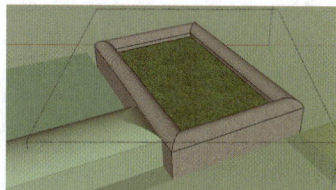
图4.219 路径跟随

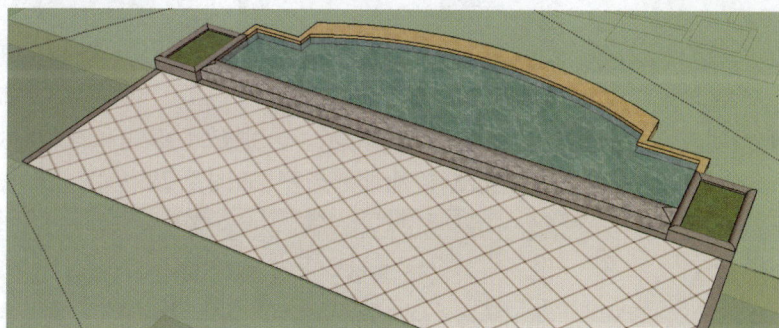
图4.220 完成效果

②选择花坛平面，并创建群组。并为花坛赋予相应的材质。结合使用推拉P与路径跟随工具制作花坛底部侧面细节工具，推拉高度为200 mm，中间花坛高度为400 mm。完成单个花坛模型制作。选择单个花坛模型，使用移动复制命令、旋转命令，完成其余花坛的位置放置，如图4.221—图4.225所示。

③结合使用直线L、偏移F以及推拉P工具制作中心水景及边沿细节。推拉水池深度为500 mm，并赋予材质。结合使用路径跟随、直线L以及推拉P工具制作池壁细节，推拉高度为300 mm。使用推拉P工具制作雕塑基座，如图4.226—图4.228所示。

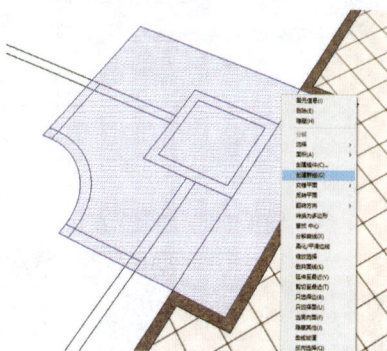
图4.221 推拉

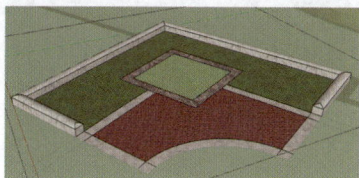
图4.222 填充材质、推拉

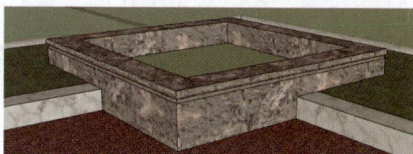
图4.223 中间花坛

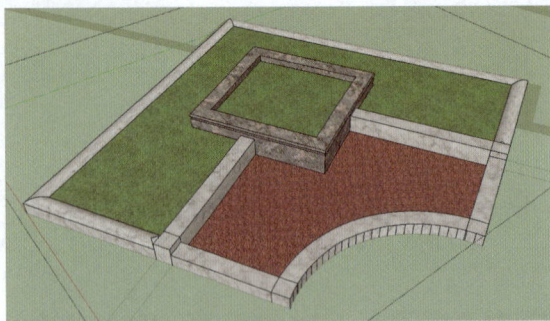

图4.224　单个花坛

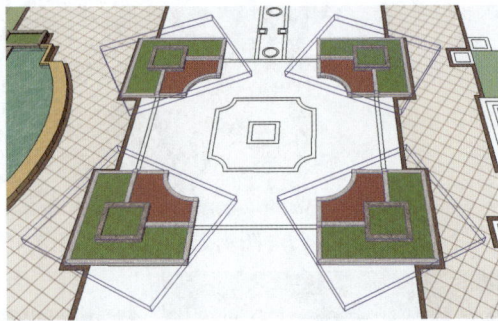

图4.225　完成效果

图4.226　创建群组

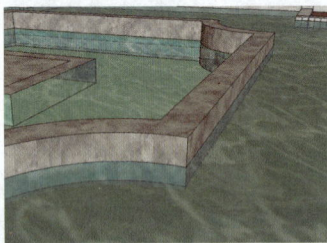

图4.227　路径跟随、推拉

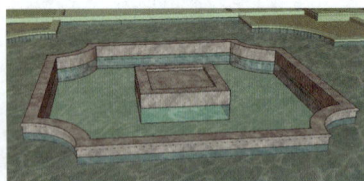

图4.228　完成效果

④选择树池组团范围,创建群组,如图4.229所示。分别赋予草地和石材材质。推拉出树池高度300 mm。使用"路径跟随"工具绘制树池顶部造型,如图4.229—图4.238所示。

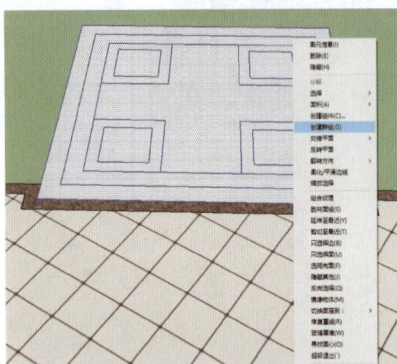

图4.229　创建群组

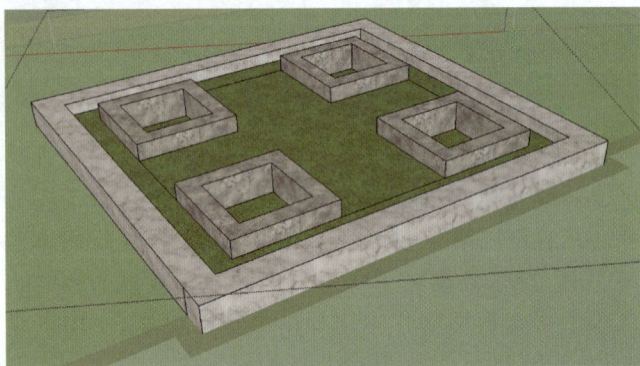

图4.230　填充材质、推拉

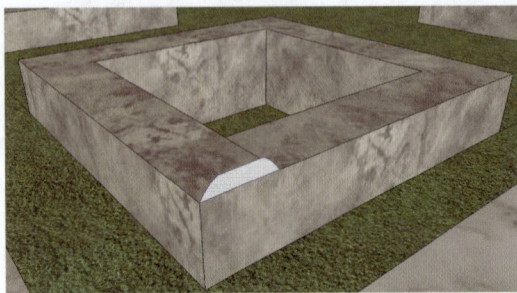

图4.231　绘制细节

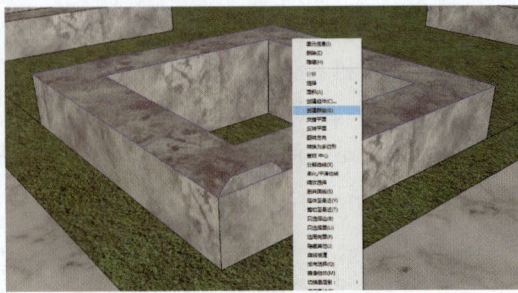

图4.232　创建嵌套群组

3)第三区域

①结合使用圆弧A、推拉P以及路径跟随工具制作圆形树池,然后赋予石材材质。移动复制圆形树池。结合使用直线L和推拉P工具制作绿篱。分别填充水体、石材材质,并调整铺装

贴图,如图 4.239—图 4.243 所示。

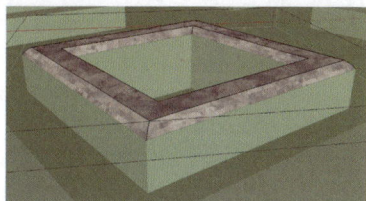

图 4.233　路径跟随

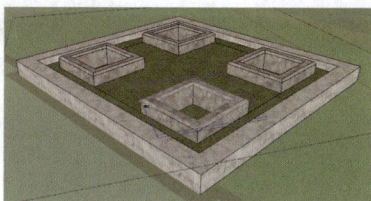

图 4.234　移动复制

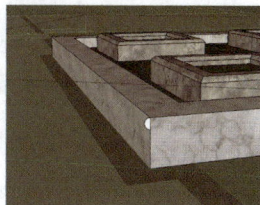

图 4.235　绘制细节

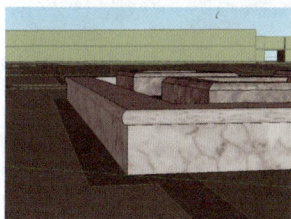

图 4.236　路径跟随

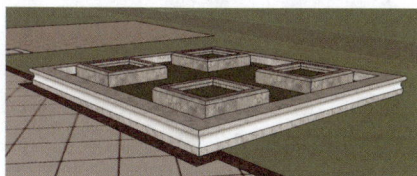

图 4.237　完成效果

图 4.238　第二区域完成效果

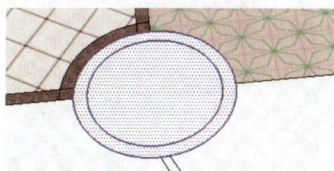

图 4.239　创建群组

图 4.240　推拉

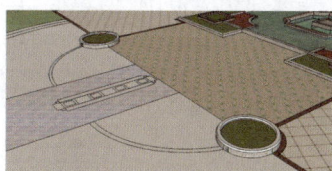

图 4.241　移到复制

②结合使用直线 L 与推拉 P 工具制作轴线通道水景。推拉出水体深度 300 mm。制作出雕塑基座。结合使用直线 L、推拉 P 和路径跟随工具制作花池模型,向上推拉 300 mm。绘制花坛顶部路径跟随造型。移动复制花池模型,如图 4.244—图 4.249 所示。

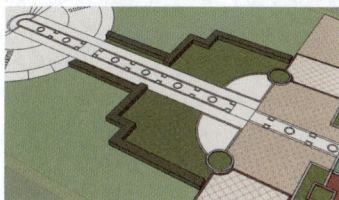

图 4.242　制作绿篱

图 4.243　填充材质

图 4.244　制作绿篱 1

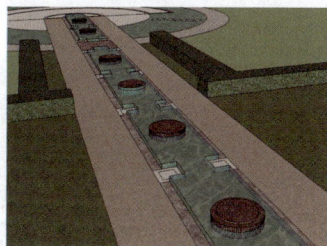

图 4.245　制作绿篱 2

图 4.246　创建群组

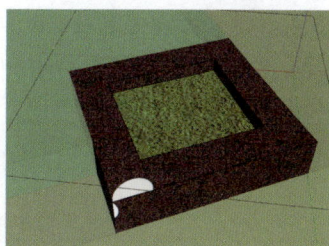

图 4.247　推拉

③结合使用直线 L 与推拉 P 工具制作节点景观平台,并赋予对应材质,调整材质方向和比例。结合使用矩形 R 及推拉 P 工具制作汀步细节,推拉出汀步木板厚度为 20 mm。绘制另外的铺装、树池和花坛,如图 4.250—图 4.255 所示。

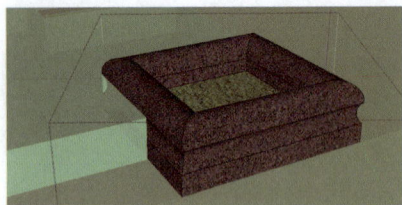

图 4.248　制作绿篱 3

图 4.249　填充材质

图 4.250　创建群组

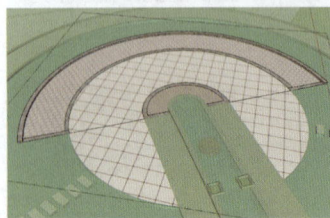

图 4.251　填充材质

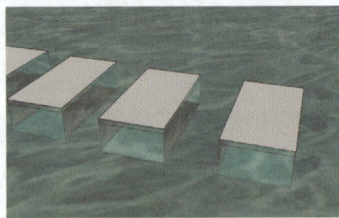

图 4.252　推拉

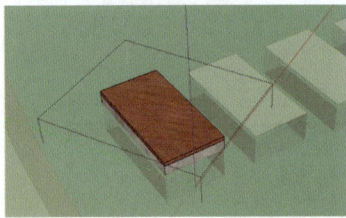

图 4.253　汀步木板

4) 第四区域

选择相应范围, 创建群组。填充铺装材质, 并调整材质大小。使用直线 L、偏移 F 和推拉 P 工具制作其他铺装、花池、园路模型。赋予铺装材质, 如图 4.256—图 4.259 所示。

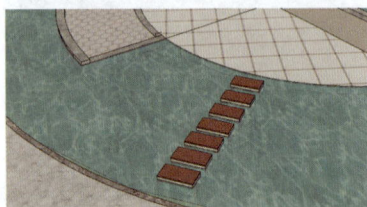

图 4.254　汀步效果

图 4.255　其他铺装、树池和花坛

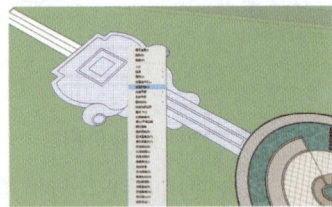

图 4.256　创建群组

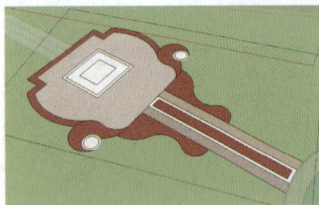

图 4.257　填充材质

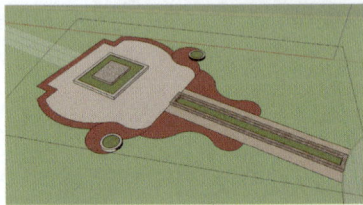

图 4.258　推拉

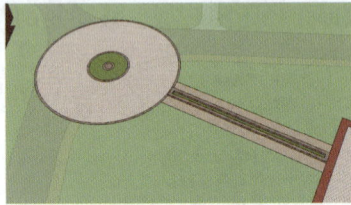

图 4.259　完成效果

5) 第五区域

①选择花坛长凳轮廓, 并创建群组。推拉出花坛高度 450 mm, 并赋予对应材质。推拉出长凳坐面高度 400 mm。推拉复制, 制作长凳木质坐面, 厚度为 20 mm。使用圆弧 A、推拉 P 工具制作花坛长凳细节, 弧度根据合适比例绘制, 完成长凳花坛效果, 如图 4.260—图 4.265 所示。

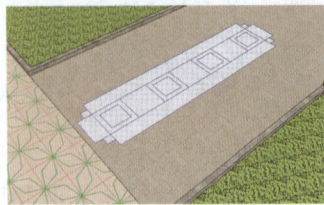

图 4.260　创建群组

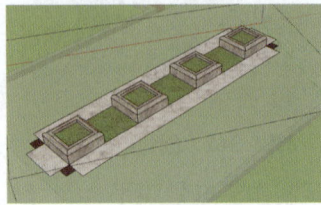

图 4.261　填充材质、推拉

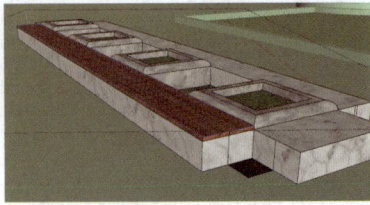

图 4.262　长凳木质坐面

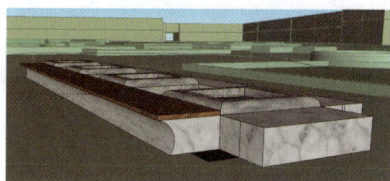

图4.263　长凳细节　　　　图4.264　单个长凳　　　　图4.265　移动复制

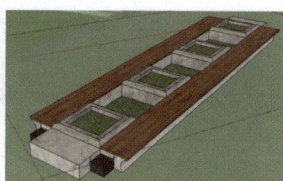

②结合使用直线 L、矩形 R 和推拉 P 工具制作树池坐凳组合模型,如图 4.266、图 4.267 所示。

图4.266　创建群组　　　　图4.267　完成效果　　　　图4.268　推拉木平台

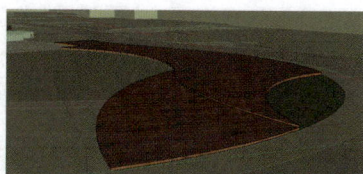

③使用推拉 P 工具制作木平台的厚度。完成其他入户园路,如图 4.268—图 4.271 所示。

图4.269　创建群组

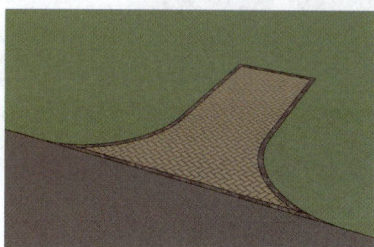

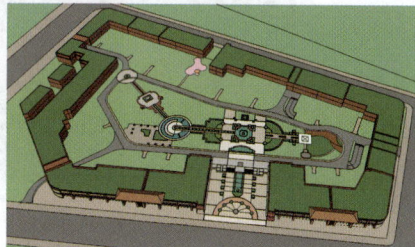

图4.270　填充材质　　　　　　图4.271　景观节点完成效果

4.3.8　处理最终细节

①景观模型初步创建完成后,还需要添加准雕塑、景墙、门楼和亭廊组件模型,然后添加植物绿化,休闲椅等配景以及人物,丰满场景细节与层次,使效果更为真实、逼真。结合使用移动 M、旋转 Q 和缩放 S 工具调整调入的模型组件大小和位置,如图 4.272—图 4.276 所示。

图 4.272　导入景墙和
雕塑水景组件的效果

图 4.273　导入欧式
景观亭组件的效果

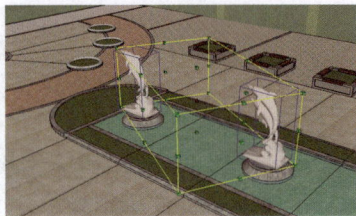

图 4.274　导入欧式海豚
组件的效果

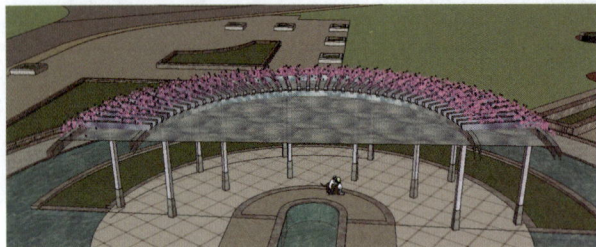

图 4.275　导入欧式弧形花架组件的效果

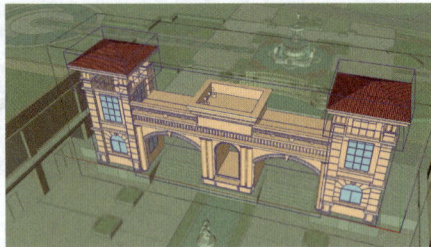

图 4.276　导入门楼组件的效果

②全部显示隐藏建筑模型,如图 4.277、图 4.278 所示。

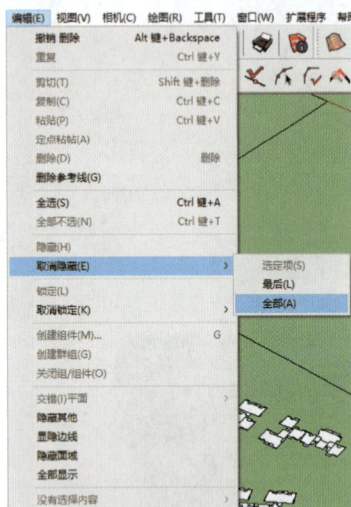

图 4.277　取消隐藏

图 4.278　建筑显示后效果

③通过组件面板,添加乔木和灌木等植物组件,如图 4.279—图 4.283 所示。

图 4.279　导入乔木组件

图 4.280　导入花卉组件

图 4.281 导入灌木组件

图 4.282 植物搭配效果

④通过组件面板,添加组件及人物,如图 4.284—图 4.286 所示。

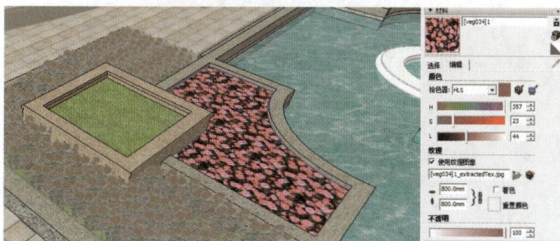

图 4.283 调整地被材质参数

图 4.284 加入人物组件

⑤添加阴影,在场景中保存观察视角,如图 4.287—图 4.289 所示。

图 4.285 加入人物组件 1

图 4.286 加入人物组件 2

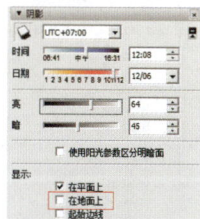

图 4.287 打开阴影

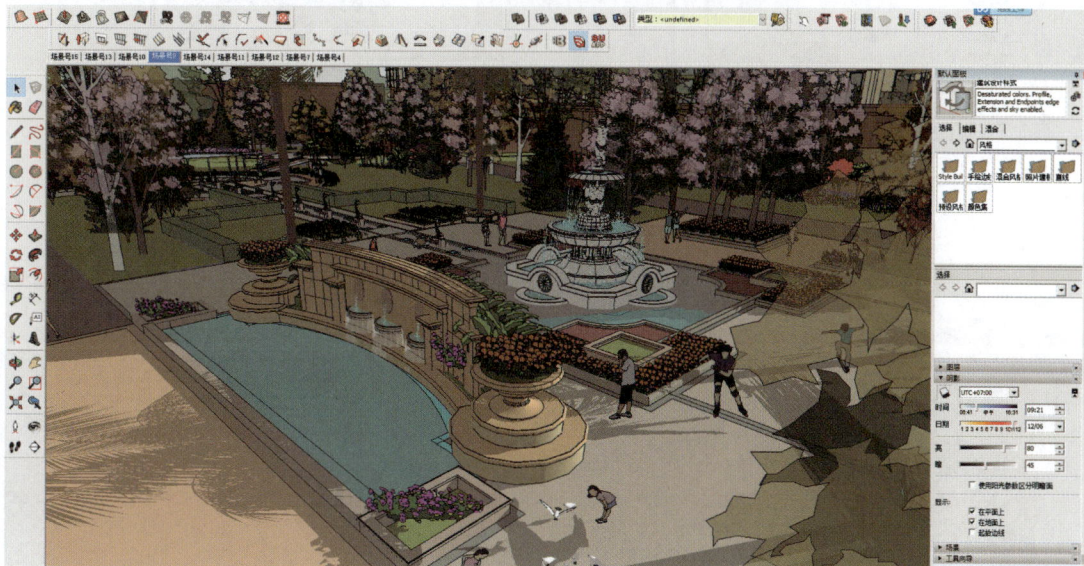

图 4.288 保存场景 1

⑥在文件菜单栏中,单击"导出"→"二维图形",在弹出的对话框中选择 JPG 图片保存位置

图4.289　保存场景2

和文件名,还可以单击"选项"按钮,在里面调整输出 JPG 图片的质量参数,像素越高,JPG 图片越清晰,文件导出就越慢。最终鸟瞰图和局部效果图,如图4.290—图4.296 所示。

图4.290　导出二维图片

图4.291　鸟瞰图1

图 4.292　鸟瞰图 2

图 4.293　局部效果图 1

图 4.294　局部效果图 2

图 4.295　局部效果图 3

图 4.296　局部效果图 4

参考文献

[1] 徐峰.SketchUp 辅助园林制图[M].北京:化学工业出版社,2014.

[2] 麓山文化.园林景观设计 SketchUp 2015 从入门到精通[M].北京:机械工业出版社,2015.

[3] 王道坤,费霏.印象 SketchUp/Piraniesi/Lumion 园林景观设计与表现[M].北京:人民邮电出版社,2013.

[4] 灰晕.SketchUp 景观设计实战(秋凌景观设计书系)[M].北京:中国水利水电出版社,2016.

[5] 张莉萌.SketchUp + VRay 设计师实战[M].2 版.北京:清华大学出版社,2015.

[6] 胡浩,欧颖.SketchUp 的魅力:园林景观表现教程[M].武汉:华中科技大学出版社,2010.

[7] 张云杰.SketchUp 2016 建筑设计技能课训[M].北京:电子工业出版社,2017.

[8] 张红霞,程晓雷,孙传志.品悟 SketchUp Pro 2015 建筑与园林景观设计[M].北京:人民邮电出版社,2016.

[9] 韩振兴.SketchUp 经典教程:操作精讲与项目实训[M].2 版.北京:化学工业出版社,2014.

[10] 鲁英灿,康玉芬.SketchUp 设计大师入门[M].北京:清华大学出版社,2011.

[11] 张恒国.SketchUp 设计大师提高[M].北京:科学出版社,2008.